“十三五”机电工程实践系列规划教材

机电工程控制基础实训系列

电气控制与PLC实训教程（三菱）

总策划　郁汉琪

编　著　钱厚亮　张卫平

崔茂齐　焦玉成

徐行健

东南大学出版社

SOUTHEAST UNIVERSITY PRESS

·南京·

内 容 提 要

本书为《"十三五"机电工程实践系列规划教材》。本书以实训项目为教学载体，由浅入深、逐层递进，重点讲述可编程序逻辑控制器(PLC)系统、变频系统、伺服驱动系统、人机界面及工业机器人的开发应用。内容翔实、丰富、新颖，体现了现代工业生产的先进手段，符合应用型人才培养需求。

本书可作为应用型本科院校、高职高专、成人高校等机电一体化、电气工程、自动化及机器人等相关专业或方向"电气控制与PLC"、"伺服运动系统"及"工业机器人应用与开发"等相关课程的实训教材，也可供从事相关工作的工程技术人员参考。

图书在版编目(CIP)数据

电气控制与PLC实训教程：三菱/钱厚亮等编著. —南京：东南大学出版社，2017.6(2020.8重印)

"十三五"机电工程实践系列规划教材·机电工程控制基础实训系列

ISBN 978-7-5641-7233-6

Ⅰ.①电… Ⅱ.①钱… Ⅲ.①电气控制—教材 ②plc技术—教材 Ⅳ.①TM571.2 ②TM571.6

中国版本图书馆CIP数据核字(2017)第150666号

电气控制与PLC实训教程(三菱)

出版发行 东南大学出版社
出 版 人 江建中
社　　址 南京市四牌楼2号
邮　　编 210096

经　　销 全国各地新华书店
印　　刷 常州市武进第三印刷有限公司
开　　本 787 mm×1092 mm 1/16
印　　张 10.5
字　　数 269千字
版　　次 2017年6月第1版
印　　次 2020年8月第2次印刷
书　　号 ISBN 978-7-5641-7233-6
印　　数 3001—4000册
定　　价 38.00元

《“十三五”机电工程实践系列规划教材》编委会

序

南京工程学院一向重视实践教学，注重学生的工程实践能力和创新能力的培养。长期以来，学校坚持走产学研之路、创新人才培养模式，培养高质量应用型人才。开展了以先进工程教育理念为指导、以提高实践教学质量为抓手、以多元校企合作为平台、以系列项目化教学为载体的教育教学改革。学校先后与国内外一批著名企业合作共建了一批先进的实验室、实验中心或实训基地，规模宏大、合作深入，彻底改变了原来学校实验室设备落后于行业产业技术的现象。同时经过与企业实验室的共建、实验实训设备共同研制开发、工程实践项目的共同指导、学科竞赛的共同举办和教学资源的共同编著等，在产教融合协同育人等方面积累了丰富经验和改革成果，在人才培养改革实践过程中取得了重要成果。

本次编写的《"十三五"机电工程实践系列规划教材》是围绕机电工程训练体系四大部分内容而编排的，包括"机电工程基础实训系列""机电工程控制基础实训系列""机电工程综合实训系列"和"机电工程创新实训系列"等26册。其中"机电工程基础实训系列"包括《电工技术实验指导书》《电子技术实验指导书》《电工电子实训教程》《机械工程基础训练教程(上)》和《机械工程基础训练教程(下)》等5册；"机电工程控制基础实训系列"包括《电气控制与PLC实训教程(西门子)》《电气控制与PLC实训教程(三菱)》《电气控制与PLC实训教程(台达)》《电气控制与PLC实训教程(通用电气)》《电气控制与PLC实训教程(罗克韦尔)》《电气控制与PLC实训教程(施耐德电气)》《单片机实训教程》《检测技术实训教程》和《液压与气动控制技术实训教程》等9册；"机电工程综合实训系列"包括《数控系统PLC编程与实训教程(西门子)》《数控系统PMC编程与实训教程(发那科)》《数控系统PLC编程与实训教程(三菱)》《先进制造技术实训教程》《快速成型制造实训教程》《工业机器人编程与实训教程》和《智能自动化生产线实训教程》等7册；"机电工程创新实训系列"包括《机械创新综合设计与训练教程》《电子系统综合设计与训练教程》《自动化系统集成综合设计与训练教程》《数控机床电气综合设计与训练教程》《数字化设计与制造综合设计与训练教程》等

5册。

该系列规划教材，既是学校深化实践教学改革的成效，也是学校教师与企业工程师共同开发的实践教学资源建设的经验总结，更是学校参加首批教育部“本科教学质量与教学改革工程”项目——“卓越工程师人才培养教育计划”“CDIO工程教育模式改革研究与探索”和“国家级机电类人才培养模式创新实验区”工程实践教育改革的成果。该系列中的实验实训指导书和训练讲义经过了十年来的应用实践，在相关专业班级进行了应用实践与探索，成效显著。

该系列规划教材面向工程、重在实践、体现创新。在内容安排上既有基础实验实训、又有综合设计与集成应用项目训练，也有创新设计与综合工程实践项目应用；在项目的实施上采用国际化的CDIO[Conceive(构思)、Design(设计)、Implement(实现)、Operate(运作)]工程教育的标准理念，“做中学、学中研、研中创”的方法，实现学、做、创一体化，使学生以主动的、实践的、课程之间有机联系的方式学习工程。通过基于这种系列化的项目教育和学习后，学生会在工程实践能力、团队合作能力、分析归纳能力、发现问题解决问题的能力、职业规划能力、信息获取能力以及创新创业能力等方面均得到锻炼和提高。

该系列规划教材的编写、出版得到了通用电气、三菱电机、西门子等多家企业的领导与工程师们的大力支持和帮助，出版社的领导、编辑也不辞辛劳、出谋划策，才能使该系列规划教材如期出版。该系列规划教材既可作为各高等院校电气工程类、自动化类、机械工程类等专业，相关高校工程训练中心或实训基地的实验实训教材，也可作为专业技术人员培训用参考资料。相信该系列规划教材的出版，一定会对高等学校工程实践教育和高素质创新人才的培养起到重要的推动作用。

教育部高等学校电气类教学指导委员会主任

胡敏强

2016年5月于南京

前　言

《电气控制与PLC实训教程》是一本集可编程序逻辑控制器(PLC)技术、变频技术、伺服驱动系统、人机界面及工业机器人技术于一体的综合实训类教材，是南京工程学院及相关合作院校开展项目化教学改革的重要成果，也是《"十三五"机电工程实践系列规划教材》。

教材分为两篇。第1篇主要介绍三菱电机PLC常用指令使用方法、变频器及伺服驱动系统的基本应用方法；第2篇重点分析五个综合训练项目，内容由易到难，训练对象由简单到复杂，几乎完全涵盖现代工业现场所涉及控制类产品，每个训练项目讲解详细，结构清晰，通俗易学。

综合训练项目1，详细分析一套过程控制系统，重点讲述流量、液位、温度、FX系列PLC及特殊功能模块、人机界面、变频器等常规过程控制系统的控制手段和方法，对系统的结构、电气控制电路、控制流程、程序及PID调节进行了阐述。

综合训练项目2，重点分析了由变频调速系统、双轴伺服驱动系统、Q系列PLC、定位模块及人机界面等构成的随动控制系统，对系统的结构、电气控制电路、控制流程及程序等进行了阐述。

综合训练项目3，详细分析一套模拟微型分布式发电系统，重点讲述微型风力发电系统、光伏发电系统、投切系统及能量监控系统的结构、控制手段和方法，对系统的结构、电气控制电路、控制流程及程序等进行了阐述。

综合训练项目4，详细分析一套工业机器人高速装配系统，重点讲述高速装配系统中六轴工业机器人、伺服驱动系统、人机界面及传感器的开发应用方法，对系统的结构、电气控制电路、控制流程及程序等进行了阐述。

综合训练项目5，详细分析一套组合式工业机器人系统，重点讲述垂直六关节工业机器人、水平四关节工业机器人、视觉检测系统、伺服驱动系统及人机界面的开发应用方法，对系统的结构、电气控制电路、控制流程及程序等进行了阐述。

教材每一部分内容均通过南京工程学院与南京菱电自动化工程有限公司联合开发的实训装备验证，做到准确可行。教材中任何一部分内容未经作者授权，任何组织机构或个人进行复制引用，作者及出版机构将追究其法律责任。

本书由天津大学袁浩研究员审阅，由于编者水平有限，书中难免会有错漏之处，敬请广大读者批评指正。

编著者

2017年3月于南京

目　录

第1篇　基础实验训练

第2篇　综合实训课题

第1篇

基础实验训练

实验1　GX Works2编程软件应用练习

1）实验目的

掌握可编程控制器的组成和基本单元，掌握软件GX Works2的编程和程序的调试方法。

2）实验器材（见图1.1.1）

(1) LD-ZH14三菱可编程控制器主机实验箱　　1台
(2) LD-ZH14 PLC功能模块（二）　　1台
(3) 连接导线　　1套
(4) 计算机　　1台

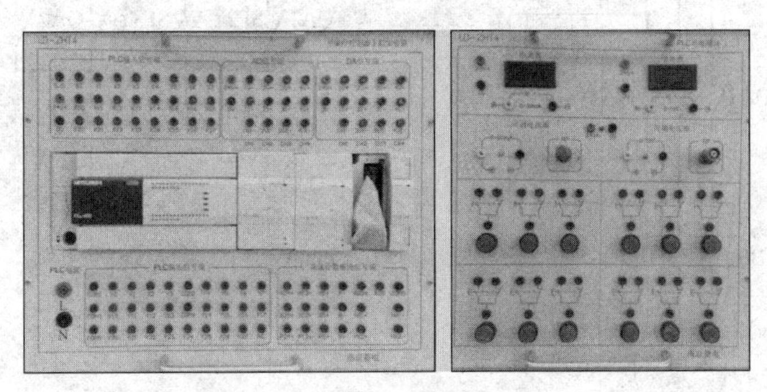

图1.1.1　实验装置

3）实验内容

(1) 熟悉编程环境GX Works2

用鼠标双击屏幕上GX Works2的图标，打开图选“工程”菜单条后选“新建”（建立一个新的文件），在弹出的对话框中选择CPU类型、工程类型、程序语言。

生成一个新的PLC程序文件的过程如下：（采用简单工程——梯形图程序）

① 双击指令树中的命令，再选某一具体指令；

② 在编辑窗口方框键入图形与软元件（或指令），按回车键；

③ 存盘；

④ 下载（先在“转换/编译”菜单条中选“转换”，再选择“在线”菜单条中的“PLC写入”）；

⑤ 运行。

(2) 将图1.1.2所示程序装入PLC的程序。

(3) 运行已装入 PLC 的程序。若将 X0 接入起动按钮 SF1,X1 接入停止按钮 SF2,Y0 外接驱动接触器线圈 KF,KF 接触器控制电机启停,则上述 PLC 程序所实现的为电动机启停,保护控制电路。

(4) 自编小程序熟悉编程环境及指令。

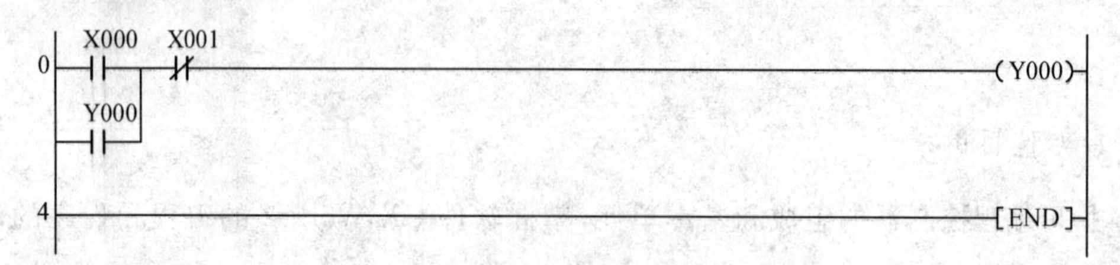

图 1.1.2　电动机启停控制

(5) 电机正反转实验

编程实现图 1.1.3 三相异步电动机的正反转控制。

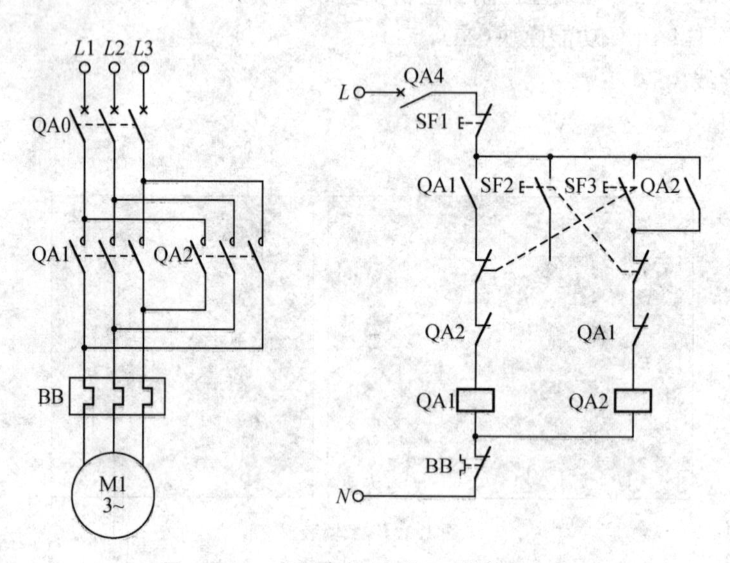

图 1.1.3　三相异步电动机的正反转控制电路

① 输入、输出信号

X0:正转按钮(SF1),X1:反转按钮(SF2),X2:停机按钮(SF3),X3:热继电器保护触点(用 SF4 代替);

Y0:正转接触器线圈(QA1 用发光二极管代替),Y1:反转接触器线圈(QA2 用发光二极管代替)。

② PLC 接线图

PLC 接口电路见图 1.1.4。

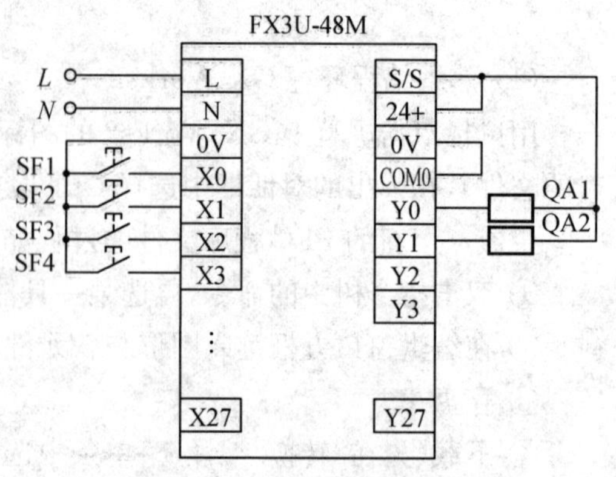

图 1.1.4　PLC 接口电路

③ 梯形图(见图 1.1.5)

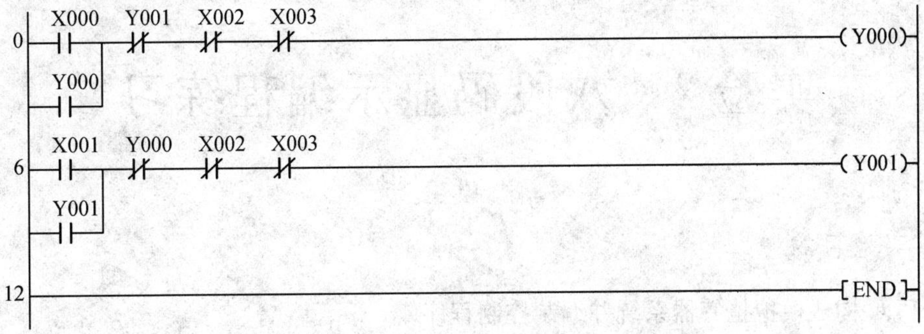

```
0   X000  Y001  X002  X003
    --| |--+--|/|---|/|---|/|----------------------(Y000)
           |
    Y000   |
    --| |--+

6   X001  Y000  X002  X003
    --| |--+--|/|---|/|---|/|----------------------(Y001)
           |
    Y001   |
    --| |--+

12  -------------------------------------------------[END]
```

图 1.1.5　PLC 梯形图程序

实验 2　八段码显示编程练习

1）实验目的

用 PLC 构成模拟抢答器系统并编制控制程序。

2）实验设备(见图 1.2.1)

(1) LD－ZH14 三菱可编程控制器主机实验箱	1 台
(2) LD－ZH14 PLC 功能模块(一)	1 台
(3) 连接导线	1 套
(4) 计算机	1 台

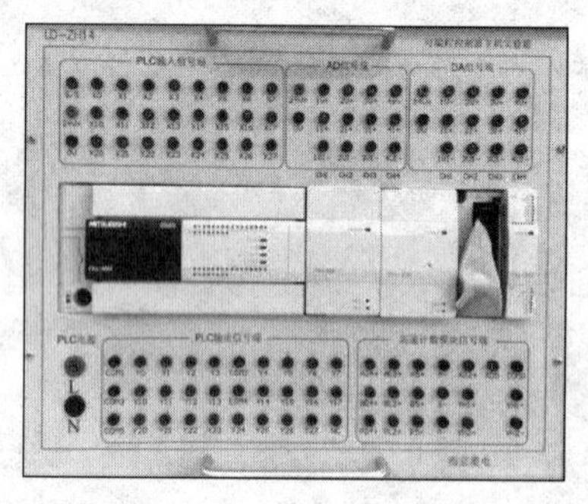
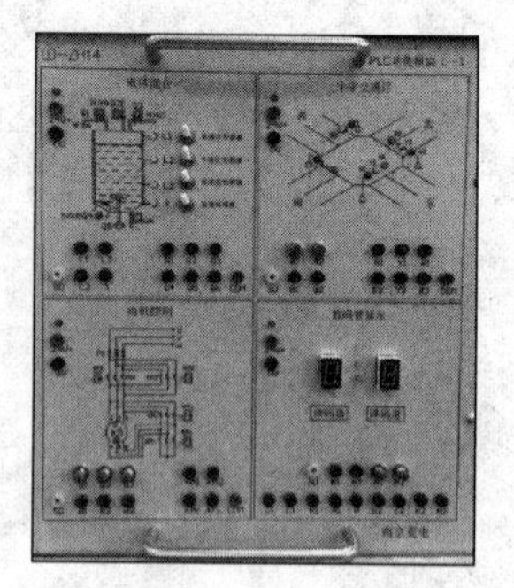

图 1.2.1　实验装置

3）实验内容

(1) 控制要求

一个四组抢答器,任一组抢先按下后,显示器能及时显示该组的编号,同时锁住抢答器,使其他组按下无效。抢答器有复位开关,复位后可重新抢答。

(2) I/O 分配

输入		输出			
SF1	X0	A1	Y0	A2	Y4
SF2	X1	B1	Y1	B2	Y5
SF3	X2	C1	Y2	C2	Y6
SF4	X3	D1	Y3	D2	Y7
复位开关 SF5	X4				

(3) PLC 接线图

PLC 接口电路如图 1.2.2 所示。

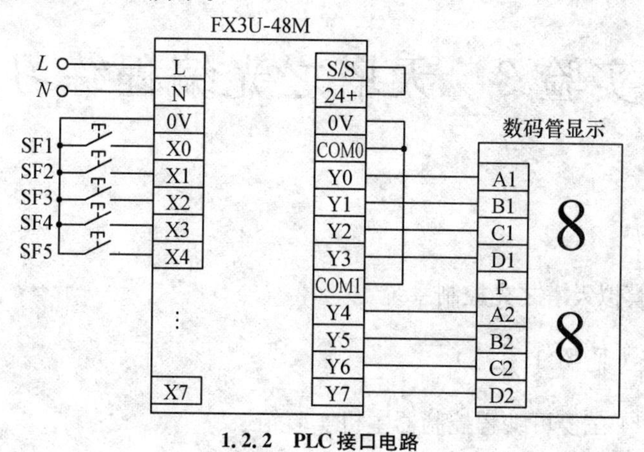

1.2.2　PLC 接口电路

(4) 输入程序(见图 1.2.3)

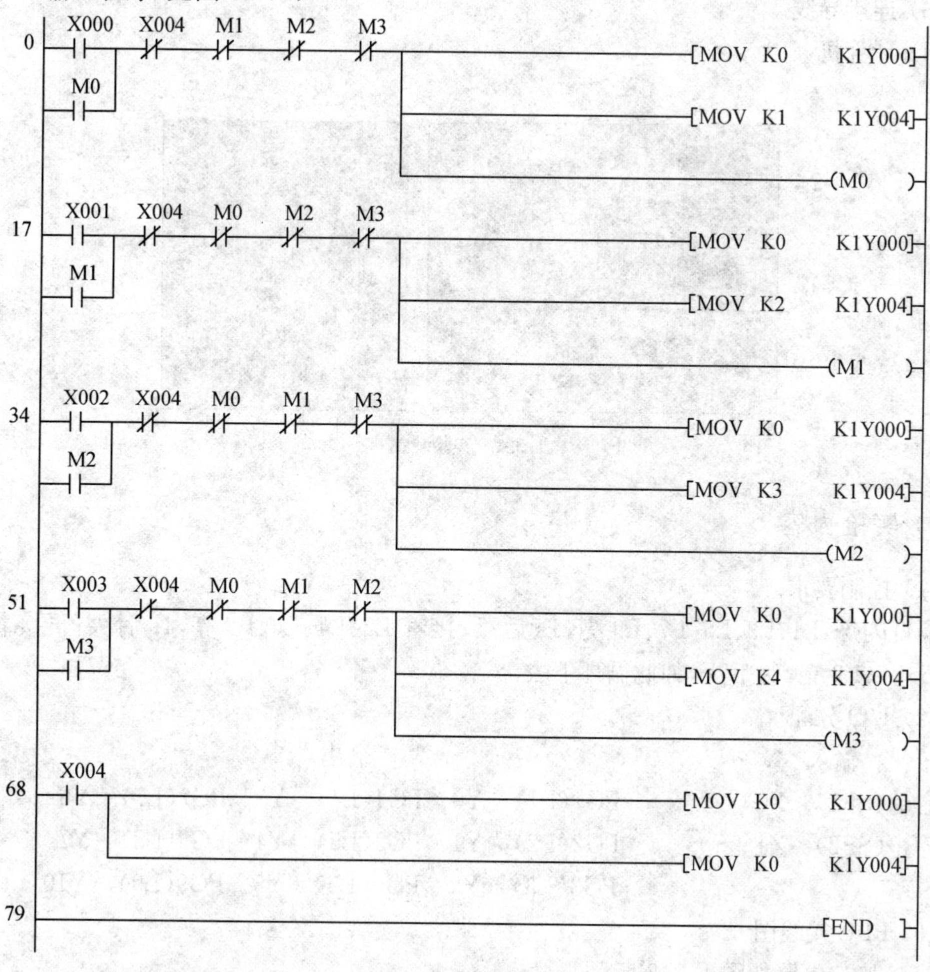

1.2.3　PLC 梯形图程序

(5) 调试并运行程序。

实验 3　天塔之光编程练习

1) 实验目的

用 PLC 构成模拟天塔之光控制系统。

2) 实验设备(见图 1.3.1)

(1) LD－ZH14 三菱可编程控制器主机实验箱　　1 台
(2) LD－ZH14 PLC 功能模块(三)实验箱　　1 台
(3) 连接导线　　1 套
(4) 计算机　　1 台

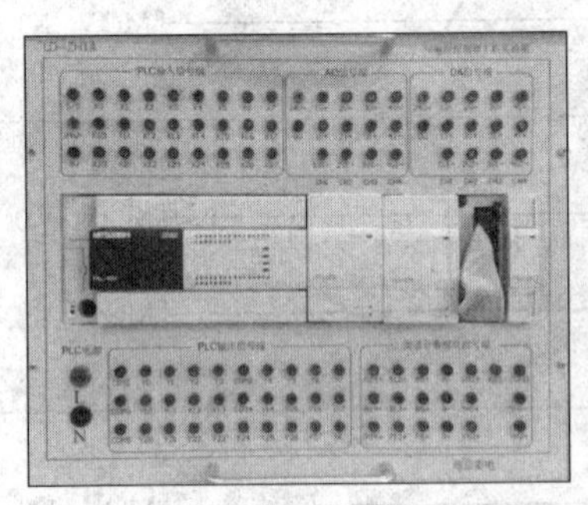
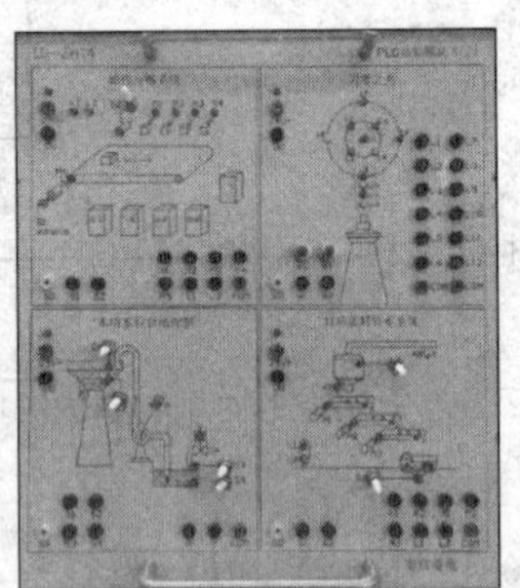

1.3.1　实验装置

3) 实验内容

(1) 控制要求

隔灯闪烁:L1、L3、L5、L7、L9 亮,1s 后灭;接着 L2、L4、L6、L8 亮,1s 后灭;再接着 L1、L3、L5、L7、L9 亮,1s 后灭,如此循环下去。

(2) I/O 分配

输入		输出					
启动(SF1)	X0	PG1(L1)	Y0	PG4(L4)	Y3	PG7(L7)	Y6
停止(SF2)	X1	PG2(L2)	Y1	PG5(L5)	Y4	PG8(L8)	Y7
		PG3(L3)	Y2	PG6(L6)	Y5	PG9(L9)	Y10

(3) PLC 接线图

PLC 接口电路如图 1.3.2 所示。

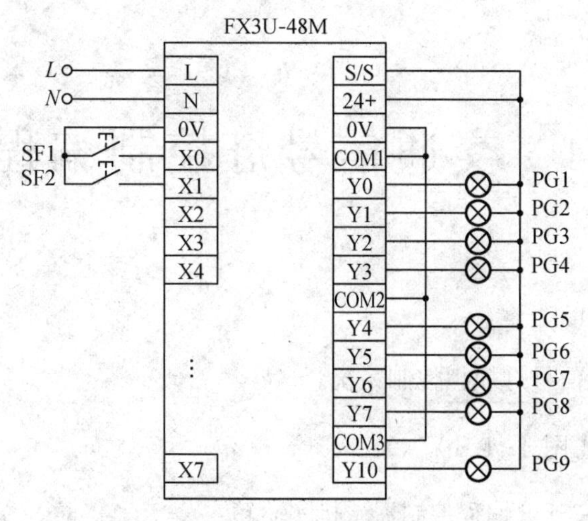

图 1.3.2　PLC 接口电路

(4) 输入程序(见图 1.3.3)

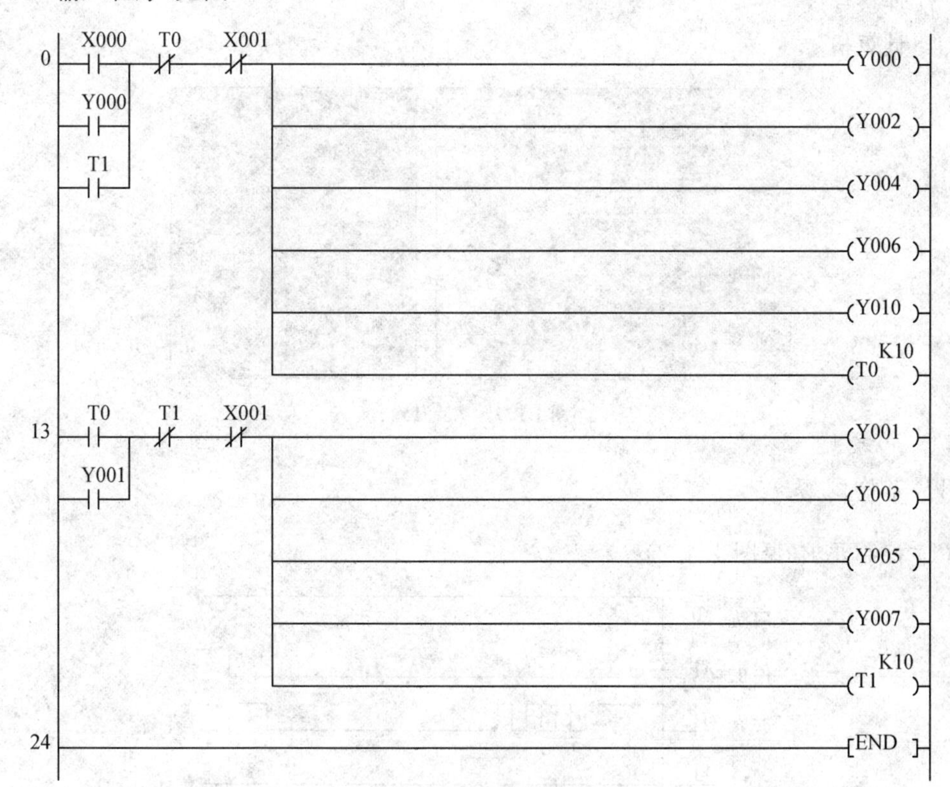

图 1.3.3　PLC 梯形图程序

(5) 调试并运行程序。

实验 4　交通信号灯控制编程练习

1）实验目的

用 PLC 构成交通信号灯模拟控制系统。

2）实验设备(见图 1.4.1)

(1) LD－ZH14 三菱可编程控制器主机实验箱　　1 台
(2) LD－ZH14 PLC 功能模块(一)实验箱　　1 台
(3) 连接导线　　1 套
(4) 计算机　　1 台

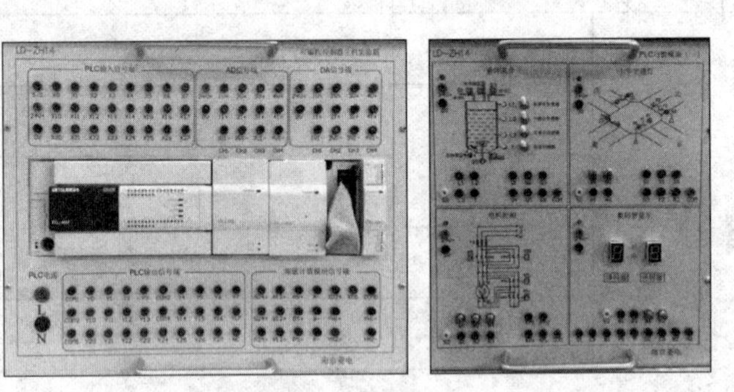

图 1.4.1　实验装置

3）实验内容

(1) 控制要求(见图 1.4.2)

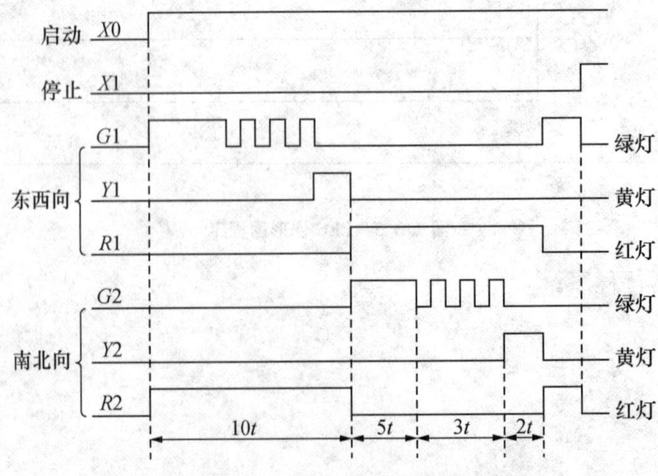

图 1.4.2　交通灯时序工作波形图

从图 1.4.2 中可看出，东西方向与南北方向绿、黄和红灯相互亮灯的时间是相等的。若单位时间 $t=2$ s 时，则整个一次循环时间需要 40 s。

(2) I/O 分配(见表 1.4.1)

表 1.4.1　I/O 器件、器件号及功能说明

输入			输出		
器件	器件号	功能说明	器件	器件号	功能说明
SF1	X0	启动按钮	PG1(G1)	Y0	东西向绿灯
			PG2(Y1)	Y1	东西向黄灯
			PG3(R1)	Y2	东西向红灯
SF2	X1	停止按钮	PG4(G2)	Y3	南北向绿灯
			PG5(Y2)	Y4	南北向黄灯
			PG6(R2)	Y5	南北向红灯

实现交通灯自动控制可用步进顺控指令实现，也可用移位寄存器实现。本实验中用 PLC 移位寄存器功能来实现。移位寄存器及输出状态真值表如表 1.4.2 所示。由表 1.4.2 可看出，移位寄存器共 10 位，以循环左移方式向左移位，每次脉冲到来时，只有 1 位翻转，即从 0000000001－0000000011－0000000111－0000001111—…。这种循环移位寄存器的工作是可靠的。按真值表的特点，根据相互间的逻辑关系，其输出状态 $G1$、$Y1$、$R1$ 和 $G2$、$Y2$、$R2$ 与输入 $M9$ - $M0$ 的逻辑关系如下(其中 CP 为脉冲信号)：

$$
\text{东西方向}\begin{cases} G1=\overline{M9}\cdot\overline{M4}+(\overline{M7}\cdot M4\cdot\overline{CP}) \\ Y1=\overline{M9}\cdot M7 \\ R1=M9 \end{cases}
$$

$$
\text{南北方向}\begin{cases} G2=M9\cdot M4+(M7\cdot\overline{M4}\cdot\overline{CP}) \\ Y2=M9\cdot\overline{M7} \\ R2=\overline{M9} \end{cases}
$$

表 1.4.2　交通灯时序关系真值表

CP	输入										输出					
	M9	M8	M7	M6	M5	M4	M3	M2	M1	M0	G1	Y1	R1	G2	Y2	R2
0	0	0	0	0	0	0	0	0	0	0	1	0	0	0	0	1
1	0	0	0	0	0	0	0	0	0	1	1	0	0	0	0	1
2	0	0	0	0	0	0	0	0	1	1	1	0	0	0	0	1
3	0	0	0	0	0	0	0	1	1	1	1	0	0	0	0	1
4	0	0	0	0	0	0	1	1	1	1	1	0	0	0	0	1
5	0	0	0	0	0	1	1	1	1	1	⎍	0	0	0	0	1
6	0	0	0	0	1	1	1	1	1	1	⎍	0	0	0	0	1
7	0	0	0	1	1	1	1	1	1	1	⎍	0	0	0	0	1
8	0	0	1	1	1	1	1	1	1	1	0	1	0	0	0	1

续表 1.4.2

CP	输入										输出					
	*M*9	*M*8	*M*7	*M*6	*M*5	*M*4	*M*3	*M*2	*M*1	*M*0	*G*1	*Y*1	*R*1	*G*2	*Y*2	*R*2
9	0	1	1	1	1	1	1	1	1	1	0	1	0	0	0	1
10	1	1	1	1	1	1	1	1	1	1	0	0	1	1	0	0
11	1	1	1	1	1	1	1	1	1	0	0	0	1	1	0	0
12	1	1	1	1	1	1	1	1	0	0	0	0	1	1	0	0
13	1	1	1	1	1	1	1	0	0	0	0	0	1	1	0	0
14	1	1	1	1	1	1	0	0	0	0	0	0	1	1	0	0
15	1	1	1	1	1	0	0	0	0	0	0	0	1	⎍	0	0
16	1	1	1	1	0	0	0	0	0	0	0	0	1	⎍	0	0
17	1	1	1	0	0	0	0	0	0	0	0	0	1	⎍	0	0
18	1	1	0	0	0	0	0	0	0	0	0	0	1	0	1	0
19	1	0	0	0	0	0	0	0	0	0	0	0	1	0	1	0

(3) PLC 接线图

PLC 接口电路如图 1.4.3 所示。

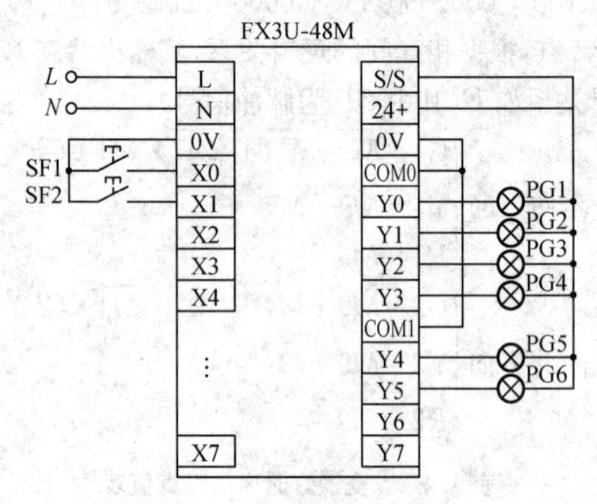

图 1.4.3　PLC 接口电路

(4) 输入程序(见图 1.4.4)

```
0   X000                                   [SET  M500 ]
    -| |-
2   X001                                   [RST  M500 ]
    -| |-
4   M500   T1                                    K10
    -| |---|/|-------------------------------(T0  )
9   T0                                           K10
    -| |---+---------------------------------(T1  )
           |
           +---------------------------------(S20 )
```

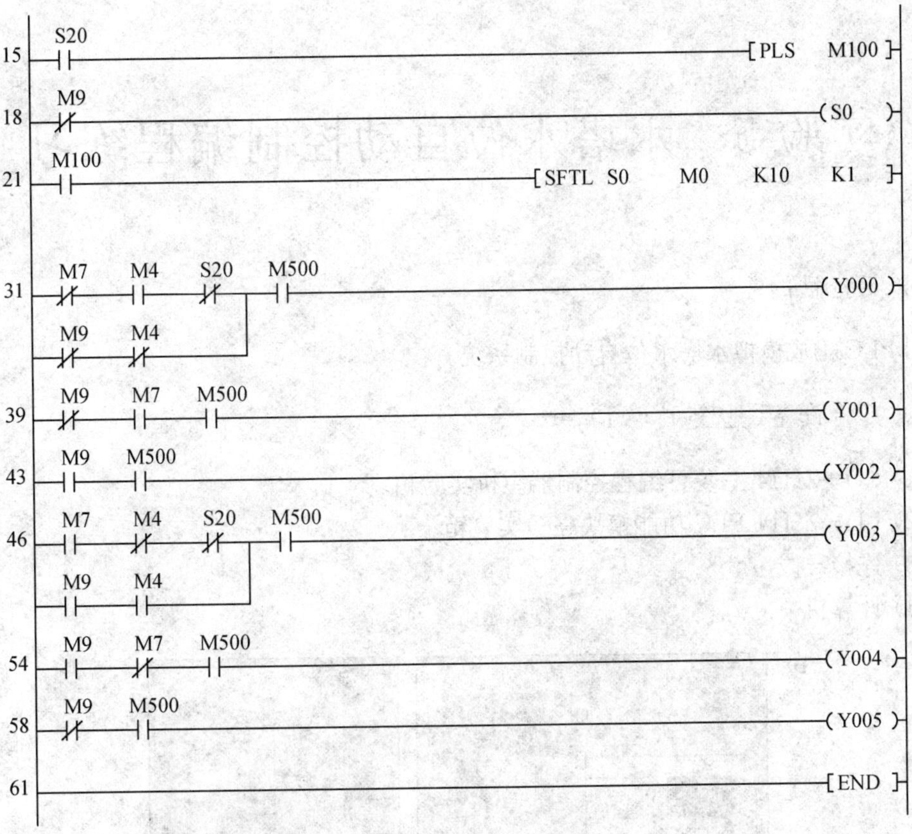

```
15   S20                                              [PLS   M100 ]
18   M9(常闭)                                         (S0 )
21   M100                                             [SFTL  S0   M0   K10   K1 ]
31   M7(常闭)  M4  S20(常闭)  M500                    (Y000 )
     M9(常闭)  M4(常闭)
39   M9(常闭)  M7  M500                               (Y001 )
43   M9  M500                                         (Y002 )
46   M7  M4(常闭)  S20(常闭)  M500                    (Y003 )
     M9  M4
54   M9  M7(常闭)  M500                               (Y004 )
58   M9(常闭)  M500                                   (Y005 )
61                                                    [END ]
```

图 1.4.4　PLC 梯形图程序

（5）调试并运行程序。

实验 5　水塔水位自动控制编程练习

1) 实验目的

用 PLC 构成模拟水塔水位自动控制系统。

2) 实验设备(见图 1.5.1)

(1) LD-ZH14 三菱可编程控制器主机实验箱　1 台
(2) LD-ZH14 PLC 功能模块(三)实验箱　1 台
(3) 连接导线　1 套
(4) 计算机　1 台

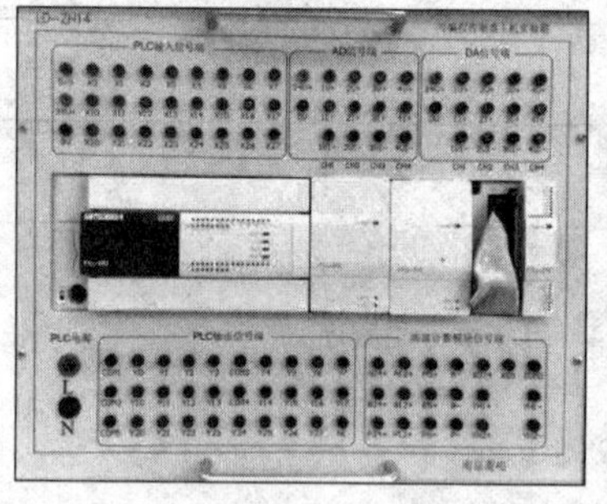
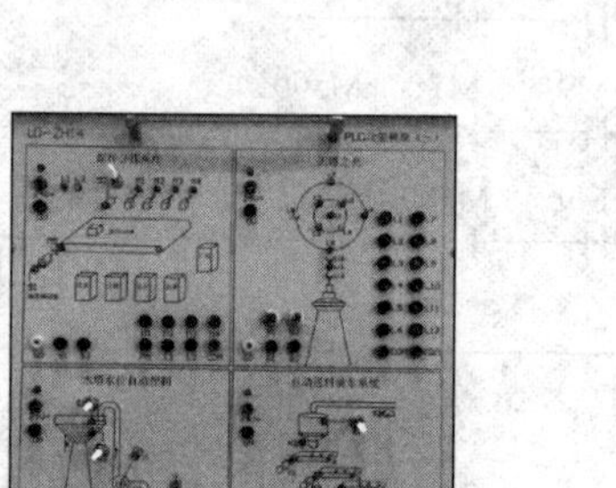

图 1.5.1　实验装置

3) 实验内容

(1) 控制要求

当按下启动按钮 SF1 时系统启动,按下 SF2 时系统停止。当下水箱水位低于上限位时,Y 导通,否则 Y 关闭;当上水箱水位低于上限位且下水箱水位不低于下限位时,MA 导通,否则 MA 关闭。

(2) I/O 分配

输入		输出	
启动(SF1)	X0	PG1(Y)	Y0
停止(SF2)	X1	PG2(M)	Y1
上水箱上限位(SF3)	X2		
上水箱下限位(SF4)	X3		
下水箱上限位(SF5)	X4		
下水箱下限位(SF6)	X5		

(3) PLC 接线图

PLC 接口电路如图 1.5.2 所示。

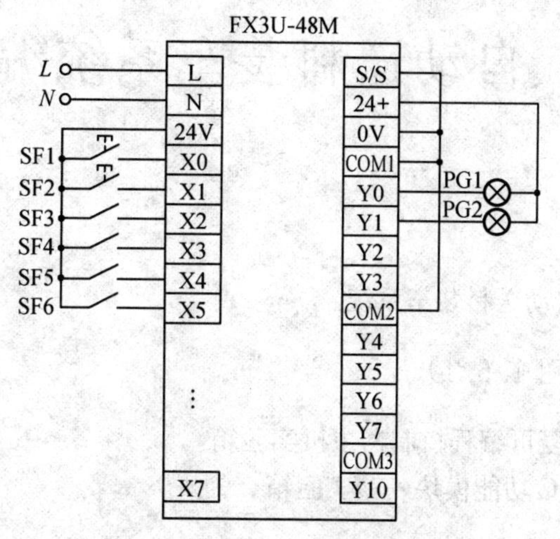

图 1.5.2　PLC 接口电路

(4) 输入程序(见图 1.5.3)

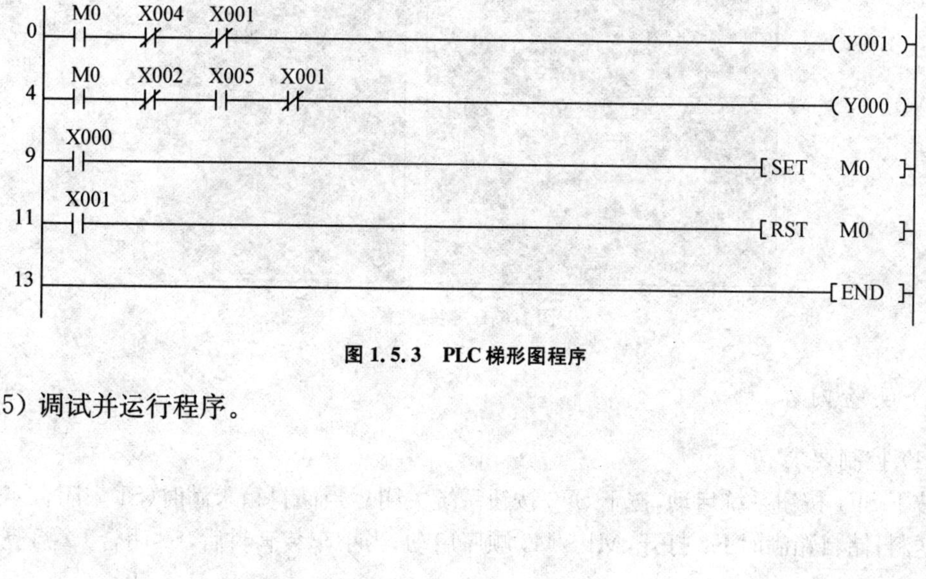

```
      M0     X004   X001
 0 ──┤ ├────┤/├────┤/├──────────────────────────( Y001 )─
      M0     X002   X005   X001
 4 ──┤ ├────┤/├────┤ ├────┤/├───────────────────( Y000 )─
      X000
 9 ──┤ ├────────────────────────────────────[ SET    M0 ]─
      X001
11 ──┤ ├────────────────────────────────────[ RST    M0 ]─

13 ─────────────────────────────────────────────[ END ]─
```

图 1.5.3　PLC 梯形图程序

(5) 调试并运行程序。

实验 6　自动送料装车系统编程练习

1) 实验目的

用 PLC 构成模拟自动送料装车系统。

2) 实验设备(见图 1.6.1)

(1) LD－ZH14 三菱可编程控制器主机实验箱　1台
(2) LD－ZH14 PLC 功能模块(三)实验箱　1台
(3) 连接导线　1套
(4) 计算机　1台

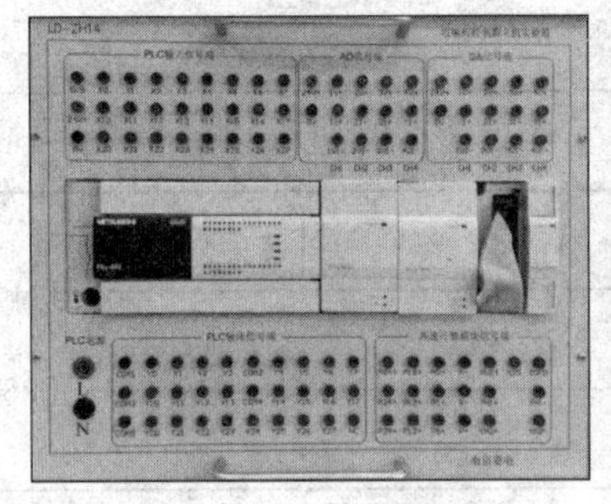
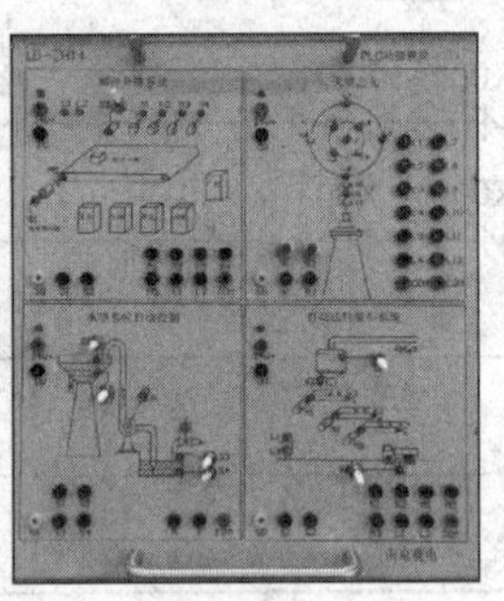

图 1.6.1　实验装置

3) 实验内容

(1) 控制要求

按下 SF1 按钮系统启动,按下 SF2 按钮系统关闭。当储料箱未满时(S1 未闭合),K1 送料管送料;储料箱满时 K2 打开,M1～M3 顺序启动;当小车装满料后,S2 闭合 L2 灯亮,否则 L1 灯亮。

(2) I/O 分配

输入		输出			
启动 SF1	X0	PG1(K1)	Y0	PG5(M3)	Y4
停止 SF2	X1	PG2(K2)	Y1	PG6(L1)	Y5
储料箱传感器 SF3(S1)	X2	PG3(M1)	Y2	PG7(L2)	Y6
小车重量传感器 SF4(S2)	X3	PG4(M2)	Y3		

(3) PLC 接线图

PLC 接口电路如图 1.6.2 所示。

FX3U-48M
L
N
SF1
SF2
SF3
SF4
L
N
24V
X0
X1
X2
X3
X4
X7
S/S
24+
0V
COM1
Y0
Y1
Y2
Y3
COM2
Y4
Y5
Y6
Y7
COM3
Y10
PG1
PG2
PG3
PG4
PG5
PG6
PG7

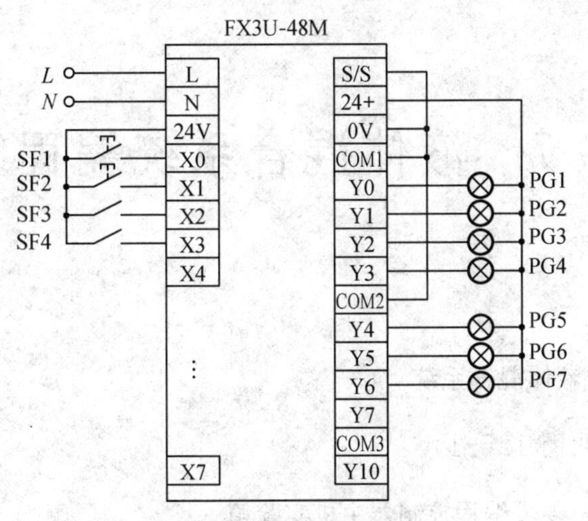

图 1.6.2　PLC 接口电路

(4) 输入程序(见图 1.6.3)

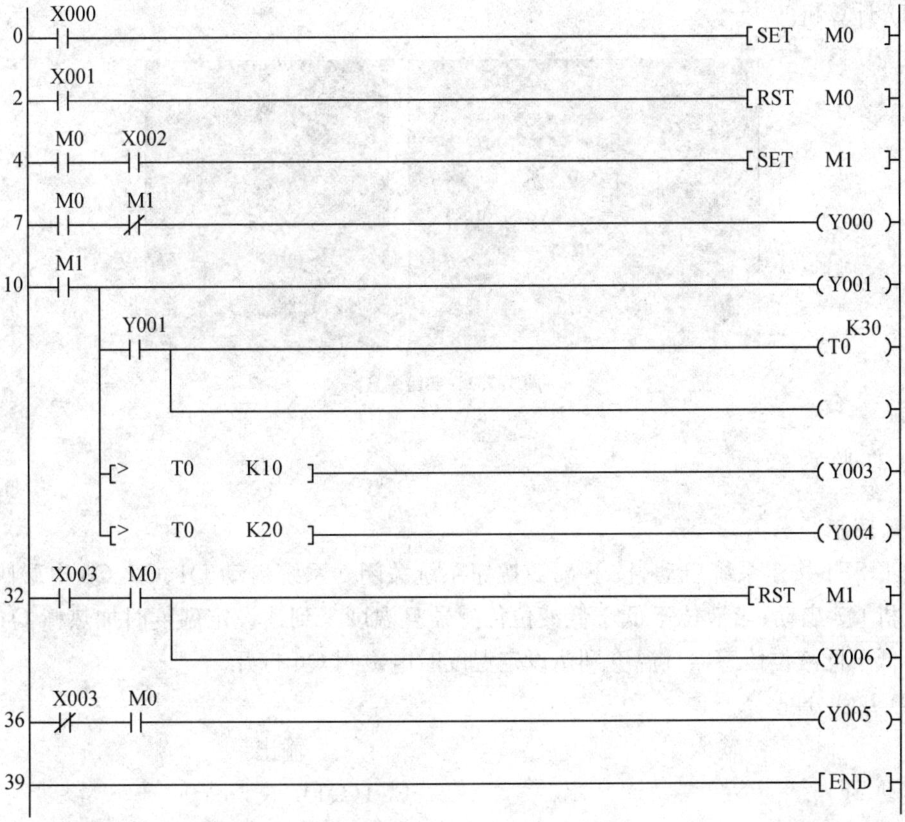

0 X000 SET M0
2 X001 RST M0
4 M0 X002 SET M1
7 M0 M1 Y000
10 M1 Y001
Y001 T0 K30
> T0 K10 Y003
> T0 K20 Y004
32 X003 M0 RST M1
Y006
36 X003 M0 Y005
39 END

图 1.6.3　PLC 梯形图程序

(5) 调试并运行程序。

实验 7 液体混合系统编程练习

1) 实验目的

用 PLC 构成模拟液体混合系统。

2) 实验设备(见图 1.7.1)

(1) LD-ZH14 三菱可编程控制器主机实验箱 1台
(2) LD-ZH14 PLC 功能模块(一)实验箱 1台
(3) 连接导线 1套
(4) 计算机 1台

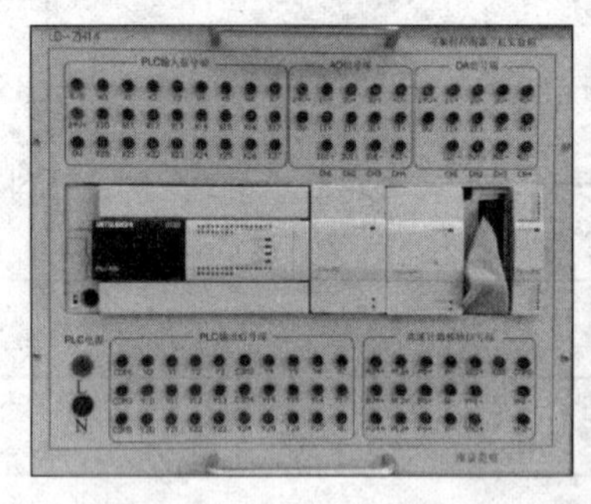
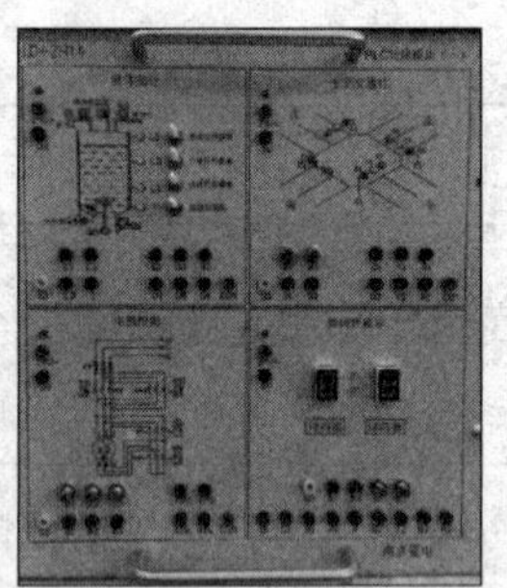

图 1.7.1 实验装置

3) 实验内容

(1) 控制要求

按下 SF1 按钮系统启动,按下 SF2 按钮系统关闭。系统启动 Q1、Q2、Q3 电磁阀打开,搅拌电机 Q5 启动;当液位不低于低液位传感器且温度未到达设定温度时加热棒 Q4 加热,液位不低于低液位传感器且温度到达设定温度时电磁阀 Q6 打开。

(2) I/O 分配

输入		输出	
启动 SF1	X0	PG1(Q1)	Y0
停止 SF2	X1	PG1(Q2)	Y1
高液位传感器 SF3(L1)	X2	PG1(Q3)	Y2
中液位传感器 SF4(L2)	X3	PG1(Q4)	Y3
低液位传感器 SF5(L3)	X4	PG1(Q5)	Y4
温度传感器 SF6(T)	X5	PG1(Q6)	Y5

(3) PLC 接线图

PLC 接口电路如图 1.7.2 所示。

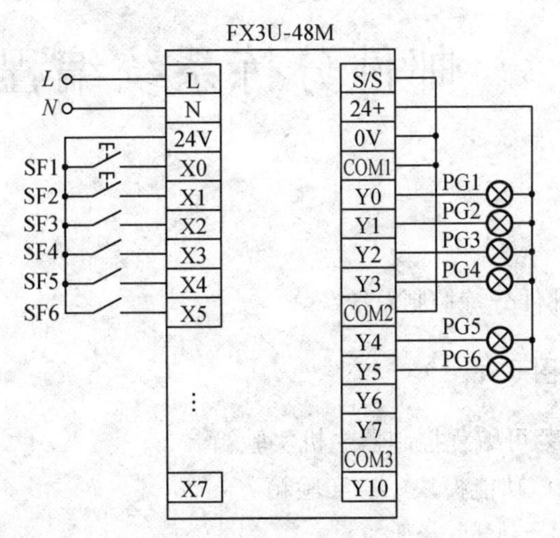

图 1.7.2　PLC 接口电路

(4) 输入程序(见图 1.7.3)

```
0   X000                    [SET  M0 ]
2   X001                    [RST  M0 ]
4   M0                      (Y000)
                            (Y001)
                            (Y002)
                            (Y004)
    X004  X005              (Y003)
          X005              (Y005)
16                          [END ]
```

图 1.7.3　PLC 梯形图程序

(5) 调试并运行程序。

实验 8 邮件分拣系统编程练习

1) 实验目的

用 PLC 构成模拟邮件分拣控制系统。

2) 实验设备(见图 1.8.1)

(1) LD-ZH14 三菱可编程控制器主机实验箱　1 台
(2) LD-ZH14 PLC 功能模块(二)实验箱　1 台
(3) 连接导线　1 套
(4) 计算机　1 台

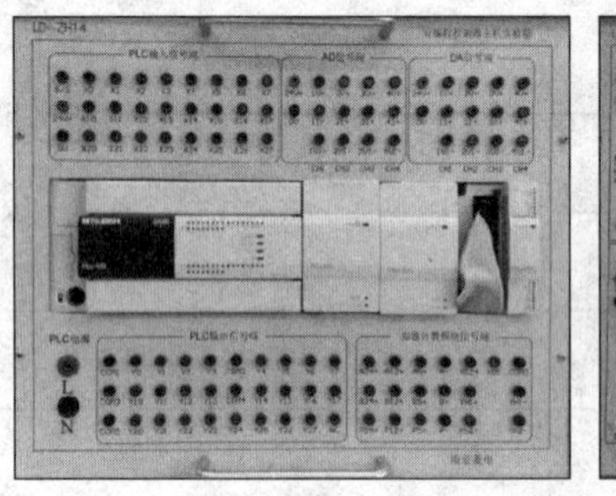
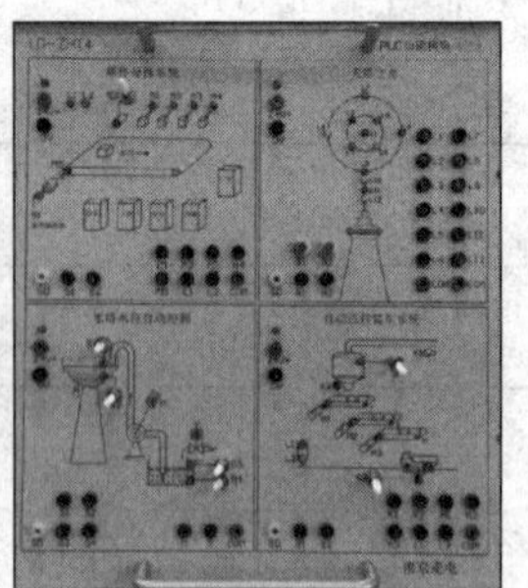

图 1.8.1　实验装置

3) 实验内容

(1) 控制要求

LD-ZH14 邮件分拣系统实验板的输入端子为一特殊设计的端子,它的功能是:当输出端 M5 为 ON(向上)时,S1 自动产生脉冲信号,模拟测量电动机转速的光码盘信号。

启动后绿灯 L2 亮表示可以进邮件,S2 为 ON(向上)表示检测到了邮件,从程序中读取邮编,并取出最低位,正常值为 1、2、3、4、5,若非此五个数,则红灯 L1 亮,表示出错,电动机 M5 停止,复位重新启动后,能重新运行。若是此 5 个数中的任一个,则绿灯 L2 亮,电动机 M5 运行,将邮件分拣至箱内,复位重新启动后 L1 灭,L2 亮,表示可继续分拣邮件。

(2) I/O 分配

输入		输出			
启动 SF1	X0	PG1(M1)	Y0	PG5(M5)	Y4
停止 SF2	X1	PG2(M2)	Y1	PG6(L1)	Y5
脉冲发生器 S1	X2	PG3(M3)	Y2	PG7(L2)	Y6

SF4(S2)　　　X3　　　PG4(M4)　　Y3

复位 SF5　　　X4

(3) PLC 接线图

PLC 接口电路如图 1.8.2 所示。

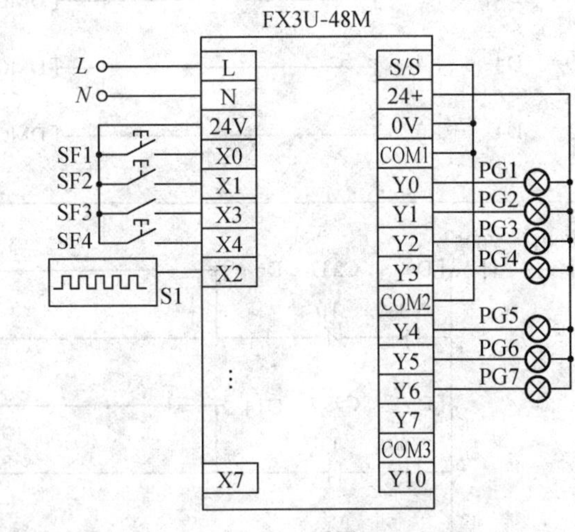

图 1.8.2　PLC 接口电路

(4) 输入程序(见图 1.8.3)

```
0   X000 ─┤├──────────────────────────────────[SET   M0    ]
2   X001 ─┤├──────────────────────────────────[RST   M0    ]
4   M0 ─┤├── Y005 ─┤/├──┬─────────────────────( Y006 )
                        └─────────────────────( Y004 )
8   M0 ─┤├──┬─────────────────────────────────[DMOV D0    D2    ]
            │
            └─ X003 ─┤↑├──┬─[D<  D2 K211001]─[D>  D2 K211005]─┬─[SET  Y005 ]
                          │                                   └─[RST  Y004 ]
                          │
                          ├─[D>= D2 K211001]─[D<= D2 K211005]─┬─[DSUB D2 K211000 D4 ]
                          │                                   ├─[RST  Y005 ]
                          │                                   └─[SET  Y004 ]
```

```
      [D=  D4  K1 ]------------------[MOV  K10000 D6 ]
      [D=  D4  K2 ]------------------[MOV  K20000 D14 ]
      [D=  D4  K3 ]------------------[DMOV K30000 D8 ]
      [D=  D4  K4 ]------------------[DMOV K40000 D10 ]
      [D=  D4  K5 ]------------------[DMOV K50000 D12 ]
      ---------------------------------------[RST  C237 ]

      M0   X003  X004  Y005
165  -| |---|/|---|/|---|/|--[D=  C237  D6 ]-----(Y000 )
                            Y000   T0                K10
                           -| |---|/|----------------(T0  )
                            [D=  C237  D14 ]---------(Y001 )
                            Y001   T1                K10
                           -| |---|/|----------------(T1  )
                            [D=  C237  D8 ]----------(Y002 )
                            Y002   T2                K10
                           -| |---|/|----------------(T2  )
                            [D=  C237  D10 ]---------(Y003 )
                            Y003   T3                K10
                           -| |---|/|----------------(T3  )

      T0
241  -| |--+------------------------[ZRST D6   D15 ]
      T1   |
     -| |--+
      T2   |
     -| |--+
      T3   |
     -| |--+

      M8000                                  K100000
250  -| |------------------------------------(C237 )

      M0   X004
256  -| |---| |--------------------------[RST  Y005 ]

259  ----------------------------------------[END ]
```

图 1.8.3　PLC 梯形图程序

(5) 调试并运行程序

① 下载程序到 PLC 中,按键盘 F3 将 GX Works2 切换到监视模式。

② 选中程序中的[DMOV D0 D2],再点击菜单栏“调试”——►“更改当前值”,如图 1.8.4 所示。

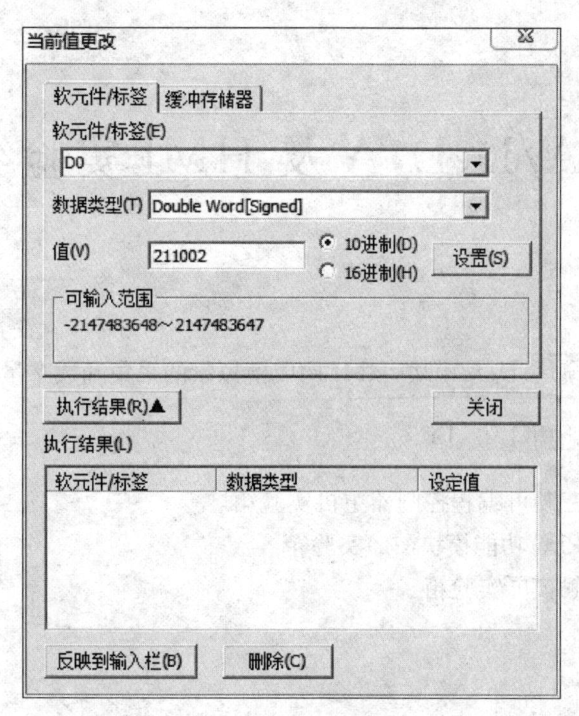
当前值更改
软元件/标签
缓冲存储器
软元件/标签(E)
D0
数据类型(T)
Double Word[Signed]
值(V)
211002
10进制(D)
16进制(H)
设置(S)
可输入范围
-2147483648～2147483647
执行结果(R)▲
关闭
执行结果(L)
软元件/标签
数据类型
设定值
反映到输入栏(B)
删除(C)

图 1.8.4　调试界面

实验9 A/D、D/A及HMI实验编程练习

1) 实验目的

用PLC及A/D模块、D/A模块、HMI构成模拟量的采集和数字量转换模拟量系统。

2) 实验设备(见图1.9.1)

(1) LD-ZH14 三菱可编程控制器主机实验箱	1台
(2) LD-ZH14 PLC功能模块(二)实验箱	1台
(3) LD-ZH14 触摸屏实验箱	1台
(4) 连接导线	1套
(5) 计算机	1台

图1.9.1 实验装置

3) 实验内容

(1) 控制要求

要求人机界面(HMI)显示可调电流源和可调电压源的电流及电压;也可在人机界面中设置输出的电流及电压,用电流表及电压表测量。

(2) I/O分配

输入		输出	
电流源正极	1I+	电流输出	1I+
电流源负极	1VI−	电流输出	1VI−
电压源正极	2V+	电压输出	2V+
电压源负极	2VI−	电压输出	2VI−

(3) PLC 接线图

PLC 接口电路如图 1.9.2 所示。

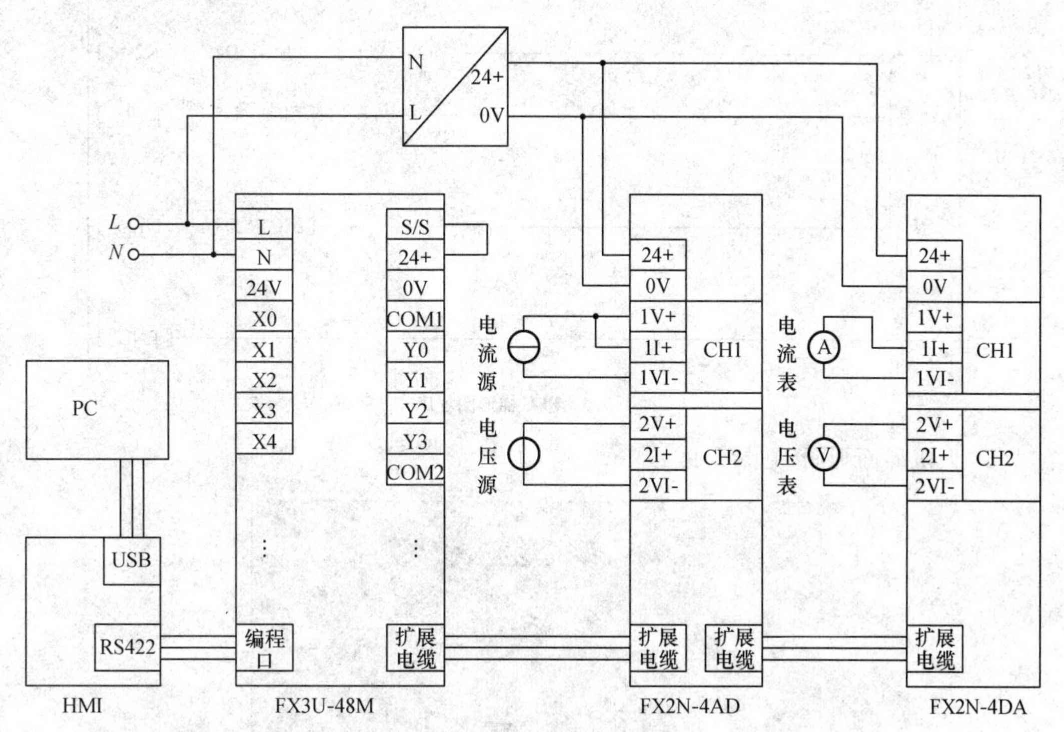

图 1.9.2　PLC 接口电路

(4) 输入程序(见图 1.9.3)

```
    M8002
0 ──┤├──┬──────────────[ FROM K0    K30    D0     K1 ]
        │                                  A/D识别码
        ├──────────────[ CMP  K2010  D0     M0       ]
        │                                  A/D识别码
        ├──────────────[ FROM K1    K30    D1     K1 ]
        │                                  D/A识别码
        └──────────────[ CMP  K3020  D1     M3       ]
                                           D/A识别码
    M1
33 ─┤├──┬──────────────[ TOP  K0    K0     H3302  K1 ]
        ├──────────────[ FROM K0    K29    K4M10  K1 ]
        │  M10   M20
        └──┤/├───┤/├───[ FROM K0    K5     D2     K2 ]
```

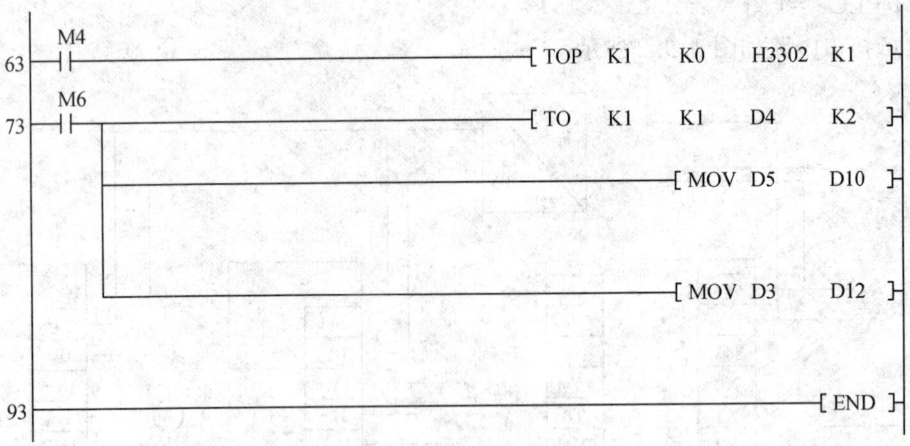

M4
63
TOP K1 K0 H3302 K1
M6
73
TO K1 K1 D4 K2
MOV D5 D10
MOV D3 D12
93
END

图 1.9.3　PLC 梯形图程序

(5) 人机界面画面(见图 1.9.4)

A/D、D/A及HMI实验
可调电流源电流:
56.0
mA
可调电压源电压:
56.0
V
D/A电流输出值:
56.0
mA
D/A电压输出值:
56.0
V
确认

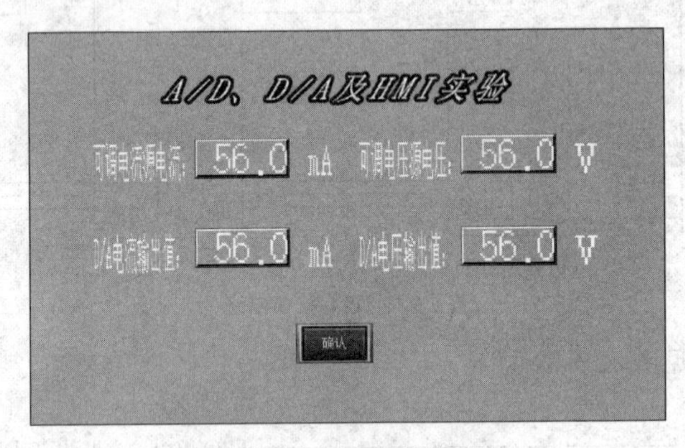

图 1.9.4　人机界面设计画面

(6) 调试并运行程序。

实验10　变频器多段调速练习

1）实验目的

用PLC及变频器构成多段速电机调速系统。

2）实验设备（见图1.10.1）

(1) LD-ZH14 三菱可编程控制器主机实验箱	1台
(2) LD-ZH14 PLC功能模块（二）实验箱	1台
(3) LD-ZH14 变频器实验箱	1台
(4) LD-SVM15 混合运动执行机构	1台
(5) 连接导线	1套
(6) 计算机	1台

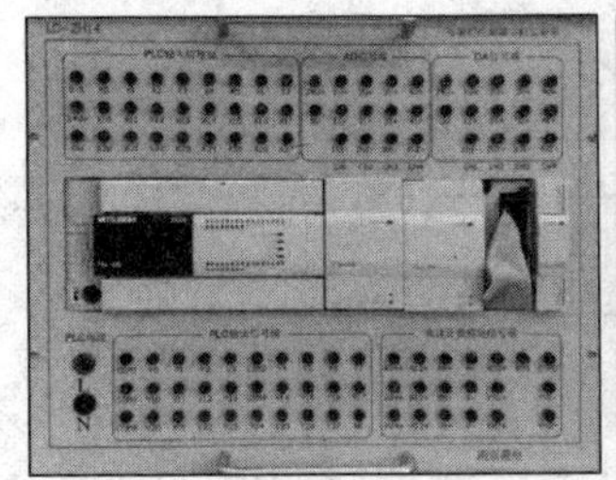
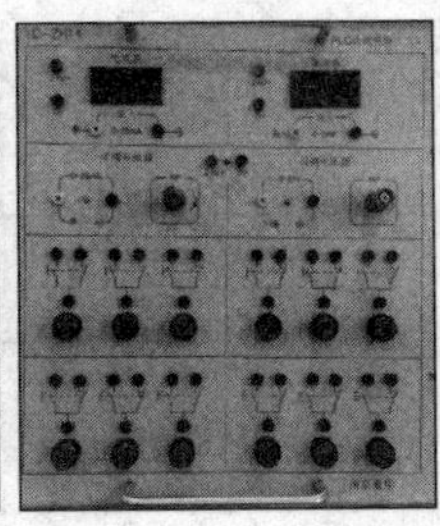
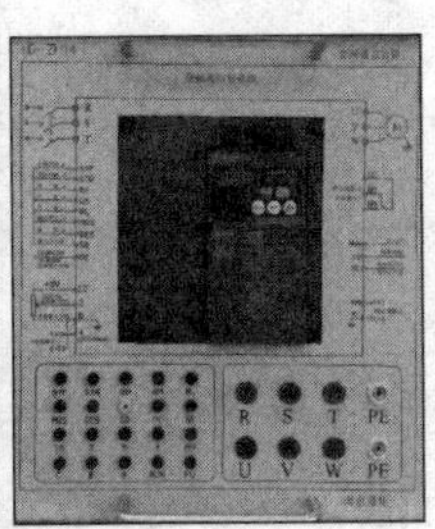
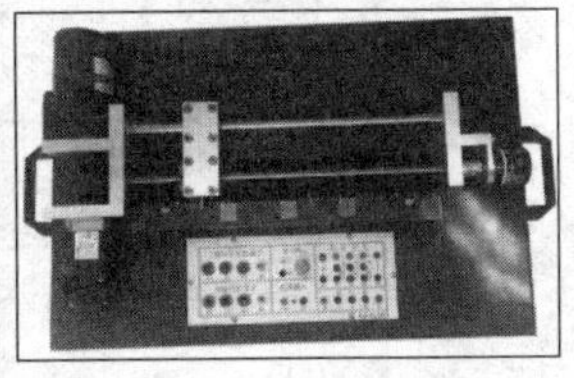

图1.10.1　实验装置

3）实验内容

(1) 控制要求

要求按下SF1（自动方式）后，电机正转，其频率以每2.5 s/10 Hz的时间递增六次，完成七段调速，但为了防止机构的损坏，要加入手动的反转。

(2) I/O分配

输入		输出			
自动启动	X1	RL	Y0	STF	Y3
手动反转	X0	RM	Y1	STR	Y4
手动停止	X2	RH	Y2		

(3) 接线图

PLC 及变频器接线图如图 1.10.2 所示。

L
N
L
N
0V
X0
X1
X2
X3
X4
X27
SF1
SF2
SF3
S/S
24+
0V
COM1
Y0
Y1
Y2
Y3
COM2
Y4
Y27
FX3U-48M
R
S
T
RL
RM
RH
STF
SD
STR
RF-E700
MA
~

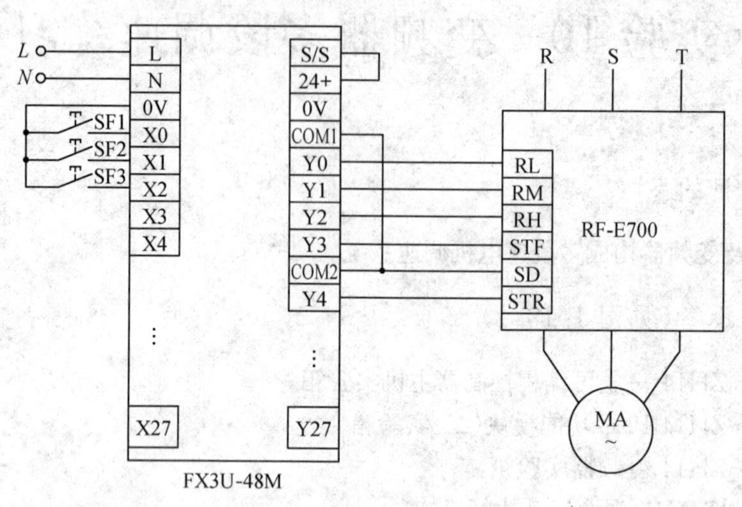

图 1.10.2　PLC 及变频器接线图

(4) 输入程序(见图 1.10.3)

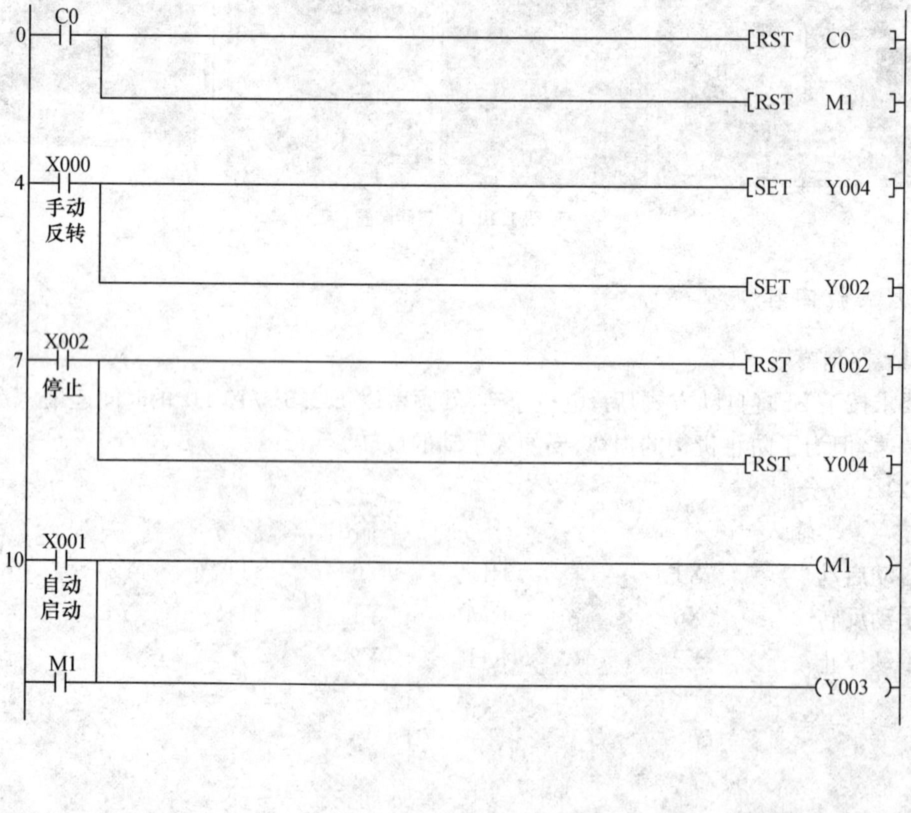

0
C0
RST C0
RST M1
4
X000
手动
反转
SET Y004
SET Y002
7
X002
停止
RST Y002
RST Y004
10
X001
自动
启动
M1
M1
Y003

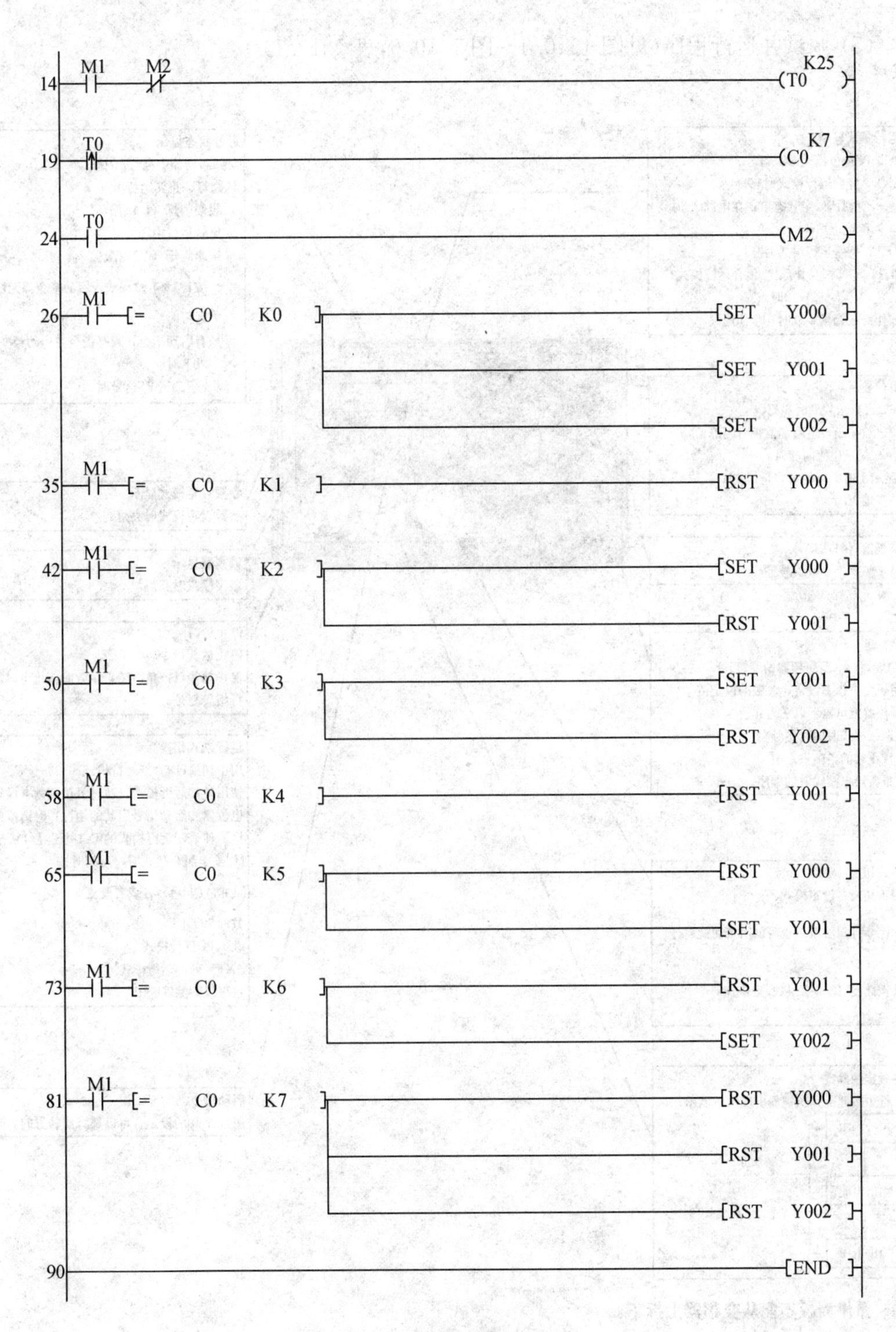

图 1.10.3　PLC 梯形图程序

(5) 调试并运行程序(见图 1.10.4～图 1.10.6,表 1.10.1)

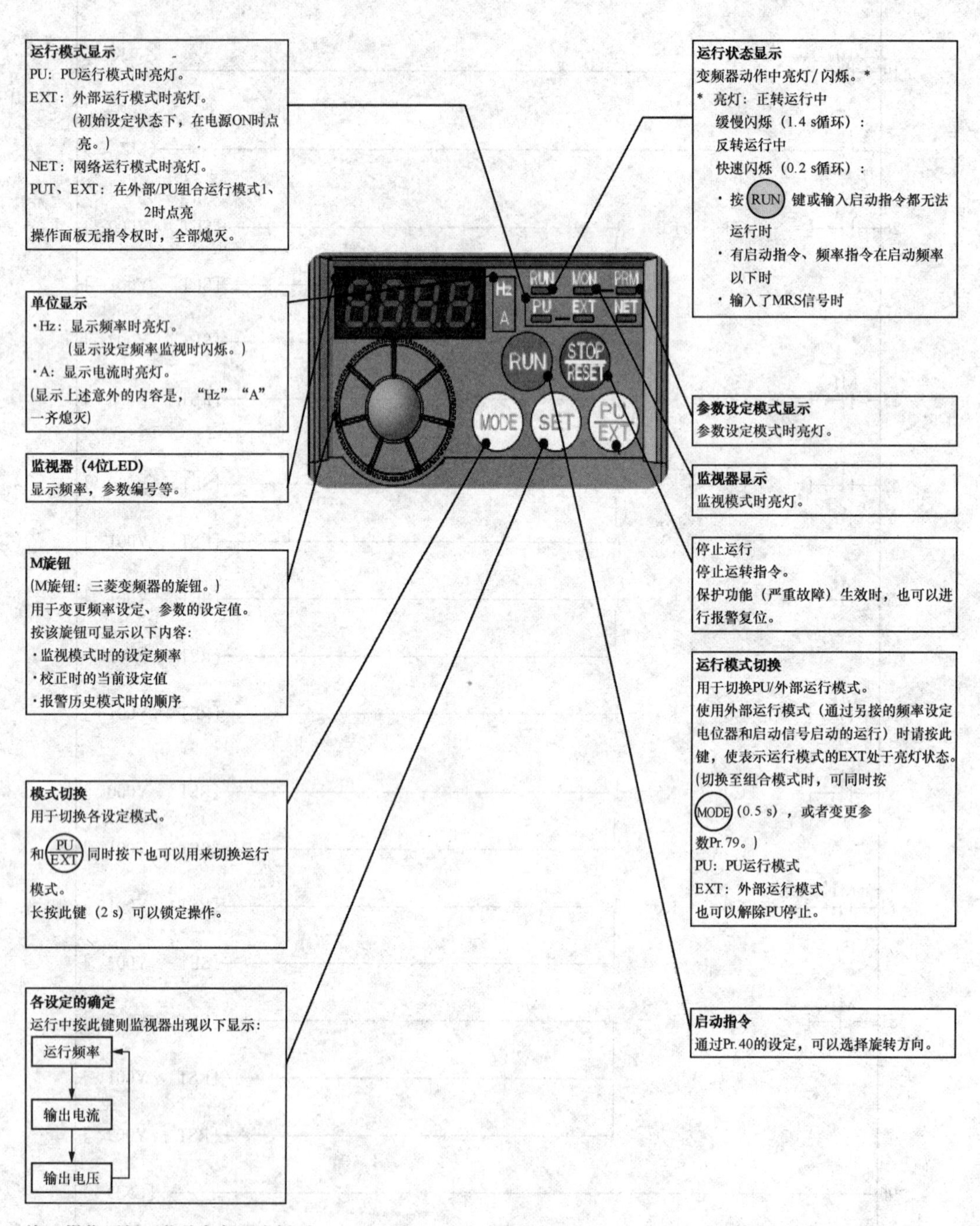

注：操作面板不能从变频器上拆下。

图 1.10.4 变频器操作界面

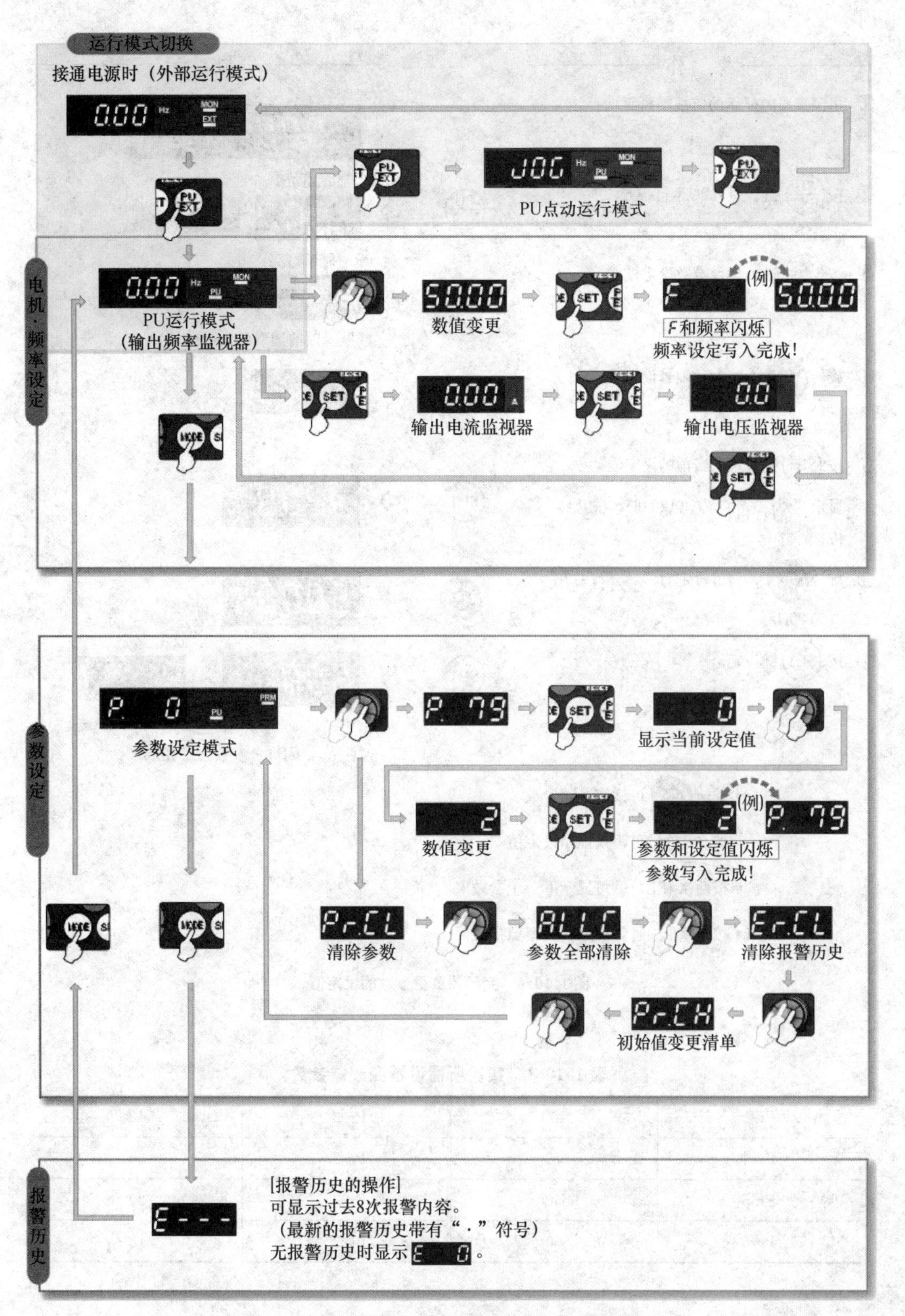

图1.10.5　变频器基本操作(出厂时设定值)

操　作　　　　　　显　示

① 电源接通时显示的监视器画面。

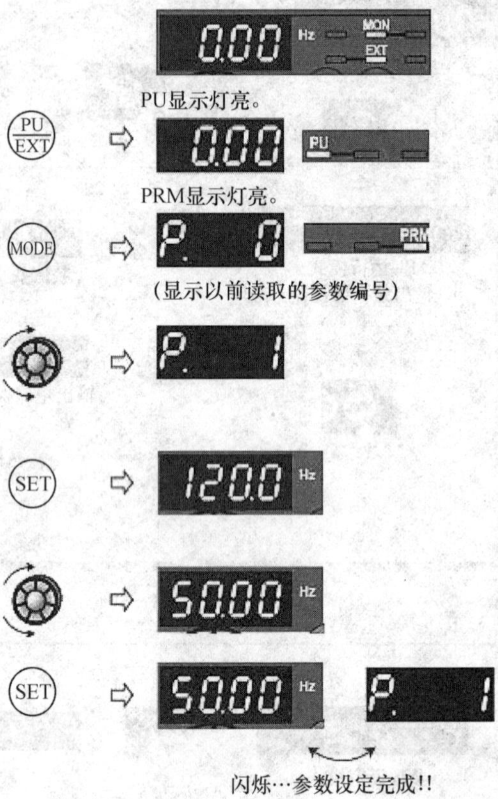

0.00 Hz MON EXT

② 按(PU/EXT)键，进入PU运行模式。

PU显示灯亮。

(PU/EXT) ⇨ 0.00 PU

③ 按(MODE)键，进入参数设定模式。

PRM显示灯亮。

(MODE) ⇨ P. 0 PRM

(显示以前读取的参数编号)

④ 旋转旋钮，将参数编号设定为 P. 1 (Pr.1)。

⇨ P. 1

⑤ 按(SET)键，读取当前的设定值。显示“120.0”（120.0Hz（初始值））。

(SET) ⇨ 120.0 Hz

⑥ 旋转旋钮，将值设定为“50.00”(50.00Hz)

⇨ 50.00 Hz

⑦ 按(SET)键设定。

(SET) ⇨ 50.00 Hz　P. 1

闪烁…参数设定完成!!

- 旋转旋钮可读取其他参数。
- 按(SET)键可再次显示设定值。
- 按两次(SET)键可显示下一个参数。
- 按两次(MODE)键可返回频率监视画面。

图 1.10.6　变频器变更参数的设定值

表 1.10.1　实验所需设置变频器参数

Pr. 1	100	Pr. 24	40
Pr. 4	70	Pr. 25	30
Pr. 5	60	Pr. 26	20
Pr. 6	50	Pr. 27	10

实验 11　变频器模拟量调速练习

1）实验目的

用 PLC 及变频器构成电机调速系统。

2）实验设备(见图 1.11.1)

(1) LD－ZH14 三菱可编程控制器主机实验箱　1台
(2) LD－ZH14 PLC 功能模块(二)实验箱　1台
(3) LD－ZH14 变频器实验箱　1台
(4) LD－SVM15 混合运动执行机构　1台
(5) 连接导线　1套
(6) 计算机　1台

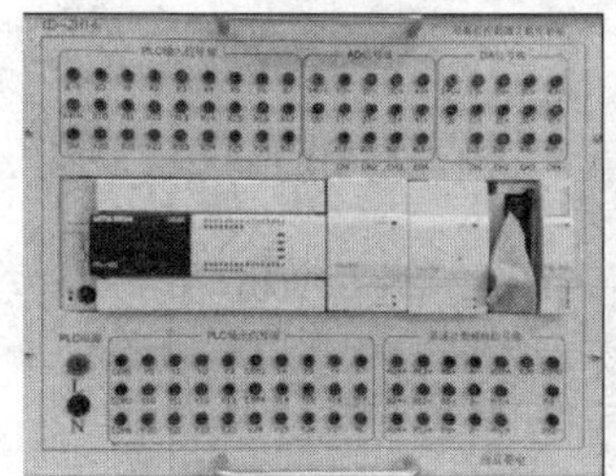
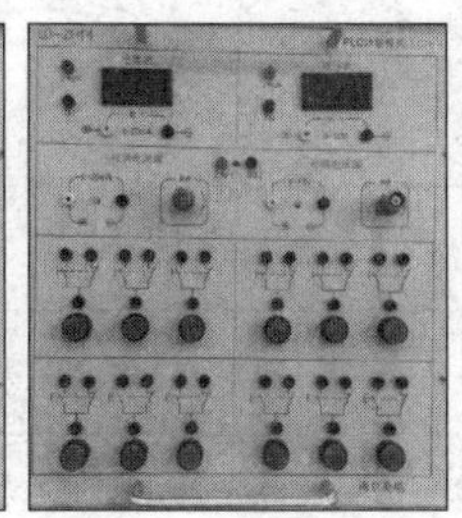
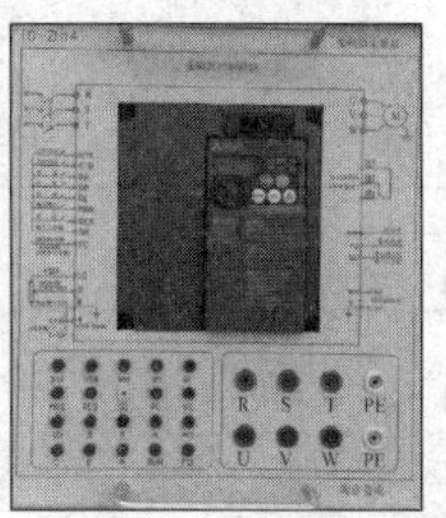
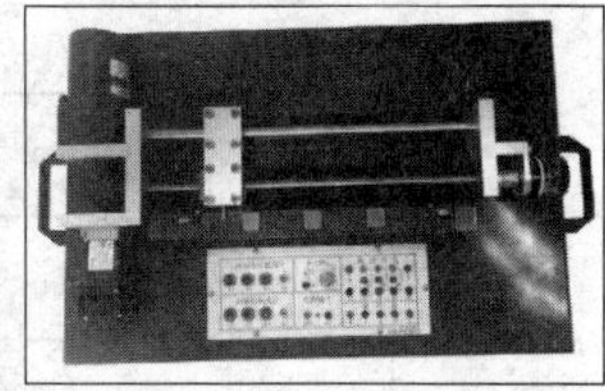

图 1.11.1　实验装置

3）实验内容

(1) 控制要求

编写梯形图程序,使用 D/A 模块的 CH1 通道实现电机的无极调速。按钮使用程序中的软元件。

(2) I/O 分配

输入	输出	
无	STF	Y1
	STR	Y2

(3) 接线图。

PLC 及变频器接线图如图 1.11.2 所示。

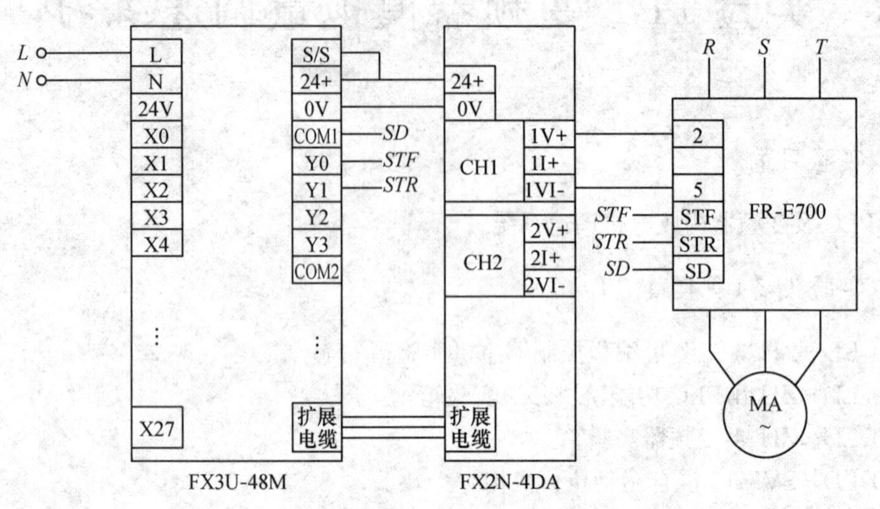

图 1.11.2　PLC 及变频器接线图

(4) 输入程序(见图 1.11.3)。

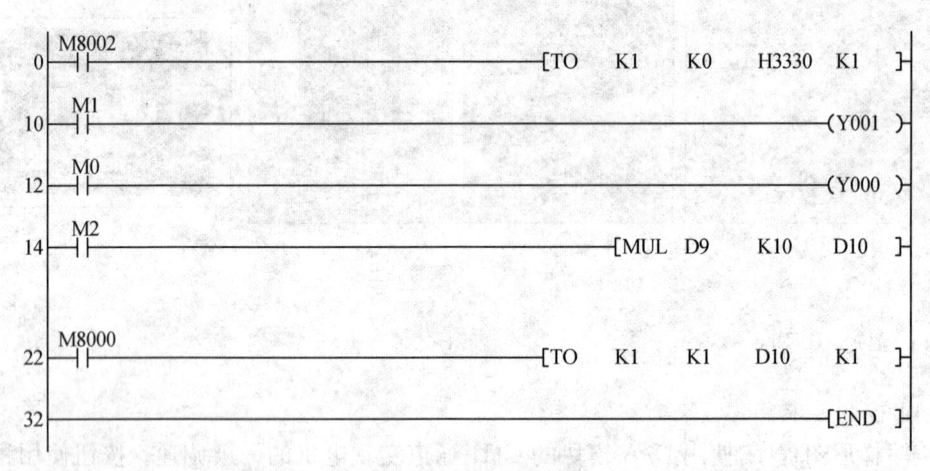

图 1.11.3　PLC 梯形图程序

(5) 调试并运行程序(见表 1.11.1、表 1.11.2,图 1.11.4)。

由于 D/A 的 CH1 通道输出 0～10 V 的电压,将变频器对应的频率范围设置在 0～60 Hz时,要改变变频器的 Pr.125。

表 1.11.1　端子功能选择

参数编号	名称	初始值	设定值	内容	
73	模拟量输入选择	1	0	端子2输入0～10 V	无可逆运行
			1	端子2输入0～5 V	
			10	端子2输入0～10 V	有可逆运行
			11	端子2输入0～5 V	
267	端子4输入选择	0	0	电压/电流输入切换开关	—
				I V	端子4输入4～20 mA
			1	I V	端子4输入0～5 V
			2		端子4输入0～10 V

注：可根据模拟量输入端子的规格、输入信号来切换正转、反转的功能。

表 1.11.2　本次实验所需设置变频器的参数

Pr. 1	100
Pr. 73	10
Pr. 267	2
Pr. 125	60

模拟量输入规格的选择

模拟量电压输入所使用的端子2可以选择0~5 V（初始值）或0~10 V。

模拟量输入所使用的端子2可以选择电压输入（0~5 V、0~10 V）或电流输入（4~20 mA初始值）。

变更输入规格时，请变更Pr.267和电压/电流输入切换开关。

端子4的额定规格随电压/电流输入切换开关的设定而变更。

电压输入时：输入电阻10 kΩ±1 kΩ、最大容许电压DC20 V

电流输入时：输入电阻233 Ω±5 Ω、最大容许电流30 mA

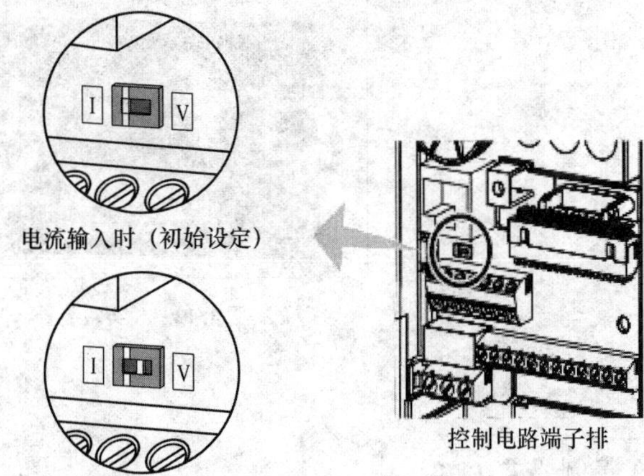

电流输入时（初始设定）

控制电路端子排

电压输入时

图 1.11.4　变频器模拟量输入规格选择

实验12　伺服位置控制系统练习一

1) 实验目的

应用三菱电机PLC基本单元及伺服驱动系统构成的伺服位置控制系统。

2) 实验设备(见图1.12.1)

(1) LD-ZH14 三菱可编程控制器主机实验箱　1台
(2) LD-ZH14 PLC功能模块(二)实验箱　1台
(3) LD-ZH14 伺服控制实验箱　1台
(4) LD-SVM15 混合运动执行机构　1台
(5) 连接导线　1套
(6) 计算机　1台

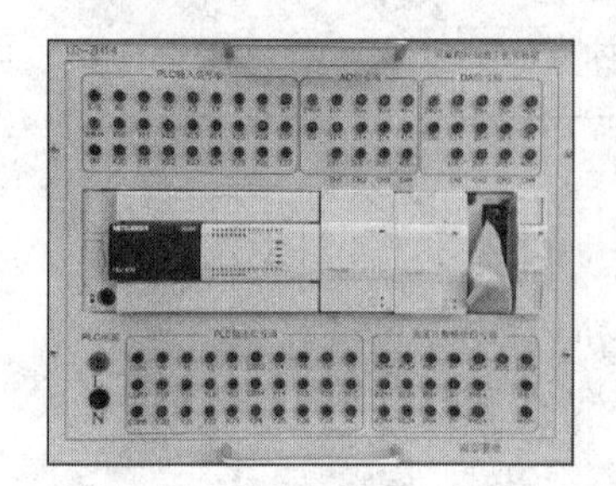
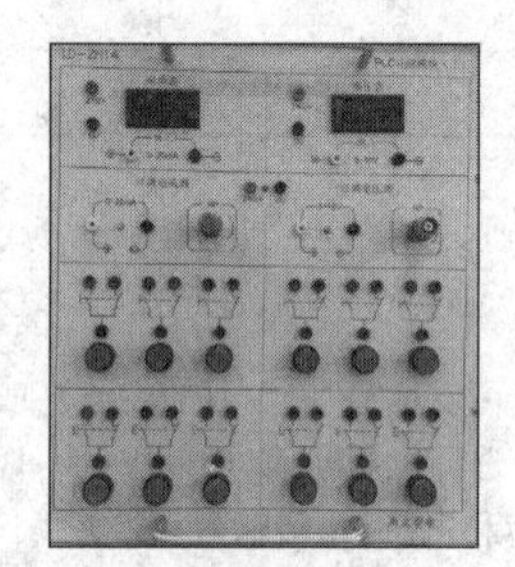

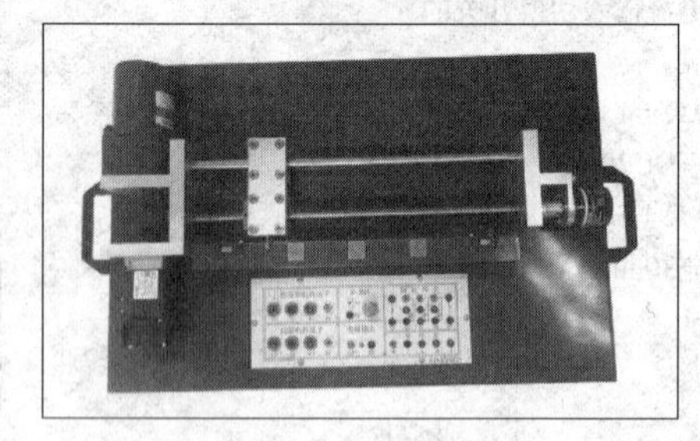

图1.12.1　实验装置

3) 实验内容

(1) 控制要求

编写梯形图程序,要求有伺服电机的手动正反转、单速定位(增量方式)及回原点功能。

（2）接线图

PLC及伺服驱动系统接线图如图1.12.2所示。

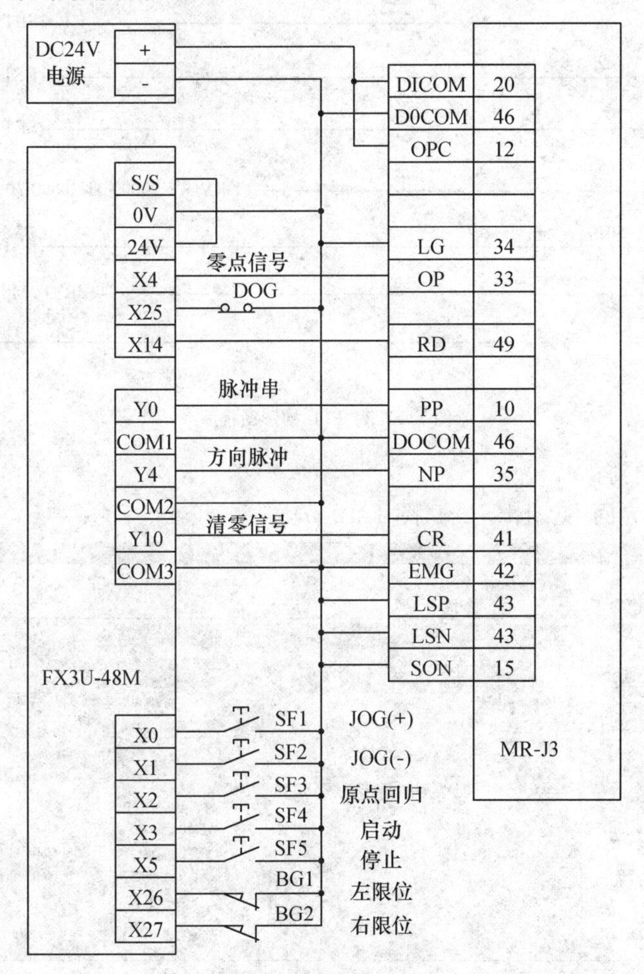

图1.12.2　PLC及伺服驱动系统接线图

（3）输入程序（见图1.12.3）

```
     X002
81  ─┤├──┬──────────────────────[DSZR  X025  X004  Y000   Y004]
     M0  │
    ─┤├──┤──────────────────────────────────────[SET   M0]
         │ M8029
         └─┤├───────────────────────────────────[RST   M0]
     X003
95  ─┤├─────────────────────────────────────────[SET   M1]
     M1
97  ─┤├──┬──────────────────[DRVI  K20000  K20000 Y000 Y004]
         │ M8029
         └─┤├───────────────────────────────────[RST   M1]
     X005
109 ─┤├─────────────────────────────────────[ZRST  M0   M2]
115 ────────────────────────────────────────────────[END]
```

图 1.12.3　PLC 梯形图程序

(4) 调试并运行程序。

(5) 伺服设置界面(见图 1.12.4、图 1.12.5)。

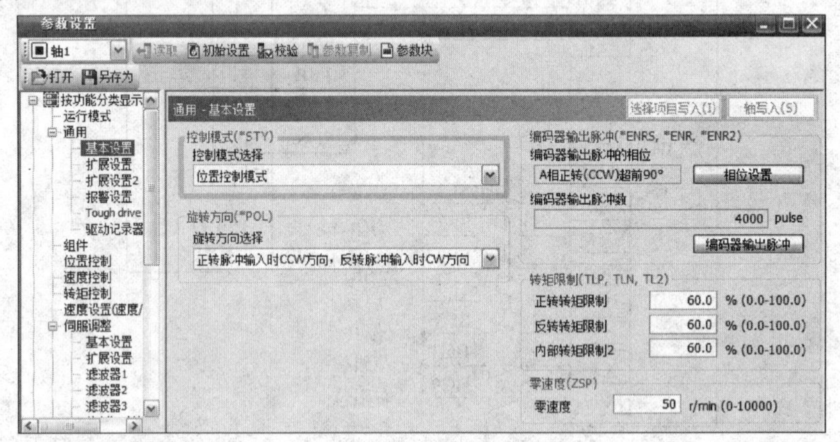

图 1.12.4　伺服基本参数设置界面

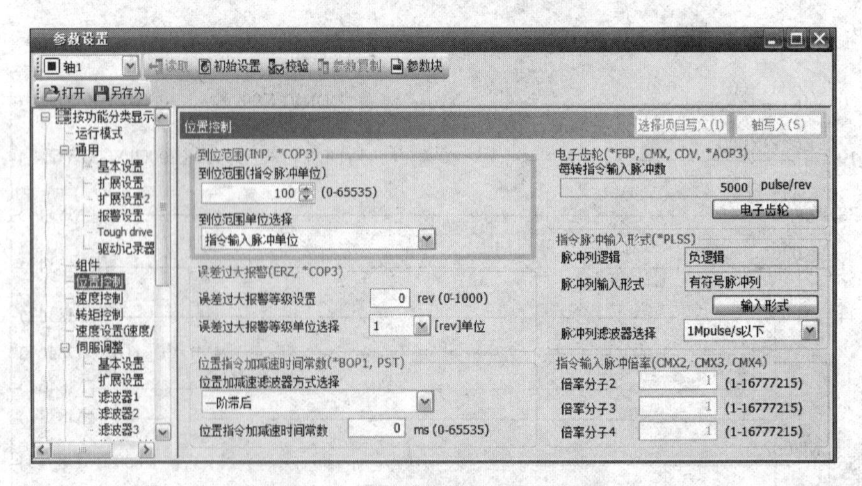

图 1.12.5　伺服位置控制参数设置界面

实验13　伺服位置控制系统练习二

1）实验目的

应用三菱电机PLC基本单元及伺服驱动系统构成的伺服位置控制系统。

2）实验设备(见图1.13.1)

(1) LD－ZH14三菱可编程控制器主机实验箱　1台
(2) LD－ZH14 PLC功能模块(二)实验箱　1台
(3) LD－ZH14伺服控制实验箱　1台
(4) LD－SVM15混合运动执行机构　1台
(5) 连接导线　1套
(6) 计算机　1台

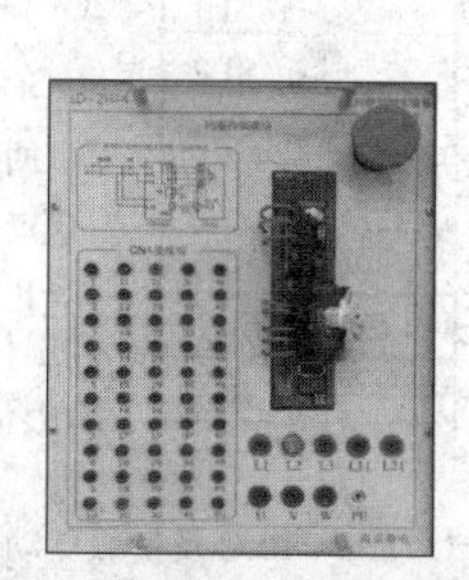
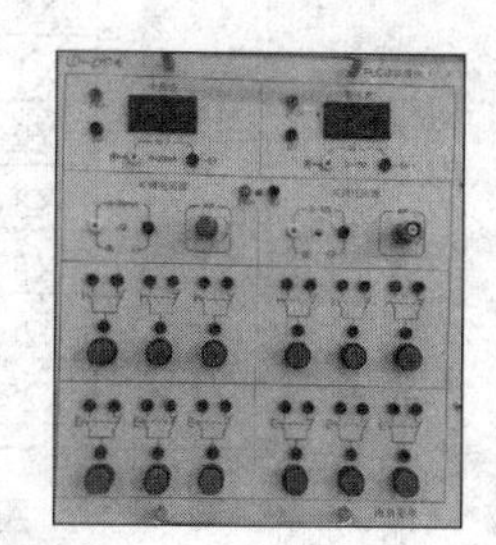
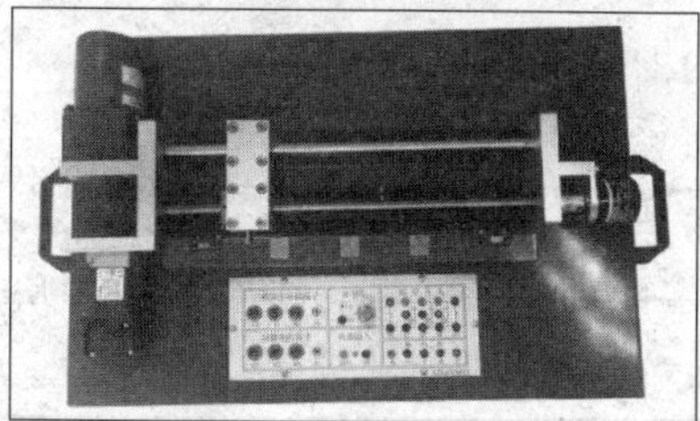

图1.13.1　实验装置

3）实验内容

(1) 控制要求

编写梯形图程序,要求有伺服电机的手动正反转、可变速运行(增量方式)及回原点功能。

(2) 接线图

PLC及伺服驱动系统接线图如图1.13.2所示。

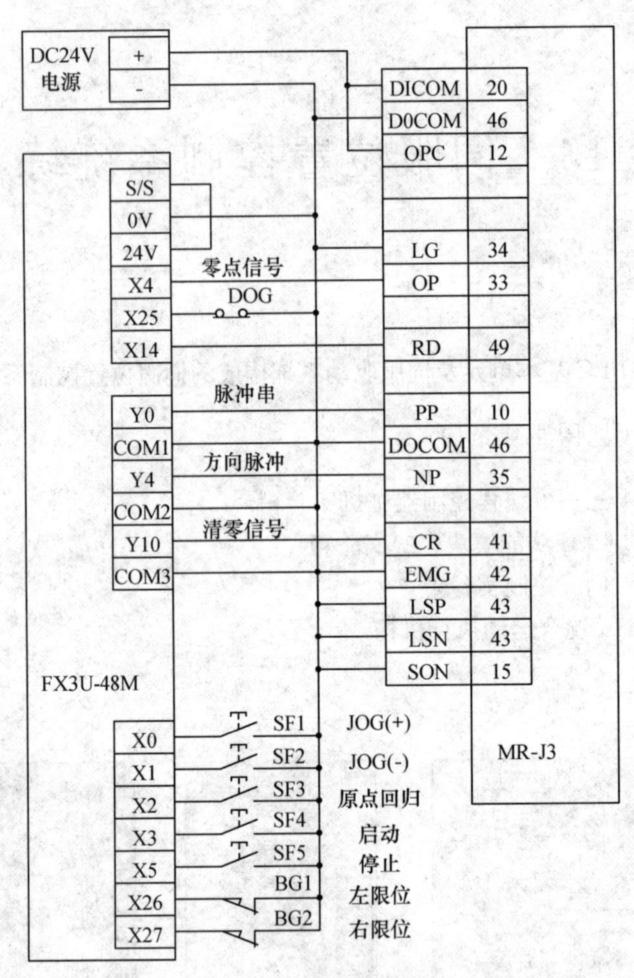

图 1.13.2　PLC 及伺服驱动系统接线图

(3) 输入程序(见图 1.13.3)

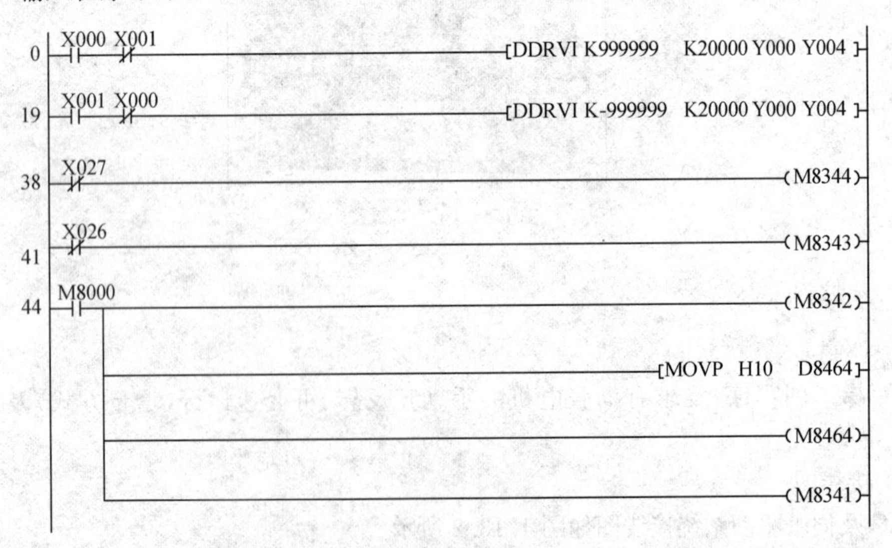

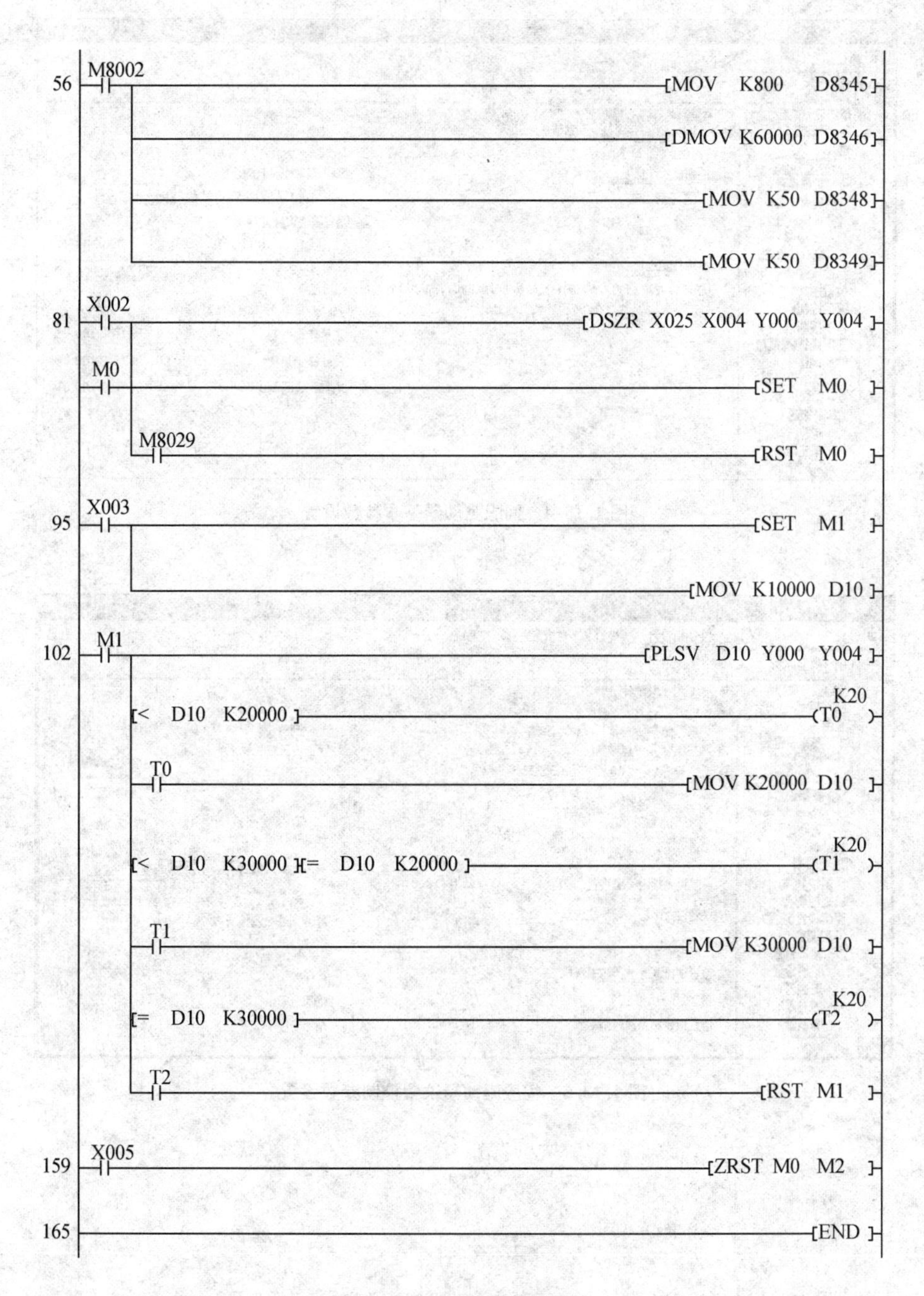

图 1.13.3　PLC 梯形图程序

(4) 调试并运行程序。

(5) 伺服参数设置界面(见图 1.13.4、图 1.13.5)

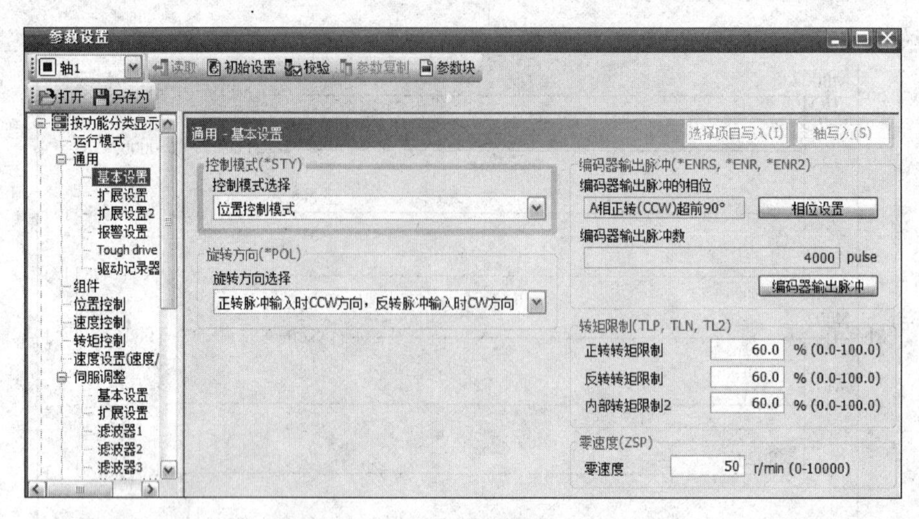

图 1.13.4　伺服驱动器基本参数设置

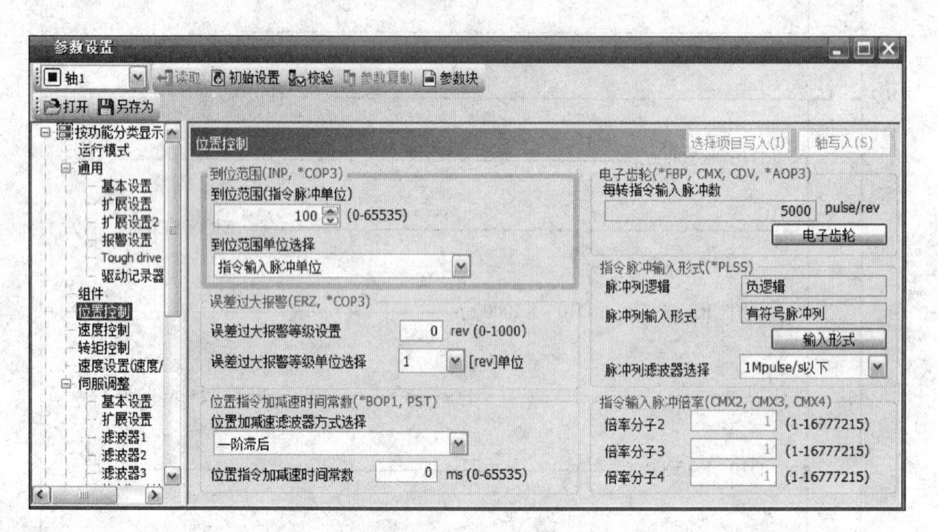

图 1.13.5　伺服驱动器位置控制参数设置

第2篇

综合实训课题

项目 1　单回路过程控制装置控制系统设计

1）系统结构（见图 2.1.1、图 2.1.2）

图 2.1.1　过程控制装置实物

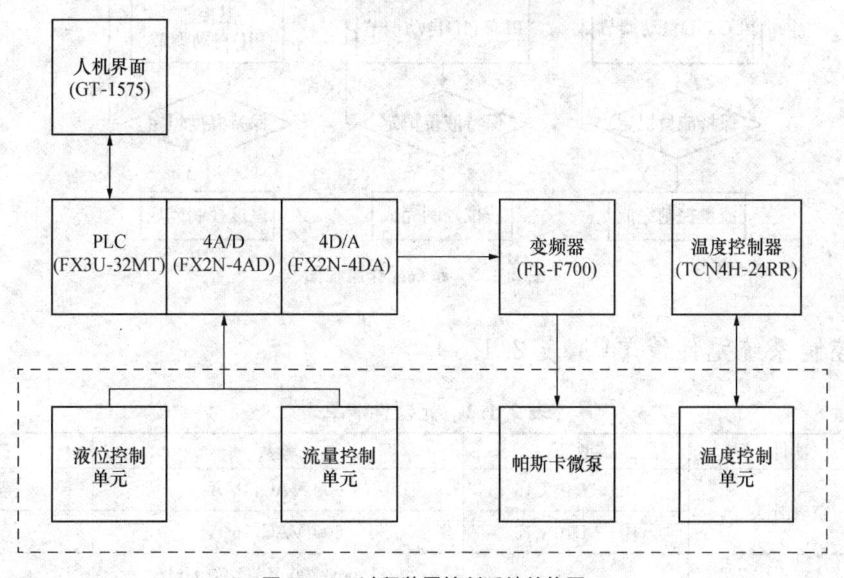

图 2.1.2　过程装置控制系统结构图

2）工作原理

(1) 操作步骤

① 液位控制单元：通过人机界面设置液位控制 PID 参数经验值，下一步设置恒液位控制的液位设定值，然后启动液位控制环节，当液位达到设定值并稳定后，手动设置干扰，观察液位控制 PID 自动调节过程，再次稳定后，结束操作。

② 流量控制单元:通过人机界面设置流量控制 PID 参数经验值,下一步设置恒流量控制的流量设定值,然后启动流量控制环节,当流量达到设定值并稳定后,手动设置干扰,观察流量控制 PID 自动调节过程,再次稳定后,结束操作。

③ 温度控制单元:首先设置温度模块参数组 2、参数组 1,下一步设定温度期望值,然后启动温度控制环节,当温度达到设定值,系统处于稳定状态后,手动设置干扰,观察温度控制 PID 自动调节过程,再次稳定后,结束操作。

(2) 系统设置流程图(见图 2.1.3)

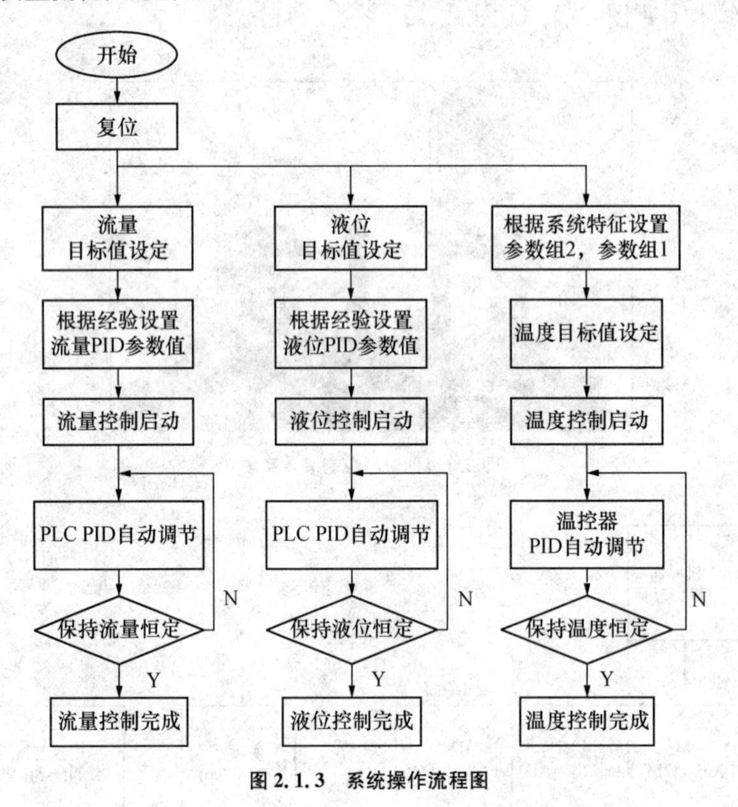

图 2.1.3 系统操作流程图

3) 控制系统元件清单(见表 2.1.1)

表 2.1.1 元器件清单表

<table>
<tr><th>编号</th><th>器件</th><th>型号</th><th>参数</th><th>备注</th></tr>
<tr><td>1</td><td rowspan="2">空气开关</td><td>BH—D10 C16</td><td>600 VAC,16 A</td><td>三菱电机</td></tr>
<tr><td>2</td><td>BH—D10 C16</td><td>600 VAC,16 A</td><td>—</td></tr>
<tr><td rowspan="2">3</td><td rowspan="2">开关电源</td><td rowspan="2">FDPS—100A</td><td>Input:220 VAC,50 Hz</td><td rowspan="2">明纬</td></tr>
<tr><td>Output:220 VDC/24 VDC/5 VDC</td></tr>
<tr><td>4</td><td>接线端子</td><td>7D—15A</td><td></td><td>—</td></tr>
<tr><td>5</td><td>人机界面</td><td>GT-1055-QSBD-C
GOT100</td><td>In:20.4~26.4 VDC,9.84 W_{max}</td><td>三菱电机</td></tr>
<tr><td rowspan="2">6</td><td rowspan="2">FX—PLC</td><td rowspan="2">FX3U—32MT/ES—A</td><td>100~240 V,50 Hz,35 W</td><td rowspan="2">—</td></tr>
<tr><td>Out:5~30 VDC,0.5 A</td></tr>
</table>

续表 2.1.1

编号	器件	型号	参数	备注
7	模/数转换模块	FX2N－4AD	240 VDC	三菱电机
8	数/模转换模块	FX2N－4DA	240 VDC	—
9	变频器	FR F700	Input：6 A，AC380～480 V，50 Hz	—
		FR－A740－0.75K－CHT	Output：AC380～480 V_{max}，0.2～400 Hz	
10	温度变送器	SBWZ Pt100	量程：0～100 ℃，精度：0.2% FS	奥托尼克斯
			输出：4～20 mA DC，电源：24 VDC	
11	帕斯卡微泵	MG 型	额定压力：3×10^5 Pa，工作温度：≤150 ℃	—
12	涡轮流量器	LWCYA－4	范围：0.04～0.25 m^3/h，精度：±1.0%	IFM
			输出：4～20 mA	
13	液位传感器	CYW11－L1－B2－A1－B－G	范围：0～0.5 m，电源：12～36 VDC	港北中天
			输出：4～20 mA，精度：0.2% FS	
14	加热器	定制	功率 500 W	—
15	水箱	定制	300×300×400	—
16	水管	定制	d=12 mm	—
17	直动电磁阀	2W050－15	0～1.0 MPa	亚德克
18	手动电磁阀	球阀	D=12 mm	—

4）过程控制系统电路设计（见图 2.1.4～图 2.1.8）

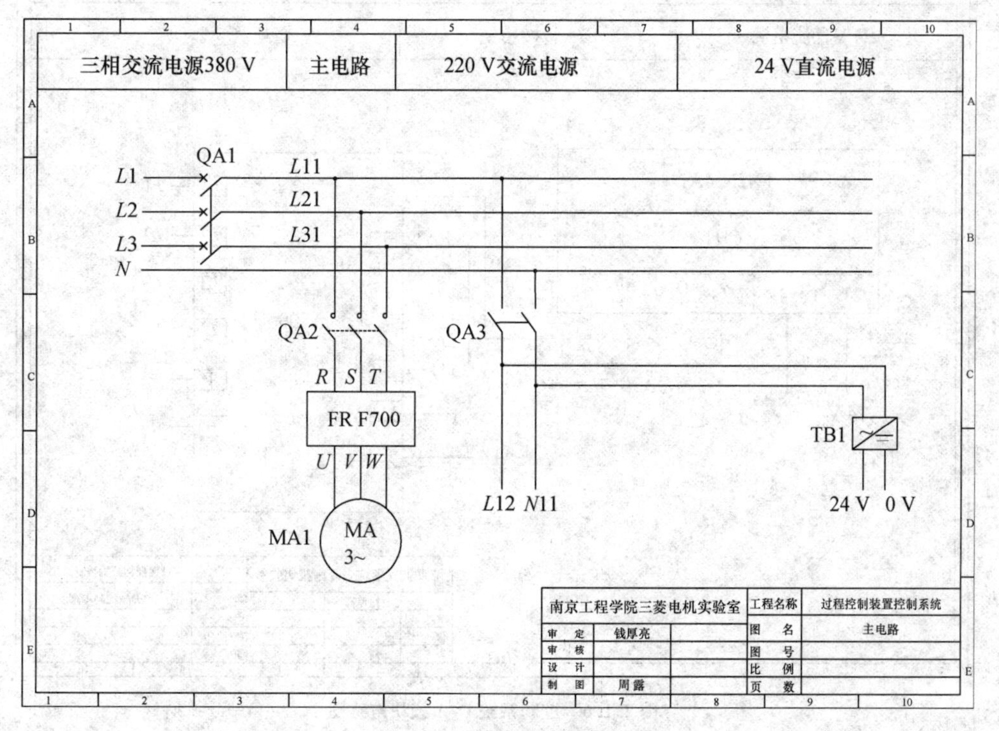

图 2.1.4　控制系统主电路

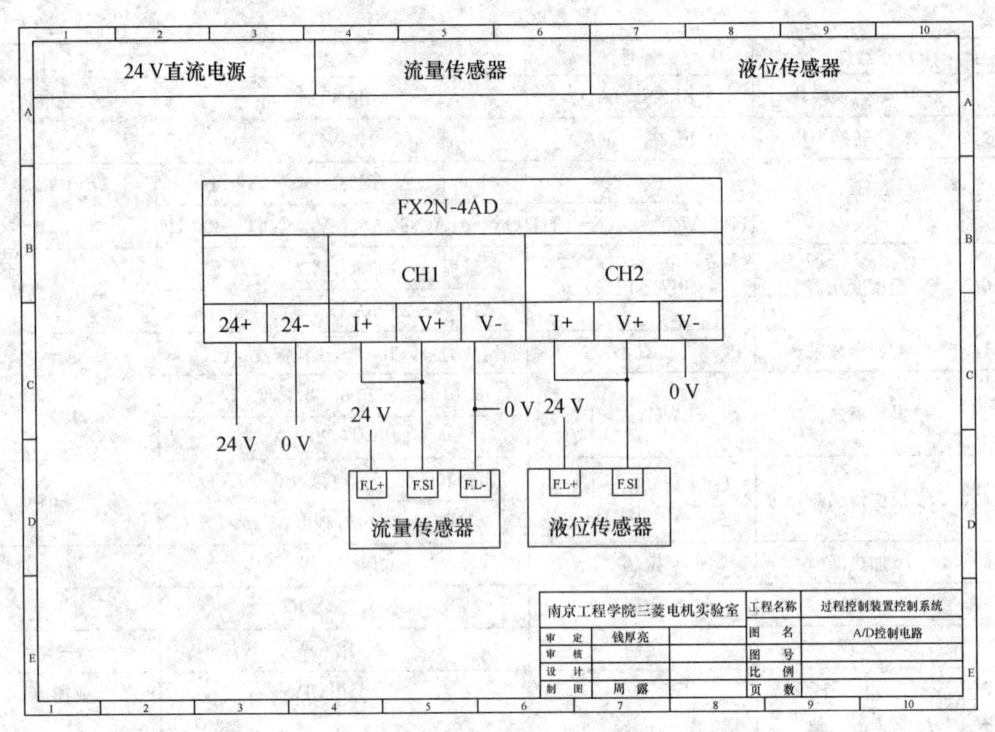

图 2.1.5　控制系统 A/D 模块电路图

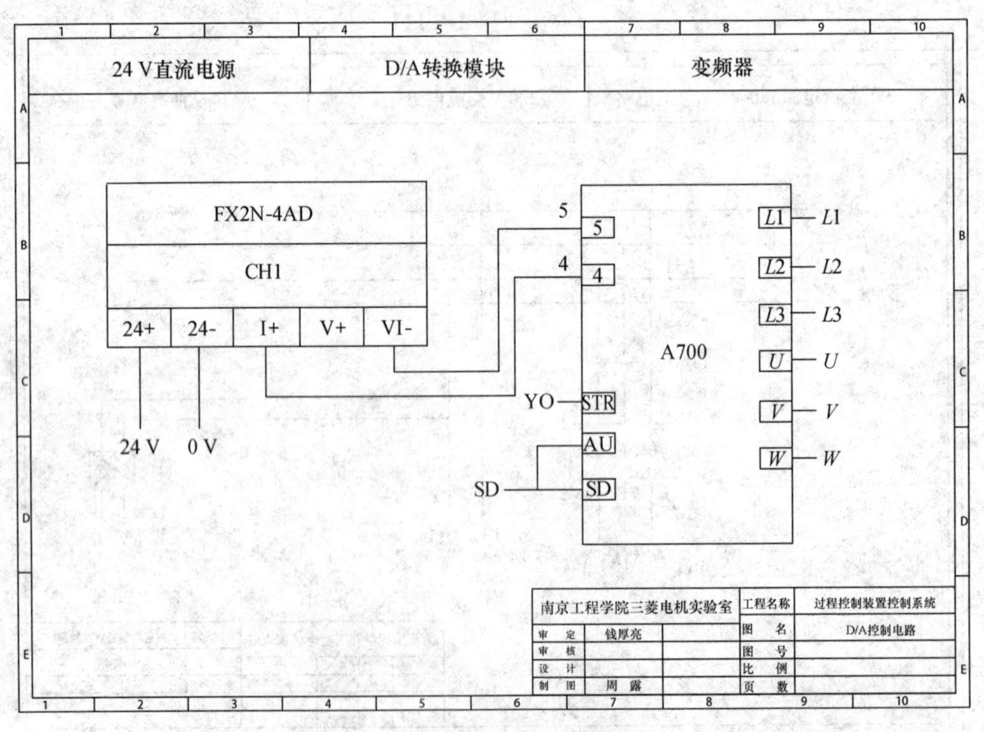

图 2.1.6　控制系统 D/A 模块电路图

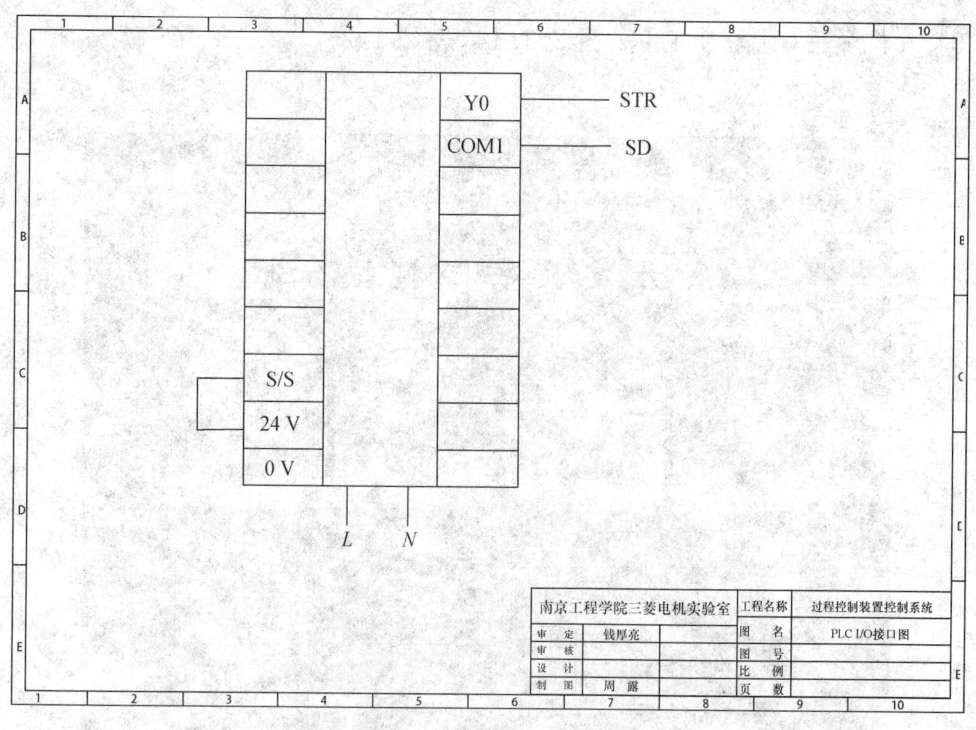

图 2.1.7　控制系统 PLC I/O 接口图

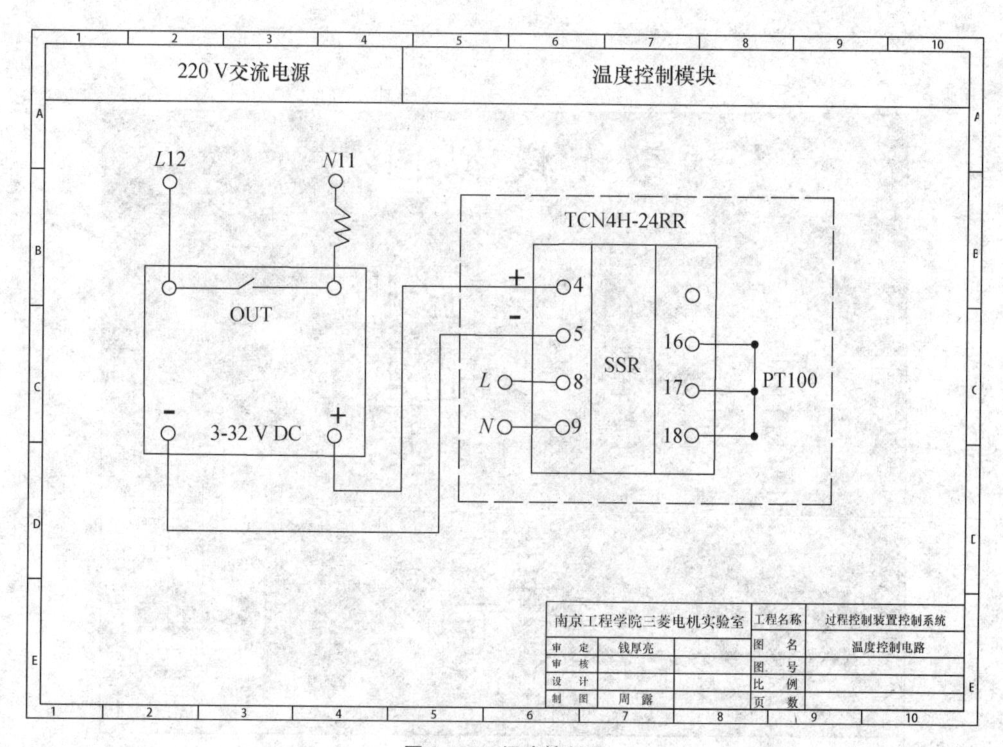

图 2.1.8　温度控制图

5) 人机界面(见图2.1.9～图2.1.14,表2.1.2)

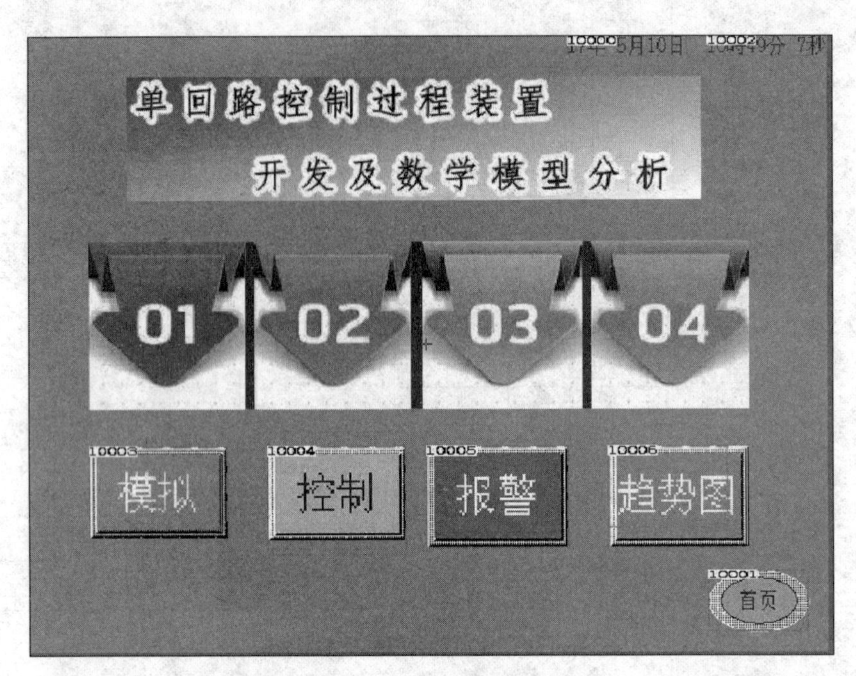

图2.1.9　人机界面主页面

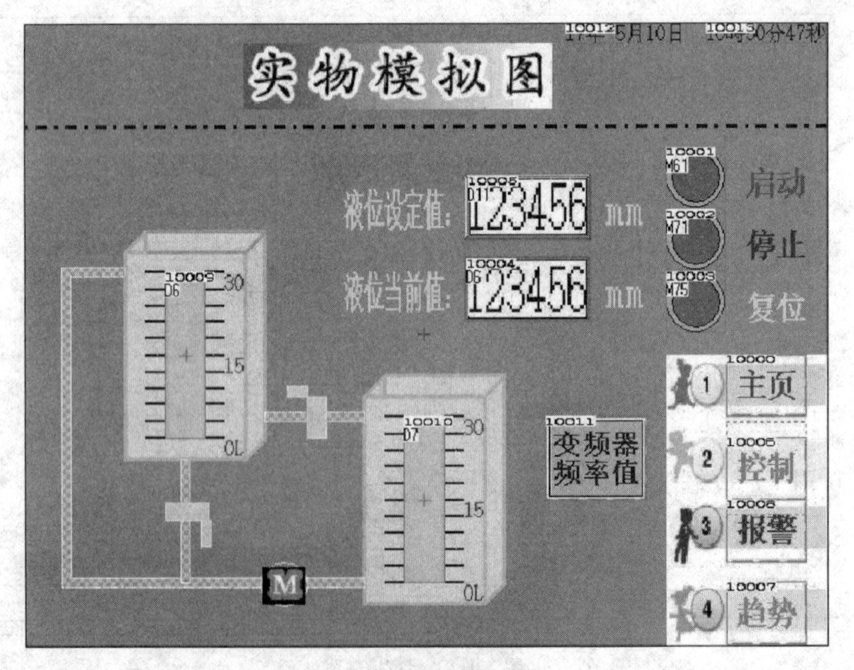

图2.1.10　实物模拟界面

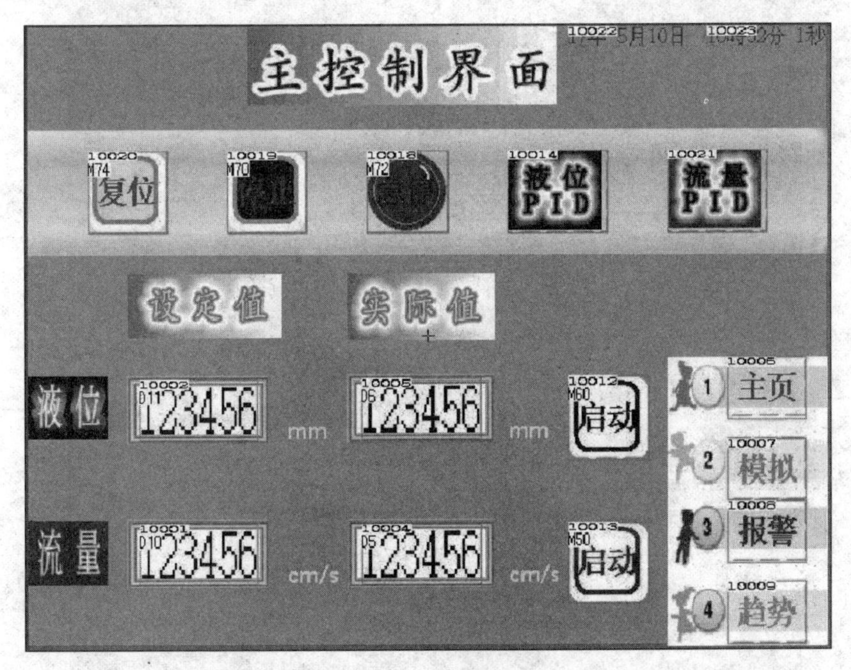

图 2.1.11　主控制界面

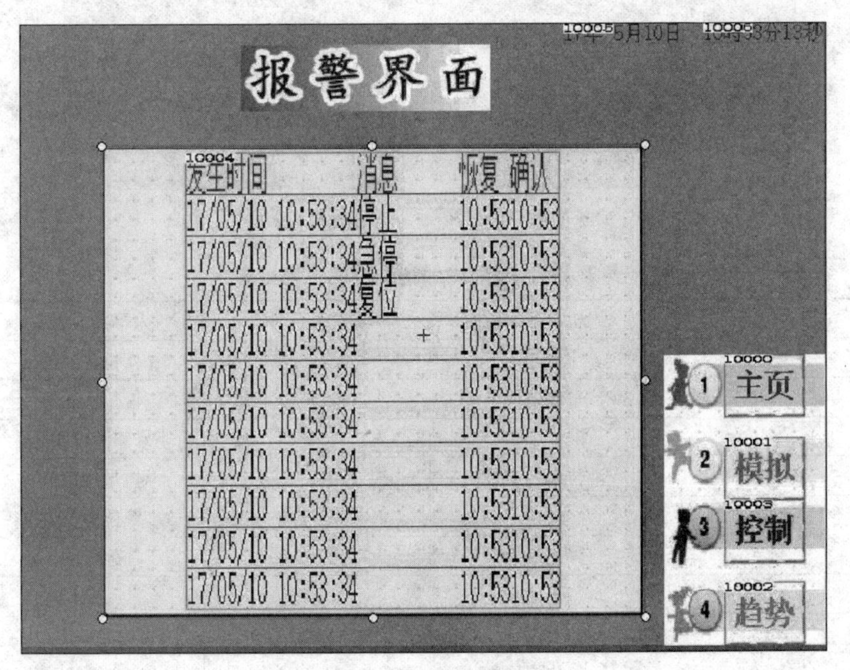

图 2.1.12　报警界面图

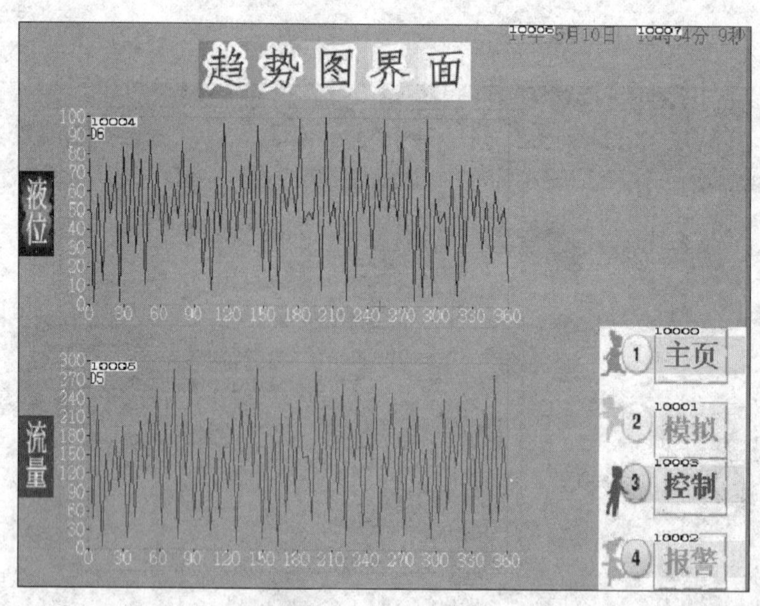

图 2.1.13 趋势图界面

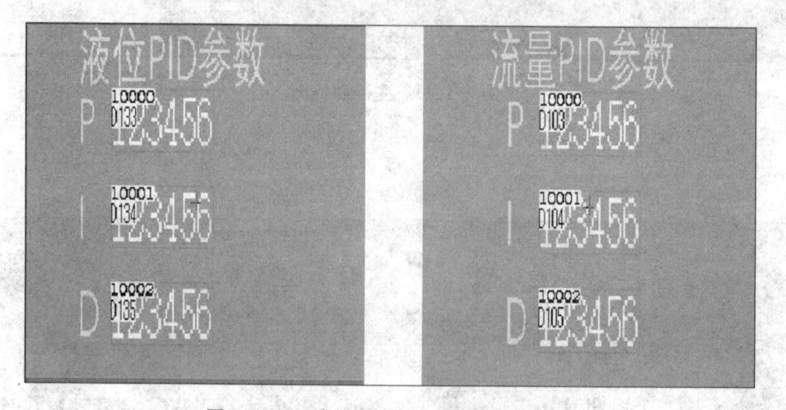

图 2.1.14 液位/流量 PID 参数设置界面

表 2.1.2 PLC 内部辅助继电器地址表

辅助软元件	人机界面说明	辅助软元件	人机界面说明
M50	流量起动	D5	流量实际值
M51	流量起动信号	D6	液位实际值
M60	液位起动	D7	下水箱液位实际值
M61	液位起动信号	D10	流量设定值
M70	停止	D11	液位设定值
M71	停止信号	D103	流量 KP
M72	急停信号	D104	流量 TI
M74	复位	D105	流量 KD
M75	复位信号	D133	液位 KP
		D134	液位 TI
		D135	液位 KD

6) 参考程序(见图 2.1.15)

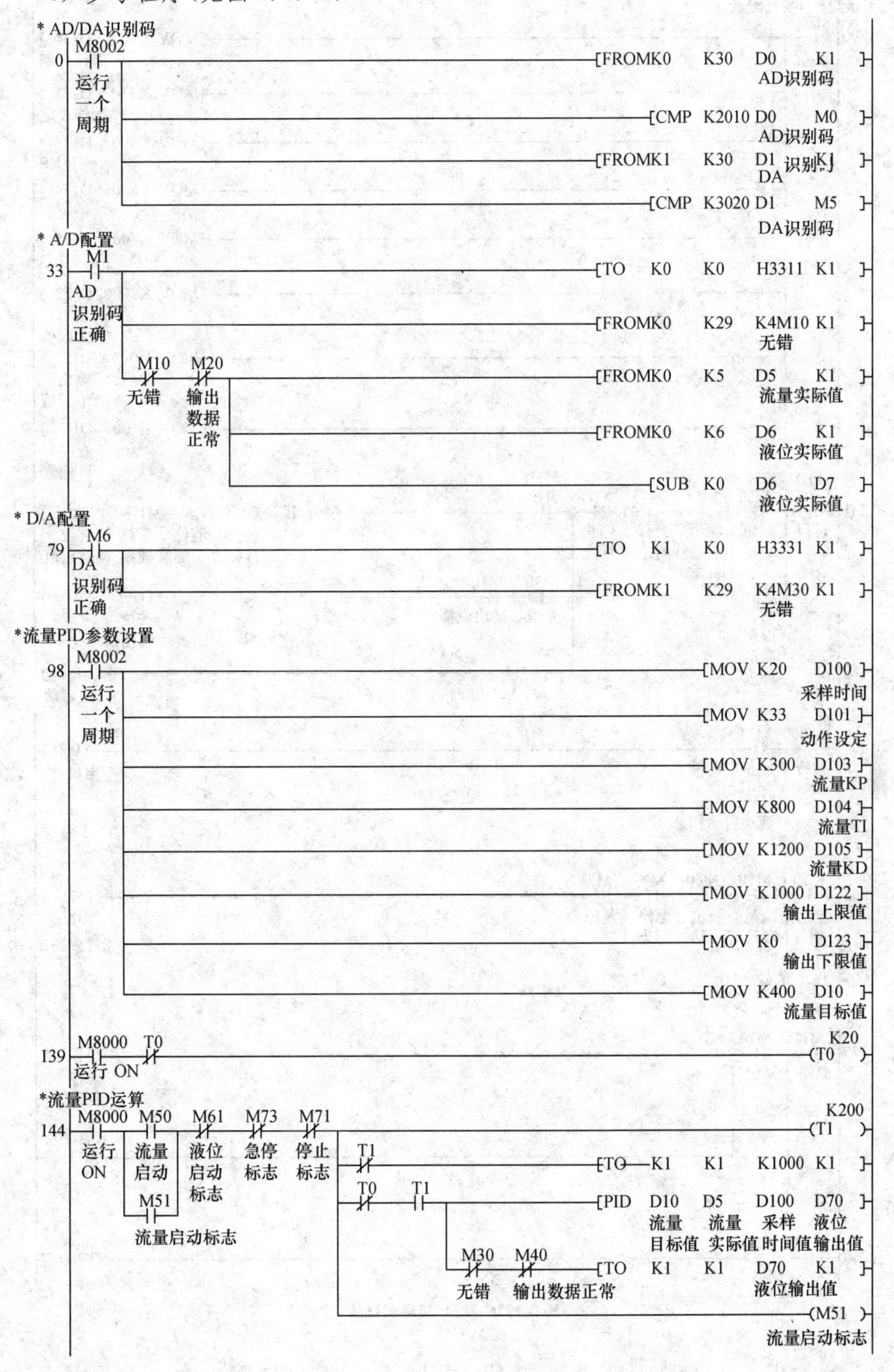

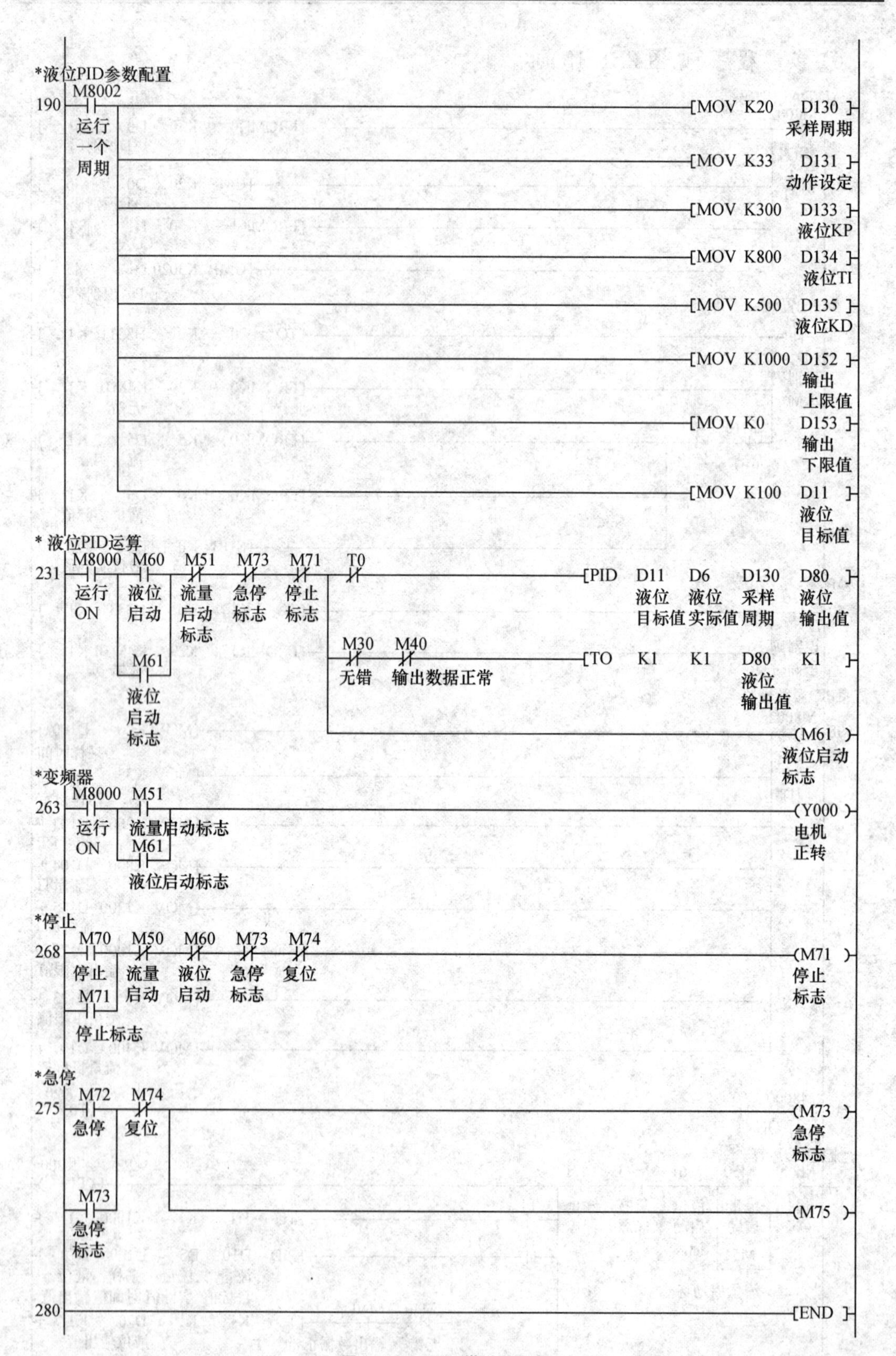

图 2.1.15　PLC 梯形图程序

项目 2　基于三菱电机定位模块 QD75 的伺服随动控制系统设计

1）系统结构（见图 2.2.1、图 2.2.2）

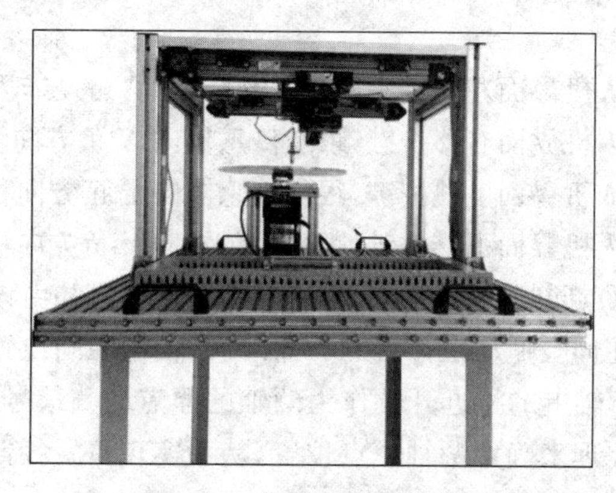

图 2.2.1　伺服随动装置实物图

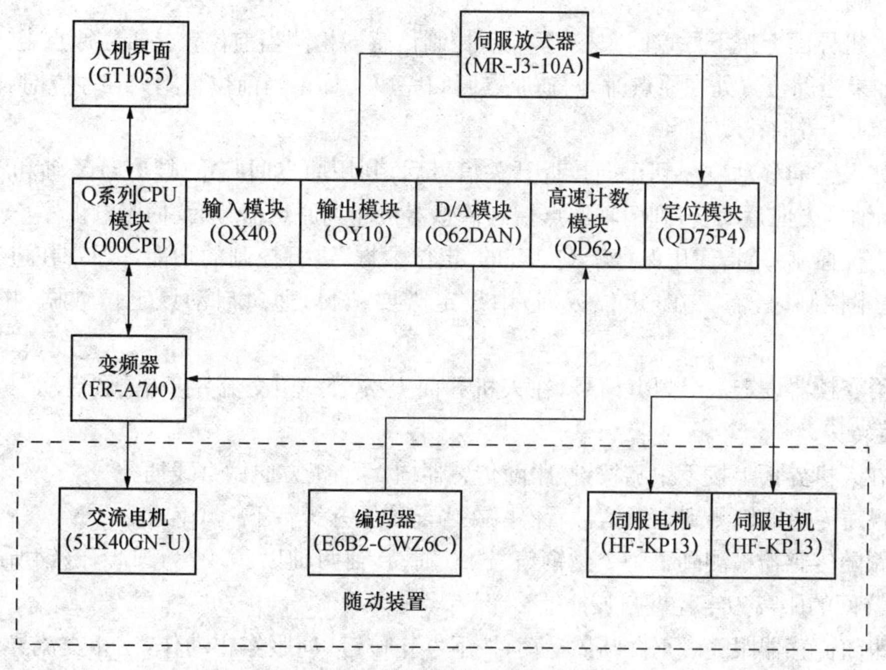

图 2.2.2　伺服随动装置控制系统结构图

2) 工作原理

(1) 运行步骤

① 手动控制:所谓手动控制,是指通过外部向 QD75 输入信号后,QD75 能够输出任意的脉冲来进行控制。通过该手动控制功能,能够将工件移动至任意位置(JOG 运行),也能用于进行定位控制的微调(点动运行、手动脉冲发生器运行)等场合。

a. 在人机界面上按下伺服开启信号,使得 QY10 输出模块上输出 X 轴和 Y 轴的伺服 ON 信号。

b. 在人机界面上按住屏幕上的左移、右移、上移、下移手动按键,通过手动按键便能手动定位到想要的位置。

Ⅰ. 左移功能:按下人机界面左移按键,跟随传感器向 X 正方向移动。

Ⅱ. 右移功能:按下人机界面右移按键,跟随传感器向 X 负方向移动。

Ⅲ. 上移功能:按下人机界面上移按键,跟随传感器向 Y 正方向移动。

Ⅳ. 下移功能:按下人机界面下移按键,跟随传感器向 Y 负方向移动。

② 原点回归:所谓原点回归是指确定定位控制时的起点,并由该起点向目标位置移动进行定位的功能。通常在伺服随动工作台的 X 轴和 Y 轴的中间位置上分别装配一个接近开关,将装配在 X 轴和 Y 轴上的接近开关作为两轴的原点回归信号,利用接近开关检测到金属后停止运作的工作原理来确定两轴原点位置,从而实现位置控制系统中机械原点的回归功能。

a. 在人机界面上按下伺服开启信号,使得 QY10 输出模块使能 X 轴和 Y 轴的伺服 ON 信号。

b. 人机界面上按下原点回归按键,原点控制传感器检测当前位置是否在原点上。

c. 如果当前位置处在原点时,两轴原点回归完成。如果当前位置不处在原点时,两轴分别向坐标轴正方向移动。

d. 如果正向移动碰撞到正向接近开关信号后,利用原点回归重试功能,X 轴和 Y 轴分别向坐标轴负方向运动,直到两轴原点控制传感器检测到原点信号后,伺服电机停止动作。

③ 定位控制:是指使用保存于 QD75 的"定位数据"进行控制的功能。通常在进行位置控制的基本控制时,需要在(定位数据)中设定必要项目,通过启动该定位数据执行定位控制。

a. 给变频器设定一个频率信号,在人机界面上按下三相交流异步电机"启动"按键,圆盘开始旋转。

b. 在人机界面上按下跟随按键,跟随传感器向 Y 轴正方向做直线插补。

c. 跟随传感器检测到磁钢信号后停留在当前位置并等待下一个信号。

d. 跟随传感器检测到下一个磁钢信号,X 轴、Y 轴两轴以(0,0)为圆心,磁钢所在位置与(0,0)之间的距离为半径做圆弧插补。

e. 跟随传感器跟随磁钢做圆周运动,按下停止按键,伺服停止动作,三相交流异步电动机停止动作。

(2) 流程图(见图 2.2.3～图 2.2.5)

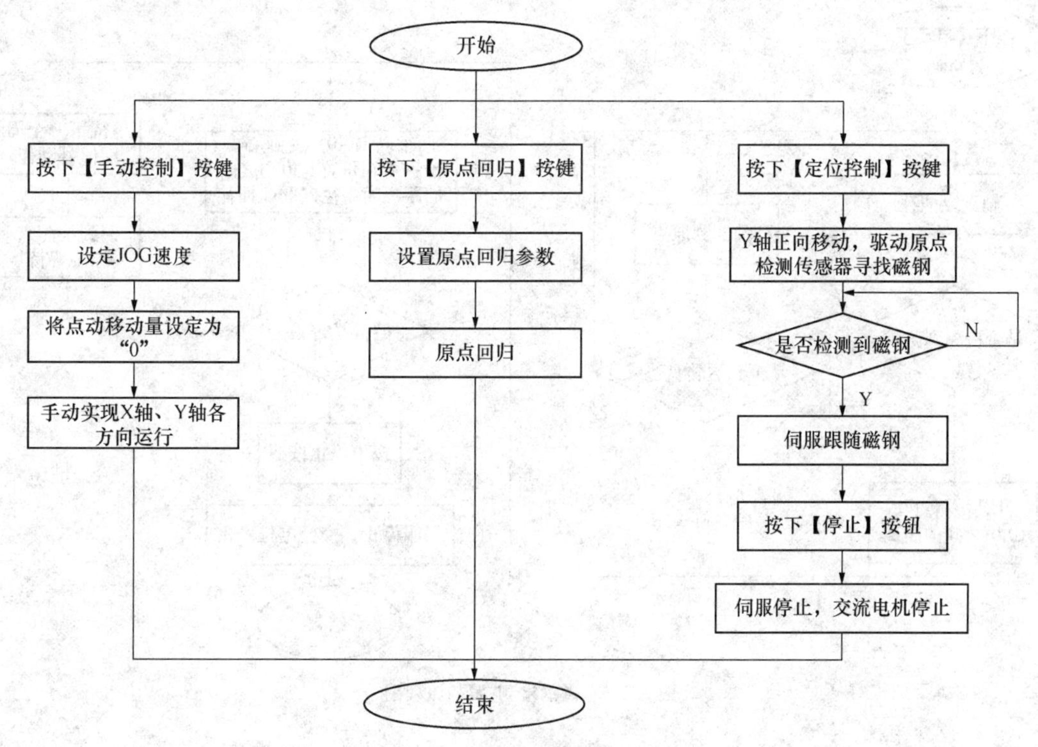

图 2.2.3　系统操作流程图

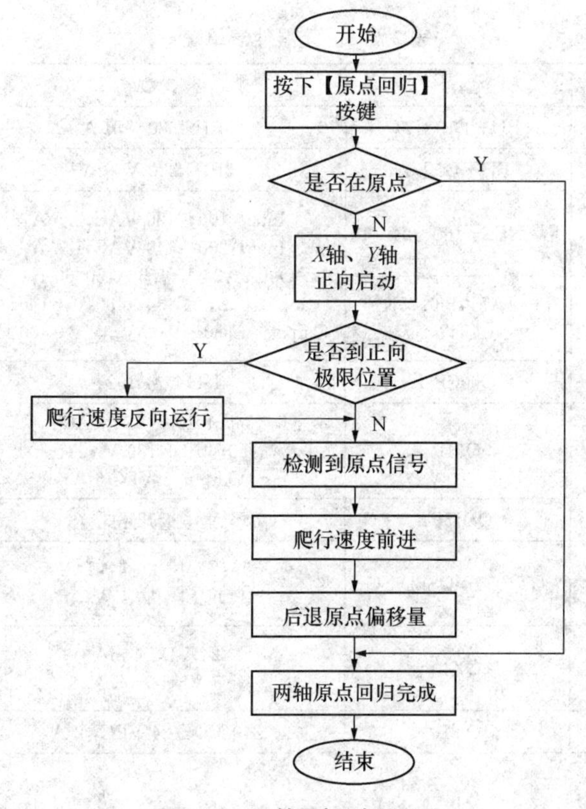

图 2.2.4　双轴原点回归流程图

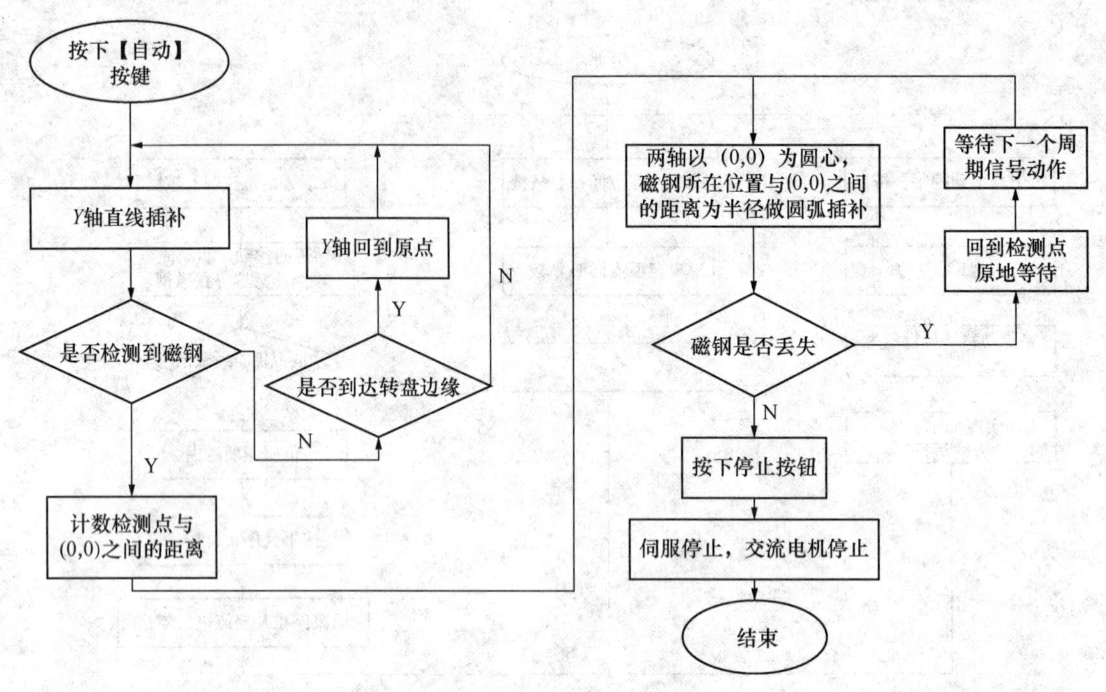

图 2.2.5　磁钢检测、跟随流程图

3）元件清单(见表 2.2.1)

表 2.2.1　元器件清单表

编号	器件	型号	参数	数量	备注
1	空气开关	BH—D10 C10	3P1N 380 V,6 A	1	三菱电机
2		BH—D6 D6	2P1N 220 V,6 A	1	三菱电机
3	开关电源	NES－100－24	Input:100～120 VAC,2.5 A Input:200～240 VAC,1.5 A Output:24 V,4.5 A,50/60 Hz	1	明纬
4	变频器	FR－A740－0.75K－CHT	Input:6 A,AC380～480 V,50 Hz Output:AC380～480 V_{max},0.2～400 Hz	1	三菱电机
5	QPLC CPU	Q00CPU	I/O 点数 1024	1	三菱电机
6	QPLC 电源	Q61P	Input:100～120 VAC 50/60 Hz 130 V·A Output:5 VDC 6 A	1	三菱电机
7	定位模块	QD75P4	集电极开路式	1	三菱电机
8	人机界面	GT1055－QSBD－C	In:20.4～26.4 VDC POWER:9.84 W_{max}	1	三菱电机
9	输入模块	QX40	24 VDC 4 mA 5 VDC 0.05 A	1	三菱电机
10	输出模块	QY10	240 VDC/24 VDC, 2 A	1	三菱电机

续表 2.2.1

编号	器件	型号	参数	数量	备注
11	D/A 模块	Q62DAN	0～20 mA，−10～10 V	1	三菱电机
12	高速计数模块	QD62	A/B 两轴	1	三菱电机
13	伺服电机	HF−KP13	Input：3 AC 106 V，0.8 A Output：100 W，3 000 r/min	2	三菱电机
14	三相交流异步电机	51K40GN−U	40 W，220/380 V，3ϕ 0.38/0.22 A，50 Hz Cont 1 350 r/min	1	中大电机
15	编码器	E6B2−CWZ6C	Resolution：1 000 P/R 电源电压：5～24 VDC	1	欧姆龙
16	伺服放大器	MR−J3−10A	POWER：100 W Input：0.9A，3PH＋1PH200～230 V，50/60 Hz； 1.3 A，1PH200～230 V，50/60 Hz Output：170 V，1.1 A，0～360 Hz，1.1 A	2	三菱电机
17	限位开关	SS−5GL2	5 A，125 VAC	4	欧姆龙
18	霍尔传感器	LJ8A3−2−Z/BX	NPN 型	3	欧姆龙
19	接线端子排	7D−15A	插拔式	若干	富士通
20	导线	BVR	0.75 mm^2/0.5 mm^2	若干	远东电缆

4）电气控制系统电路（见图 2.2.6）

（1）电气布局图

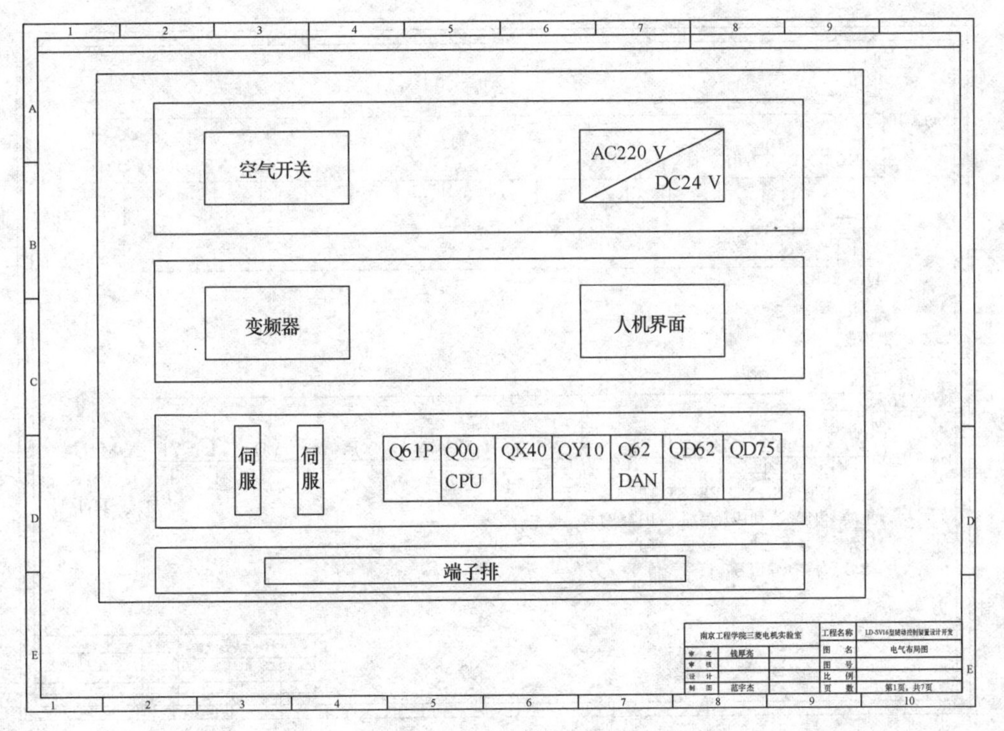

图 2.2.6 电气布局图

(2) 电源电路(见图 2.2.7)

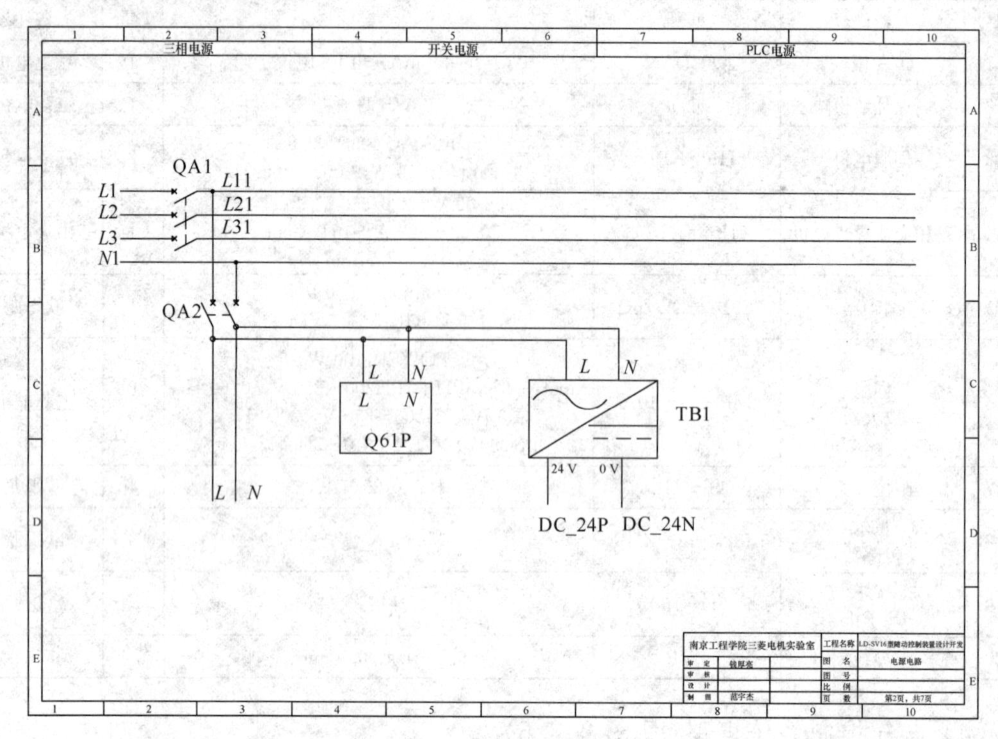

图 2.2.7　电源电路

(3) PLC 输入/输出电路(见图 2.2.8)

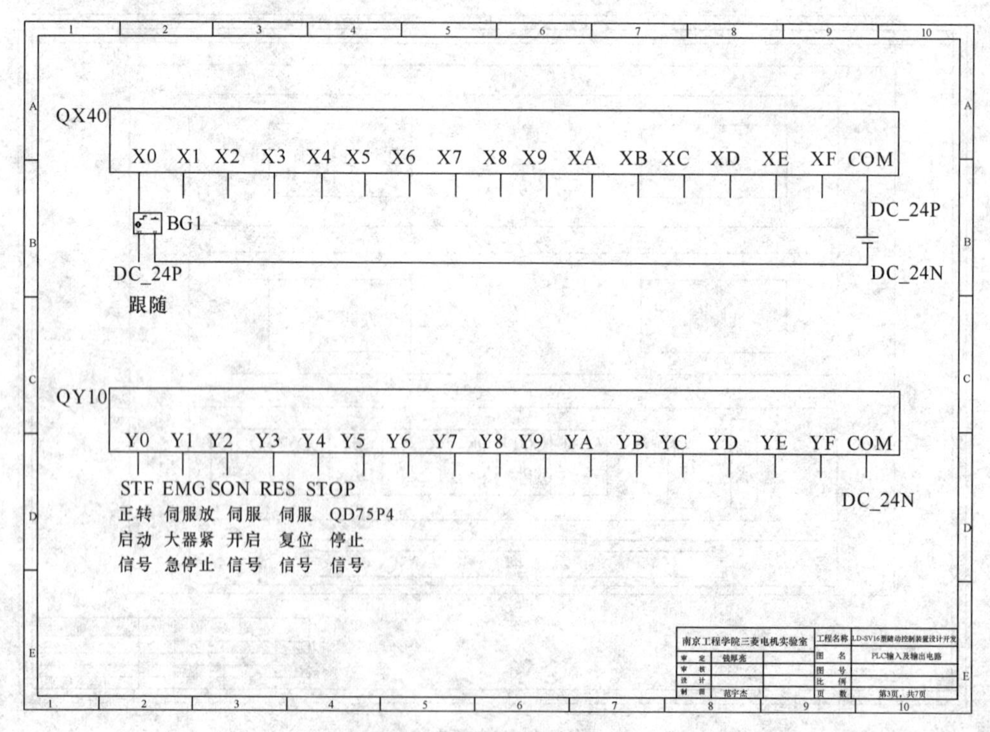

图 2.2.8　PLC 输入/输出电路

(4) 变频器、D/A 模块、高速计数模块电路(见图 2.2.9)

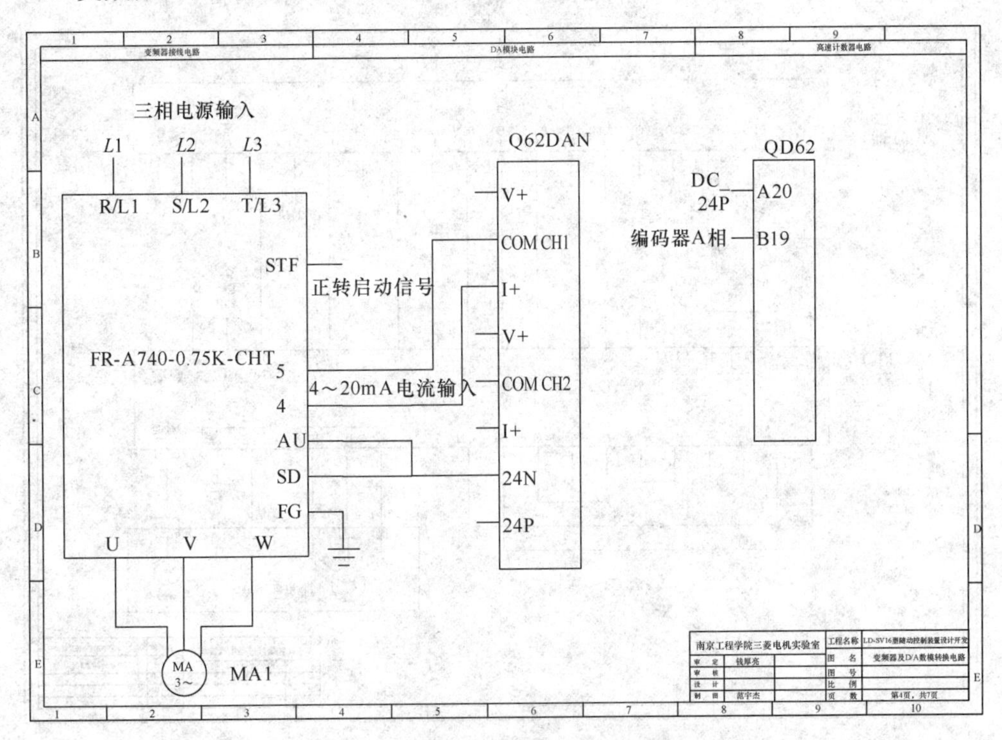

图 2.2.9　变频器 D/A 模块及高速计数电路

(5) QD75 及伺服放大器电路(X 轴)(见图 2.2.10)

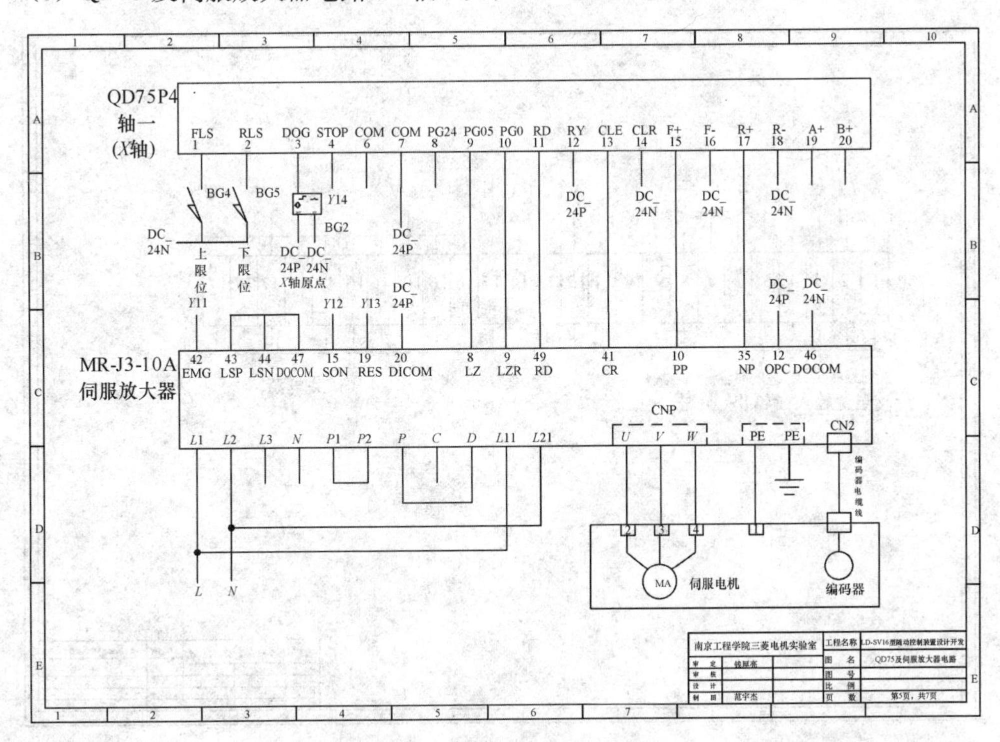

图 2.2.10　QD75 及 X 轴伺服放大器电路

(6) QD75及伺服放大器电路(*Y*轴)(见图2.2.11)

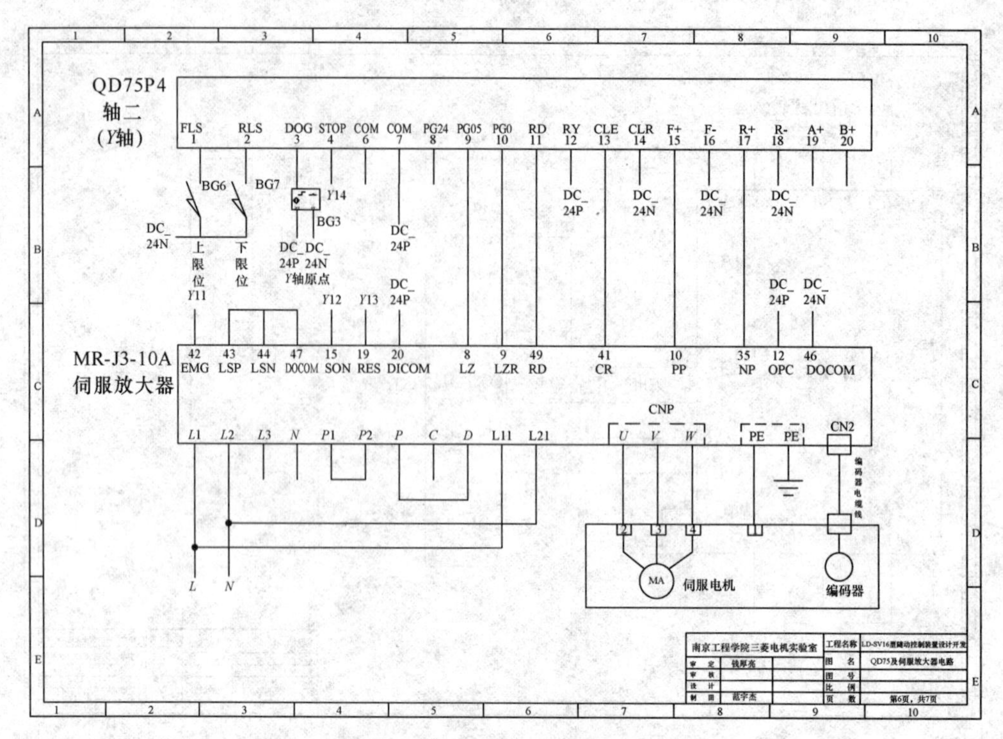

图2.2.11　QD75及*Y*轴伺服放大器电路

(7) 接线端子排(见图2.2.12)

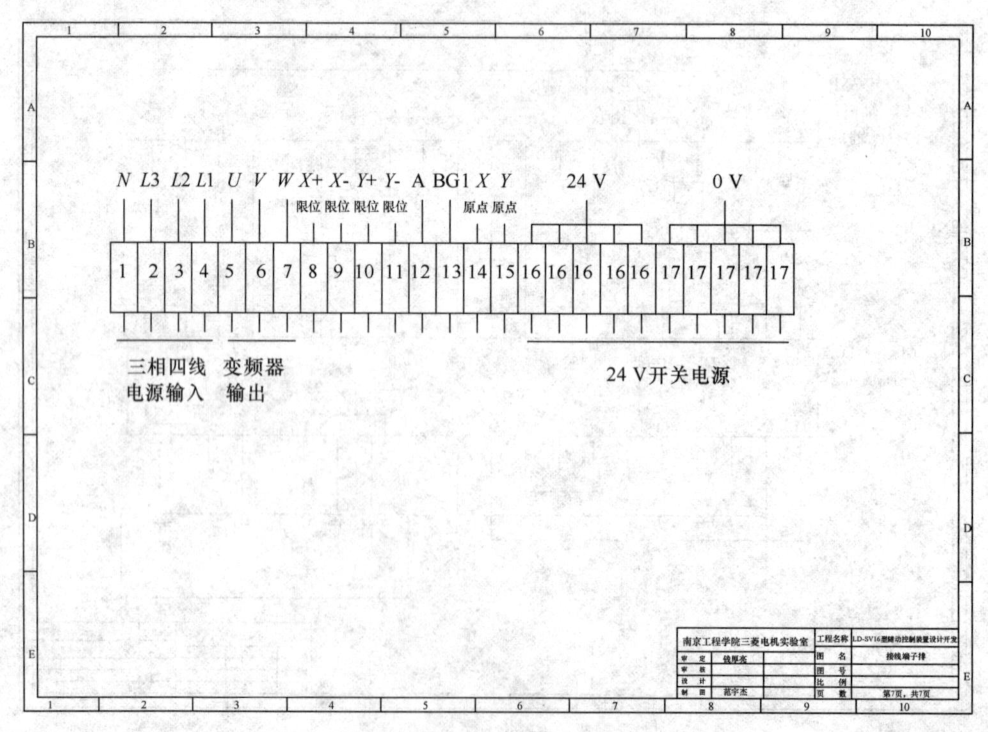

图2.2.12　接线端子排

5）地址 I/O 口分配（见表 2.2.2）

表 2.2.2　PLC 输入/输出地址表

地址	说明	电路图端口	地址	说明	电路图端口
X0	原点跟随信号	跟随	QD62(A20)	24 V 电源输入	CH1(A20)
Y10	正转启动信号	STF	QD62(B19)	编码器 A 相脉冲	CH2(B19)
Y11	伺服紧急停止	EMG	Q62DAN(I+)	变频器端子 4 输入	CH1(I+)
Y12	伺服开启信号	SON	Q62DAN(COM)	变频器端子 5 输入	CH1(COM)
Y13	伺服复位信号	RES			
Y14	QD75 停止信号	STOP			

6）人机界面设计

（1）人机界面配置软元件（见表 2.2.3）

表 2.2.3　人机界面软元件配置表

序号	软元件地址	功能说明
1	M	原点回归
2	M100	左移按钮
3	M101	右移按钮
4	M200	上移按钮
5	M201	下移按钮
6	M250	停止复位
7	M251	伺服开启
8	M402	三相电机启动
9	M405	三相电机停止
10	M420	跟随补偿加
11	M421	跟随补偿减
12	M406	设定频率加
13	M407	设定频率减
14	D800	X 当前位置
15	D804	X 当前速度
16	D900	Y 当前位置
17	D904	Y 当前速度
18	D60	跟随补偿
19	D30	设定频率

(2) 人机界面设计页面(见图 2.2.13)

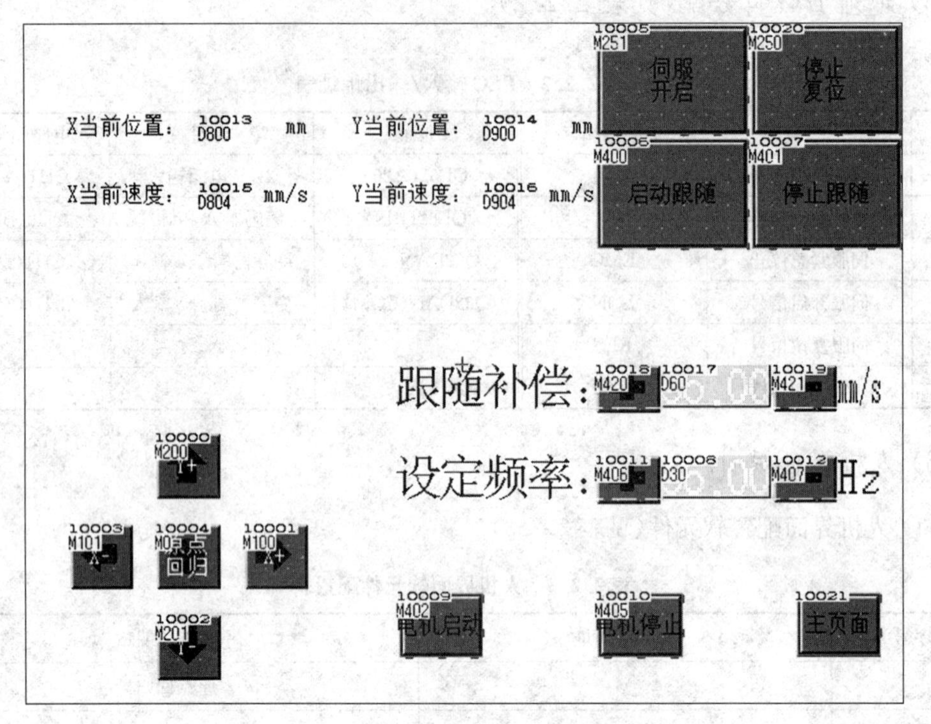

图 2.2.13　伺服随动系统人机界面

7) 伺服及 QD75P4 参数设定

(1) 伺服参数设定(见图 2.2.14～图 2.2.17)

① 打开伺服放大器设定软件 MR Configurator2,在软件中新建一个工程,将机种设置成 MR－J3－A 型,"连接设置"设置成伺服放大器 USB 连接。

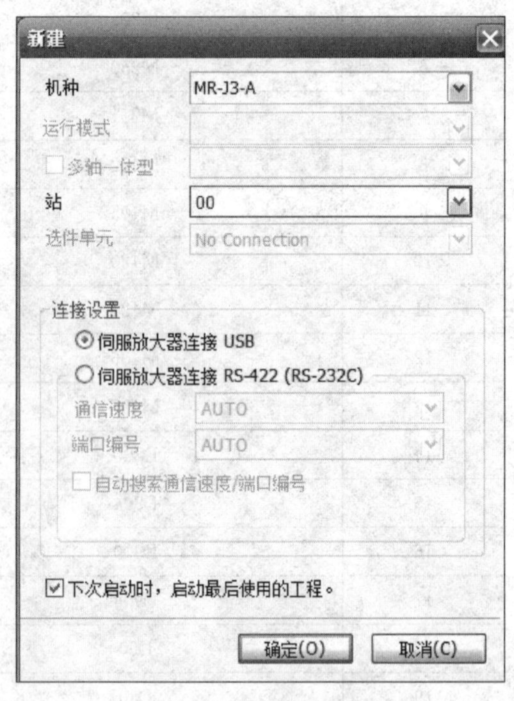

图 2.2.14　新伺服工程设置

② 在新建好的工程中双击工程中的参数,在其基本设置中选择位置控制模式,检测其输出脉冲数改为 2000 pulse。在位置控制参数中把到位范围(机械侧单位)改为 0.1 μm。然后将输入指令脉冲数改为 2000(指令脉冲数应与 QD75 中每转的脉冲数参数一致)。指令脉冲输入形式改为正逻辑中的正转脉冲列/反转脉冲列。

③ 在伺服调整的基本设置中将"自动调谐模式"设置为自动调整模式 2,将负载惯量比设置为 35(负载惯量比反应的是伺服电机的稳定性)。这里一定要注意把伺服参数设置好,只有设置良好的参数才能使伺服电机稳定可控。

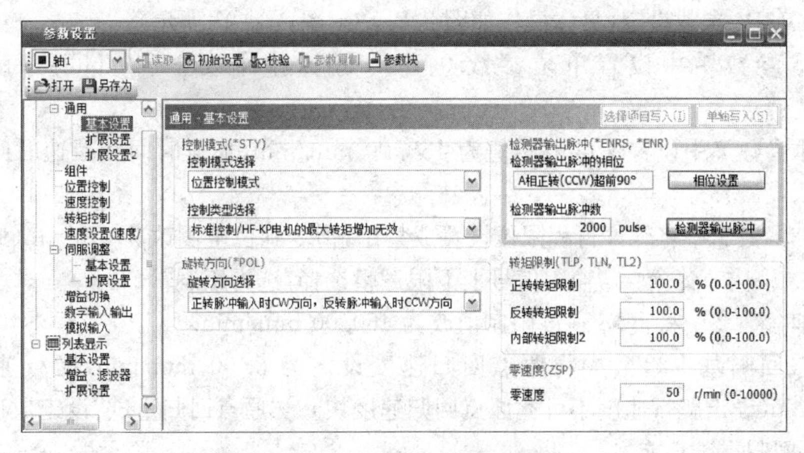

图 2.2.15　伺服系统基本参数设置

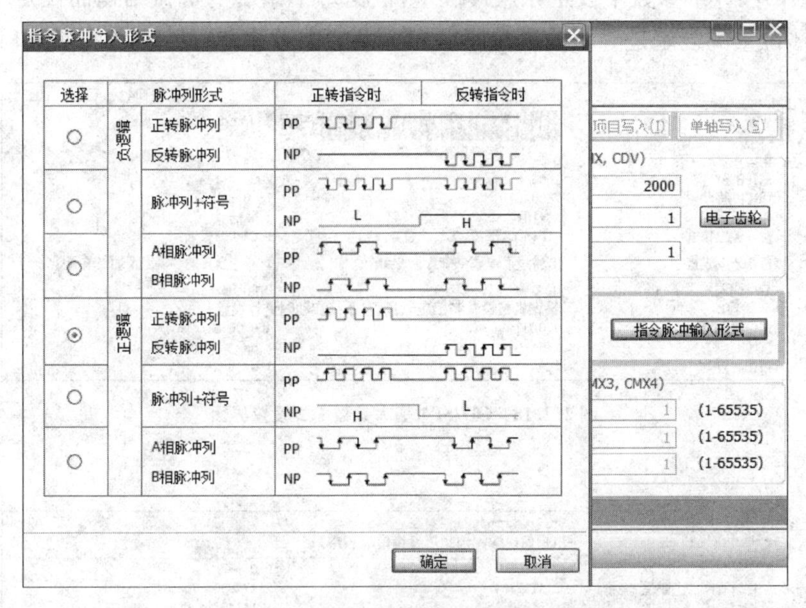

图 2.2.16　伺服系统指令脉冲输出形式设置

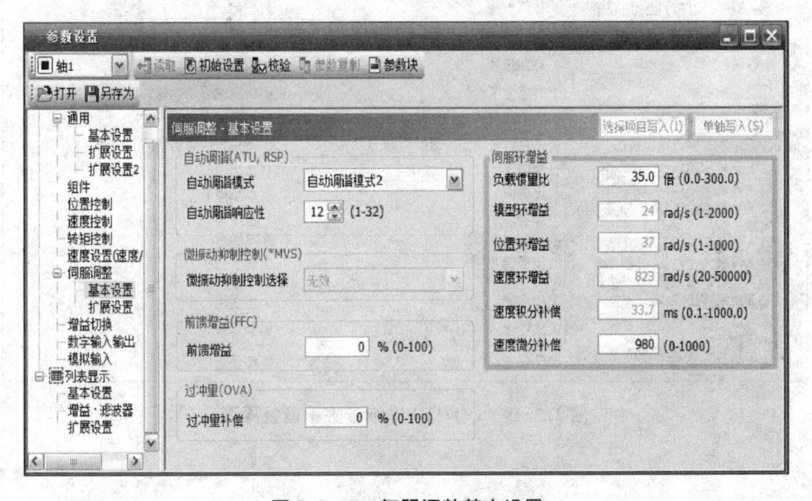

图 2.2.17　伺服调整基本设置

(2) QD75P4参数设定(具体操作如图2.2.18～图2.2.21所示)

① 基本参数1中设置单位参数0:mm,每转脉冲数2 000 pluse,每转的移动量75.0 μm。

② 基本参数2中设置速度限制值为450.00 mm/min,加速时间和减速时间都设置为1 ms。

③ 详细参数1中将软件行程限位设置成禁用,指令到位范围改为0.1 μm(此参数与伺服设置中机械侧单位一致),“输入信号上下限逻辑选择”选为正逻辑。

④ 详细参数2中将JOG速度限制值改为450.00 mm/min。

⑤ 原点回归基本参数中将原点回归速度设定为5.00 mm/min,爬行速度设定为3.00 mm/min(设定爬行速度不可比原点回归速度快)。“原点回归重试”设定成通过限位开关进行原点回归重试功能。

⑥ 原点回归详细参数中设定原点移位量,根据每个系统的机械结构而设定不同的移位值。(原点移位量的设定是为了使机械原点和圆盘的中点重合)具体参数设定如下。

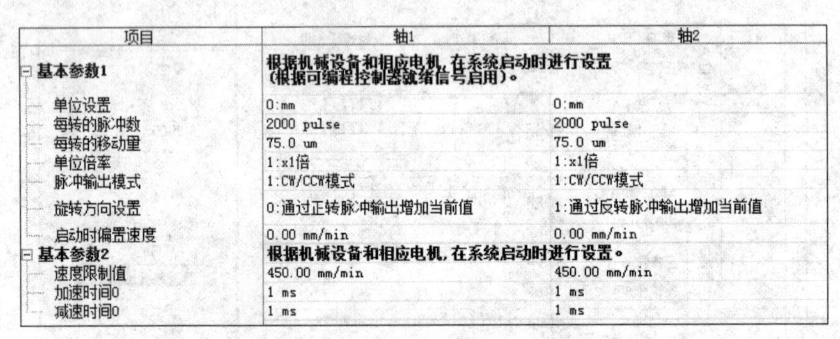

项目	轴1	轴2
基本参数1	根据机械设备和相应电机,在系统启动时进行设置(根据可编程控制器就绪信号启用)。	
单位设置	0:mm	0:mm
每转的脉冲数	2000 pulse	2000 pulse
每转的移动量	75.0 um	75.0 um
单位倍率	1:x1倍	1:x1倍
脉冲输出模式	1:CW/CCW模式	1:CW/CCW模式
旋转方向设置	0:通过正转脉冲输出增加当前值	1:通过反转脉冲输出增加当前值
启动时偏置速度	0.00 mm/min	0.00 mm/min
基本参数2	根据机械设备和相应电机,在系统启动时进行设置。	
速度限制值	450.00 mm/min	450.00 mm/min
加速时间0	1 ms	1 ms
减速时间0	1 ms	1 ms

图2.2.18 QD75P4基本参数1、2设置界面

详细参数1	与系统配置匹配,系统启动时设置(根据可编程控制器就绪信号启用)。	
齿隙补偿量	0.0 um	0.0 um
软件行程限位上限值	214748364.7 um	214748364.7 um
软件行程限位下限值	-214748364.8 um	-214748364.8 um
软件行程限位选择	0:对进给当前值进行软件限位	0:对进给当前值进行软件限位
启用/禁用软件行程限位设置	1:禁用	1:禁用
指令到位范围	0.1 um	0.1 um
转矩限制设定值	300 %	300 %
M代码ON信号输出时序	0:WITH模式	0:WITH模式
速度切换模式	0:标准速度切换模式	0:标准速度切换模式
插补速度指定方法	0:合成速度	0:合成速度
速度控制时的进给当前值	0:不进行进给当前值的更新	0:不进行进给当前值的更新
输入信号逻辑选择:下限限位	1:正逻辑	1:正逻辑
输入信号逻辑选择:上限限位	1:正逻辑	1:正逻辑
输入信号逻辑选择:驱动器模块就绪	0:负逻辑	1:正逻辑
输入信号逻辑选择:停止信号	0:负逻辑	0:负逻辑
输入信号逻辑选择:外部指令	0:负逻辑	0:负逻辑
输入信号逻辑选择:零点信号	0:负逻辑	0:负逻辑
输入信号逻辑选择:近点DOG信号	0:负逻辑	0:负逻辑
输入信号逻辑选择:手动脉冲发生器输入	0:负逻辑	0:负逻辑
输出信号逻辑选择:指令脉冲信号	0:负逻辑	0:负逻辑

图2.2.19 QD75P4详细参数1设置界面

详细参数2	与系统配置匹配，系统启动时设置（必要时设置）。	
加速时间1	1000 ms	1000 ms
加速时间2	1000 ms	1000 ms
加速时间3	1000 ms	1000 ms
减速时间1	1000 ms	1000 ms
减速时间2	1000 ms	1000 ms
减速时间3	1000 ms	1000 ms
JOG速度限制值	450.00 mm/min	450.00 mm/min
JOG运行加速时间选择	0:1	0:1
JOG运行减速时间选择	0:1	0:1
加减速处理选择	0:梯形加减速处理	0:梯形加减速处理
S字比率	100 %	100 %
快速停止减速时间	1000 ms	1000 ms
停止组1快速停止选择	0:通常的减速停止	0:通常的减速停止
停止组2快速停止选择	0:通常的减速停止	0:通常的减速停止
停止组3快速停止选择	0:通常的减速停止	0:通常的减速停止
定位完成信号输出时间	300 ms	300 ms
圆弧插补间误差允许范围	10.0 um	10.0 um
外部指令功能选择	0:外部定位启动	0:外部定位启动

图 2.2.20　QD75P4 详细参数 2 设置界面

原点回归基本参数	设置用于进行原点回归控制所需要的值 (根据可编程控制器就绪信号启用)。	
原点回归方式	0:近点DOG型	0:近点DOG型
原点回归方向	0:正方向(地址增加方向)	0:正方向(地址增加方向)
原点地址	0.0 um	0.0 um
原点回归速度	5.00 mm/min	5.00 mm/min
爬行速度	3.00 mm/min	3.00 mm/min
原点回归重试	1:通过限位开关进行原点回归重试	1:通过限位开关进行原点回归重试
原点回归详细参数	**设置用于进行原点回归控制所需要的值。**	
原点回归停留时间	0 ms	0 ms
近点DOG ON后的移动量设置	0.0 um	0.0 um
原点回归加速时间选择	0:1	0:1
原点回归减速时间选择	0:1	0:1
原点移位量	-27.0 um	-21.0 um
原点回归转矩限制值	300 %	300 %
偏差计数器清除信号输出时间	11 ms	11 ms

图 2.2.21　QD75P4 原点回归基本参数设置界面

8) 参考程序

PLC 程序(见图 2.2.22)

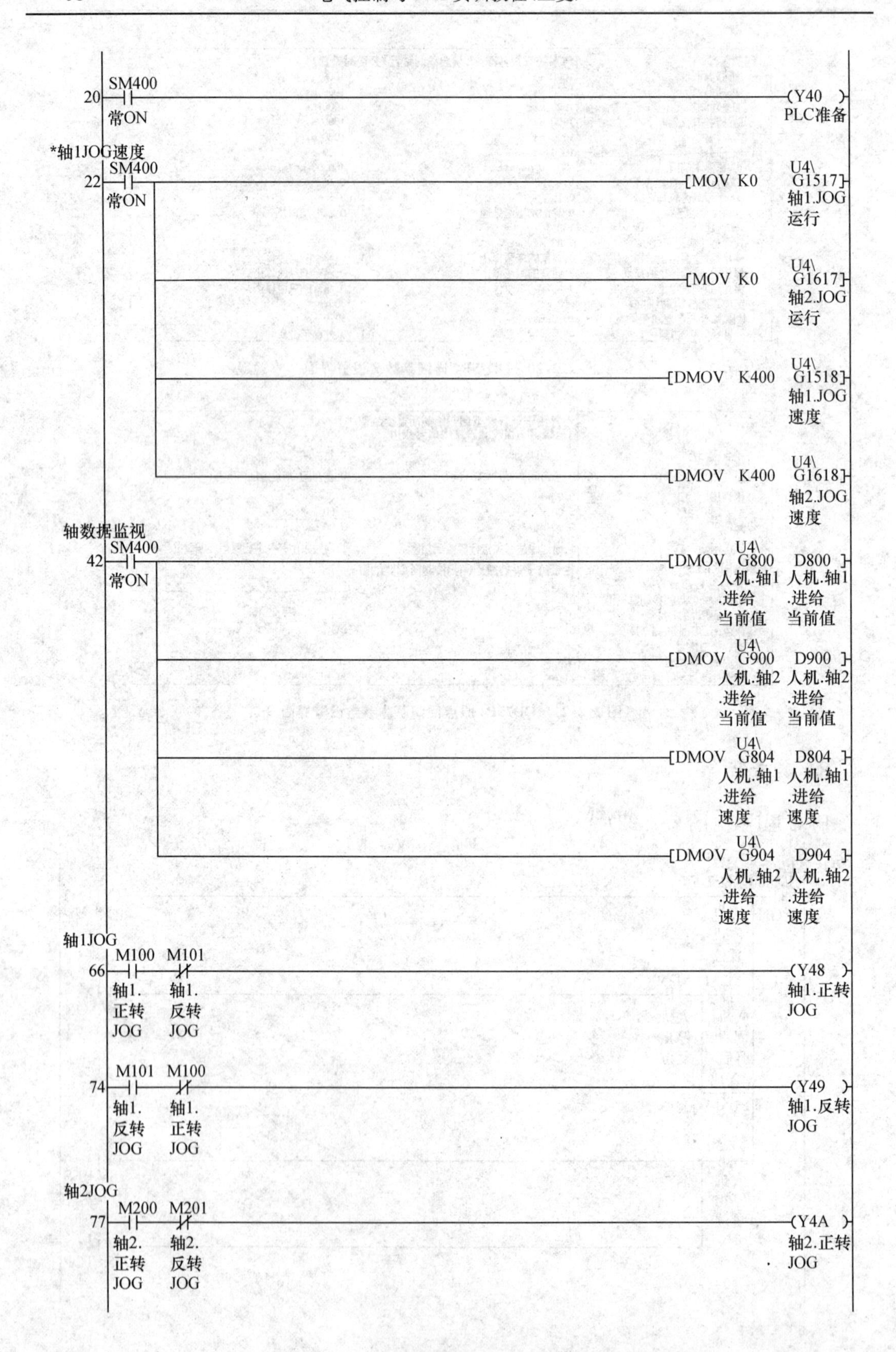
SM400
20
常ON
Y40
PLC准备
*轴1JOG速度
SM400
22
常ON
MOV K0 U4\ G1517
轴1.JOG
运行
MOV K0 U4\ G1617
轴2.JOG
运行
DMOV K400 U4\ G1518
轴1.JOG
速度
DMOV K400 U4\ G1618
轴2.JOG
速度
轴数据监视
SM400
42
常ON
DMOV U4\ G800 D800
人机.轴1 .进给 当前值
人机.轴1 .进给 当前值
DMOV U4\ G900 D900
人机.轴2 .进给 当前值
人机.轴2 .进给 当前值
DMOV U4\ G804 D804
人机.轴1 .进给 速度
人机.轴1 .进给 速度
DMOV U4\ G904 D904
人机.轴2 .进给 速度
人机.轴2 .进给 速度
轴1JOG
66
M100 M101
轴1. 正转 JOG
轴1. 反转 JOG
Y48
轴1.正转 JOG
74
M101 M100
轴1. 反转 JOG
轴1. 正转 JOG
Y49
轴1.反转 JOG
轴2JOG
77
M200 M201
轴2. 正转 JOG
轴2. 反转 JOG
Y4A
轴2.正转 JOG

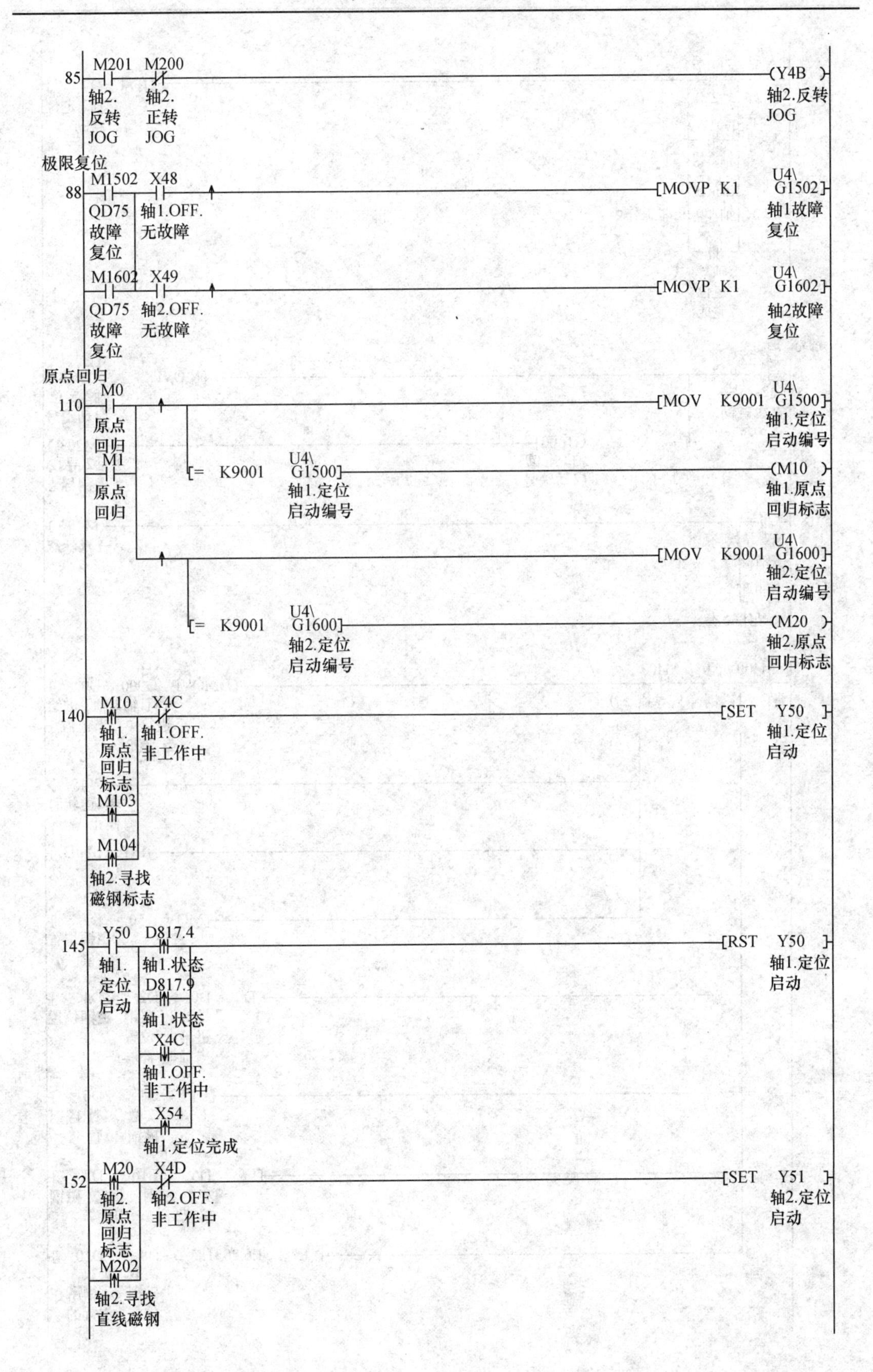
85
M201
M200
轴2.
反转
JOG
轴2.
正转
JOG
Y4B
轴2.反转
JOG
极限复位
88
M1502
X48
QD75
故障
复位
轴1.OFF.
无故障
MOVP K1 U4\G1502
轴1故障
复位
M1602
X49
QD75
故障
复位
轴2.OFF.
无故障
MOVP K1 U4\G1602
轴2故障
复位
原点回归
110
M0
原点
回归
M1
原点
回归
MOV K9001 U4\G1500
轴1.定位
启动编号
= K9001 U4\G1500
轴1.定位
启动编号
M10
轴1.原点
回归标志
MOV K9001 U4\G1600
轴2.定位
启动编号
= K9001 U4\G1600
轴2.定位
启动编号
M20
轴2.原点
回归标志
140
M10
轴1.
原点
回归
标志
X4C
轴1.OFF.
非工作中
M103
M104
轴2.寻找
磁钢标志
SET Y50
轴1.定位
启动
145
Y50
轴1.
定位
启动
D817.4
轴1.状态
D817.9
轴1.状态
X4C
轴1.OFF.
非工作中
X54
轴1.定位完成
RST Y50
轴1.定位
启动
152
M20
轴2.
原点
回归
标志
X4D
轴2.OFF.
非工作中
M202
轴2.寻找
直线磁钢
SET Y51
轴2.定位
启动

156 Y51 (轴2.定位启动) — D917.4 (轴2.状态) / D917.9 (轴2.状态) / X4D (轴2.OFF.非工作中) / X55 (轴2.定位完成) — [RST Y51] 轴2.定位启动

寻找磁钢

163 M202 (轴2.寻找直线磁钢) ↑ — [MOVPK1 U4\G1600] 轴2.定位启动编号

[= K1 U4\G1600] 轴2.定位启动编号 — (M203) 轴2.寻找磁钢标志

180 M203 (轴2.寻找磁钢标志) / M403 (只寻找一次) — (M403) 只寻找一次

只寻找一次

183 SM400 (常ON) — X0 (磁钢) — M403 (只寻找一次) — [DMOVP U4\G900 D0] 人机.轴2.进给当前值　轴2.进给当前值

(Y45) 轴2运转时停止

[RST M403] 只寻找一次

[MOV K50 D2] 磁钢位置补偿

[D+ D0 D2 D4] 轴2.进给当前值　磁钢位置补偿　磁钢位置

[DFLT D4 D6] 实数.磁钢　实数.磁钢位置

[E/ D6 E10 D8] 实数.磁钢位置　实数.磁钢位置

[E* E6.283185 D8 D10] 实数.磁钢位置　实数.磁钢所在位置的周长

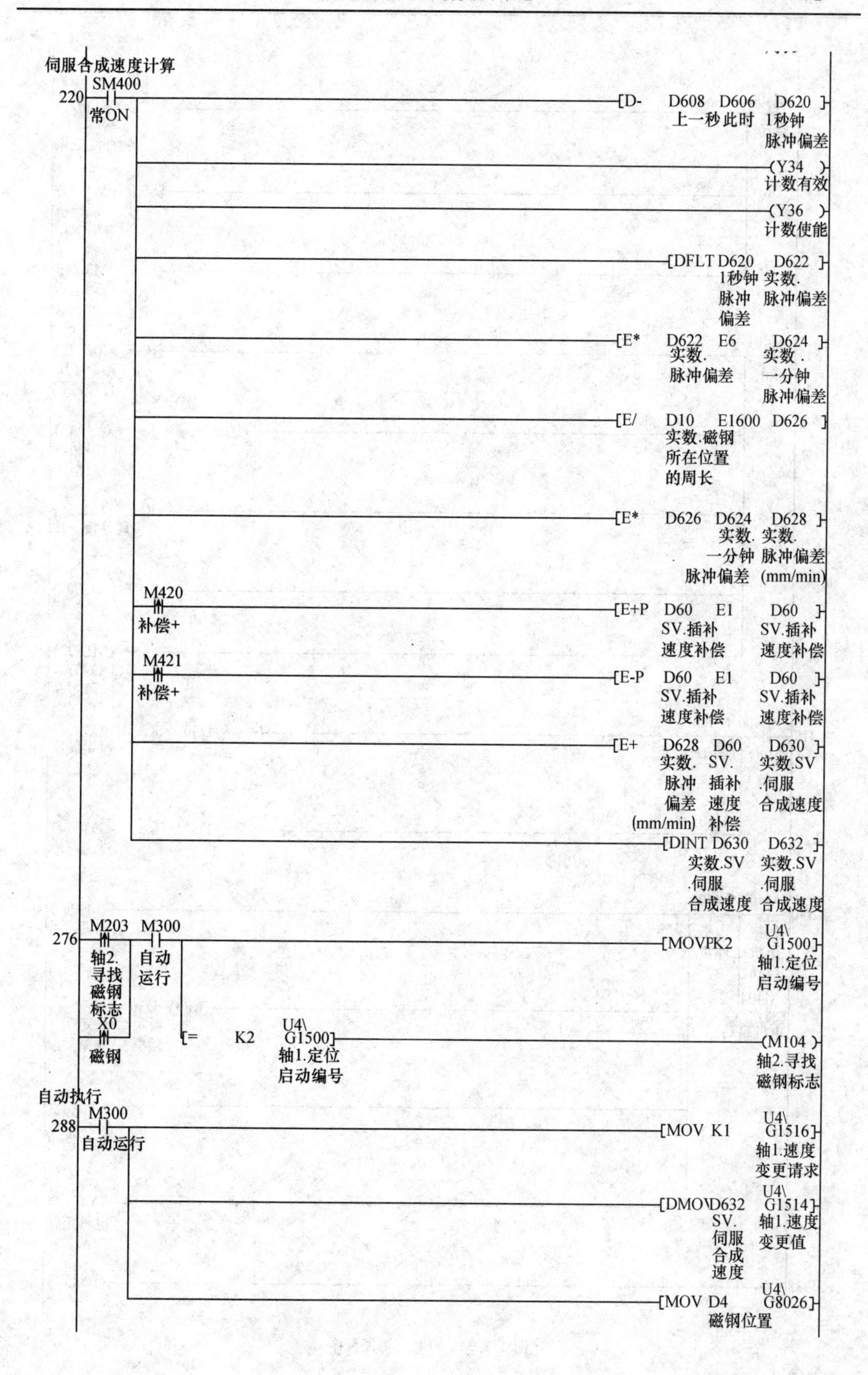
伺服合成速度计算
220
SM400
常ON
[D- D608 D606 D620]
上一秒此时 1秒钟脉冲偏差
(Y34)
计数有效
(Y36)
计数使能
[DFLT D620 D622]
1秒钟脉冲偏差 实数.脉冲偏差
[E* D622 E6 D624]
实数.脉冲偏差 实数.一分钟脉冲偏差
[E/ D10 E1600 D626]
实数.磁钢所在位置的周长
[E* D626 D624 D628]
实数.一分钟脉冲偏差 实数.脉冲偏差(mm/min)
M420
补偿+
[E+P D60 E1 D60]
SV.插补速度补偿 SV.插补速度补偿
M421
补偿+
[E-P D60 E1 D60]
SV.插补速度补偿 SV.插补速度补偿
[E+ D628 D60 D630]
实数.脉冲偏差(mm/min) SV.插补速度补偿 实数.SV.伺服合成速度
[DINT D630 D632]
实数.SV.伺服合成速度 实数.SV.伺服合成速度
276
M203
轴2.寻找磁钢标志
M300
自动运行
[MOVPK2 U4\G1500]
轴1.定位启动编号
X0
磁钢
[= K2 U4\G1500]
轴1.定位启动编号
(M104)
轴2.寻找磁钢标志
自动执行
288
M300
自动运行
[MOV K1 U4\G1516]
轴1.速度变更请求
[DMOV D632 U4\G1514]
SV.伺服合成速度 轴1.速度变更值
[MOV D4 U4\G8026]
磁钢位置

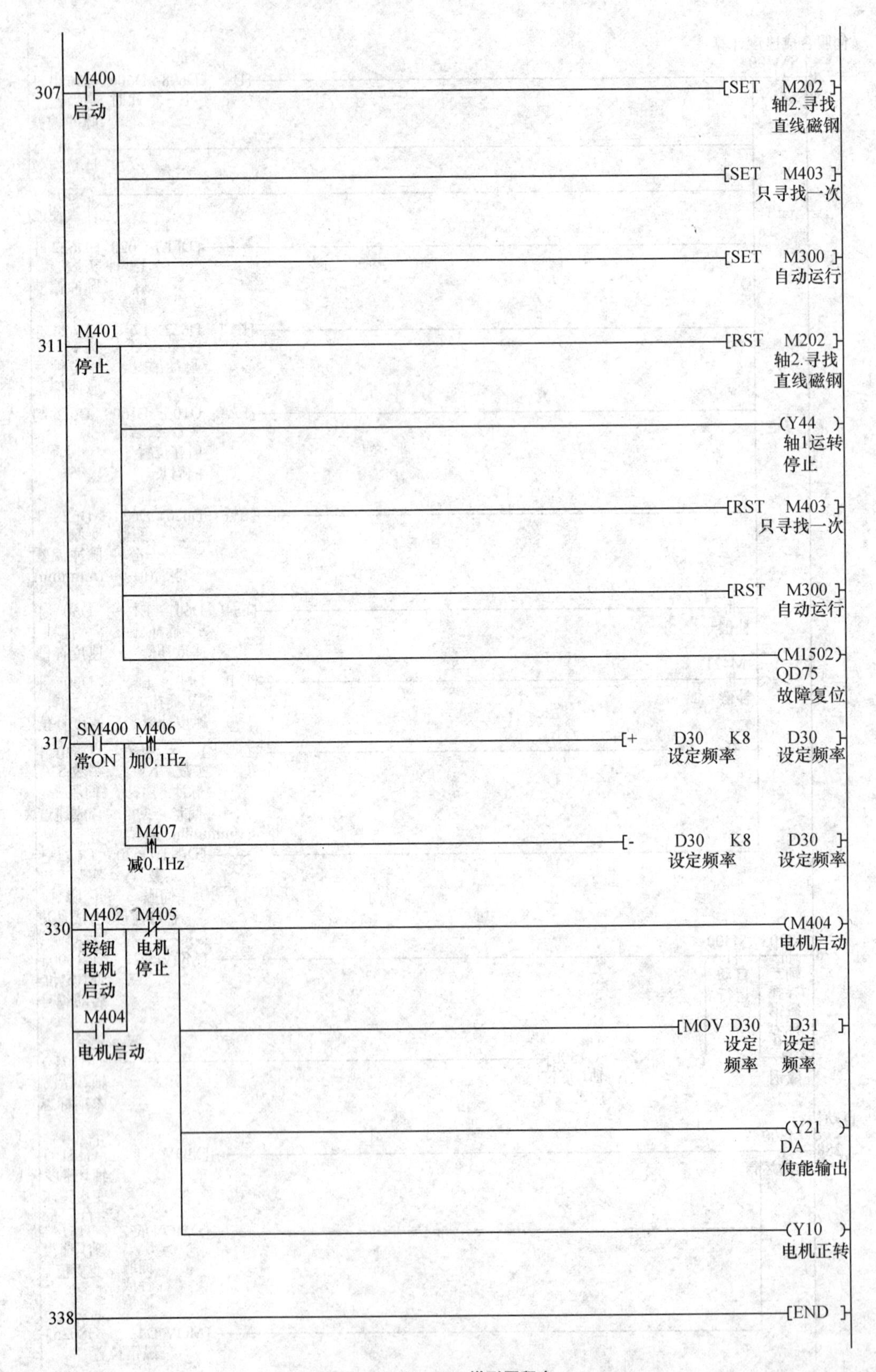

图 2.2.22 PLC 梯形图程序

项目 3　微型分布式发电控制系统设计

1) 系统结构(见图 2.3.1、图 2.3.2)

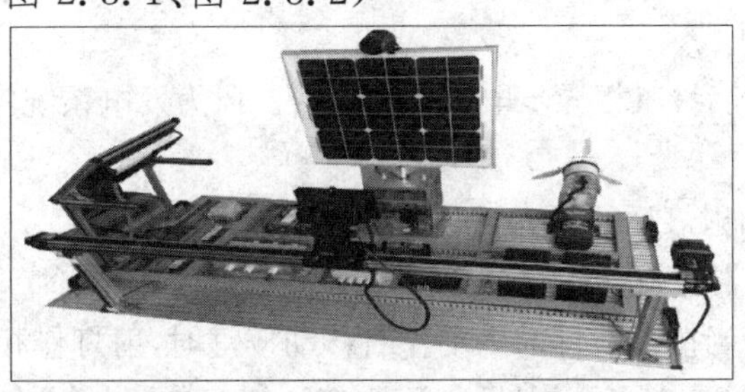

图 2.3.1　微型分布式发电装置实物图

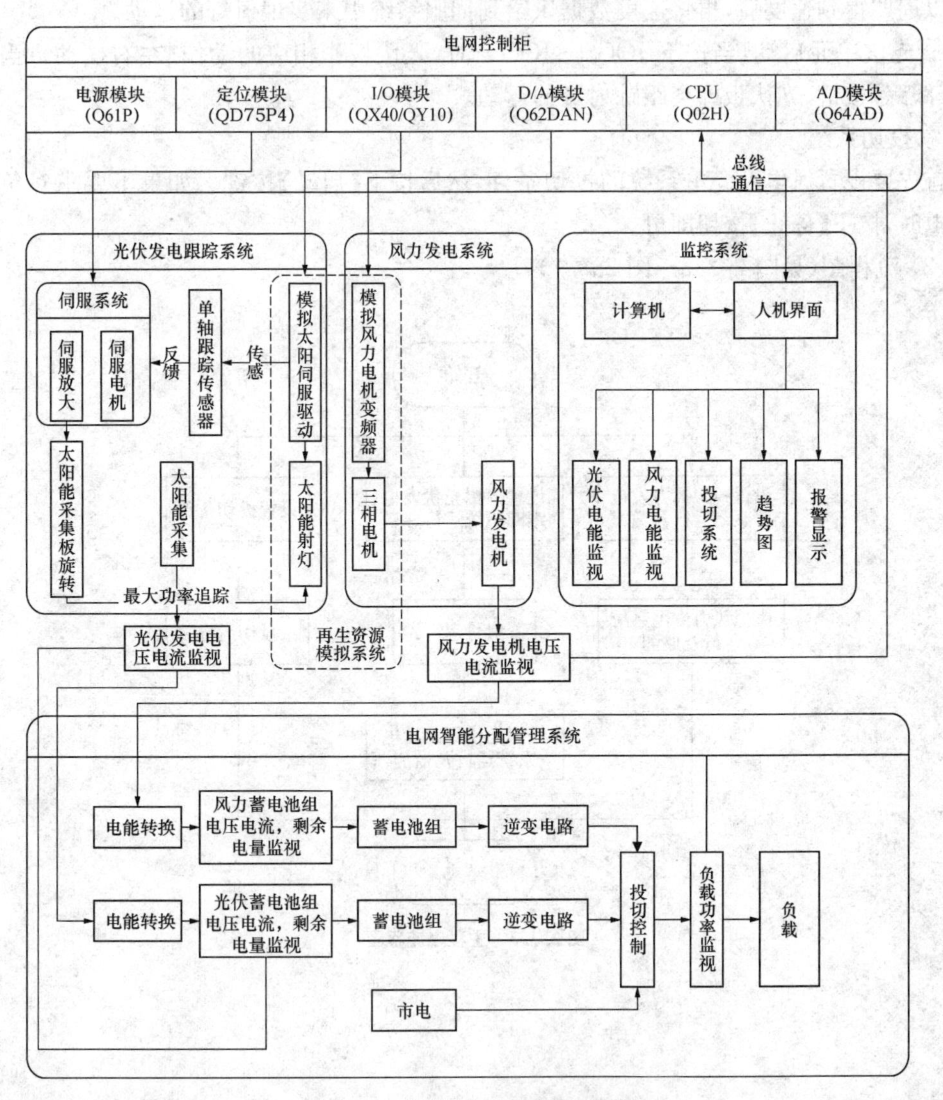

图 2.3.2　微型分布式发电系统结构图

2）工作原理

(1) 运行步骤

① 风力发电系统

a. 设置三相异步电机的最高运行频率、最低运行频率及变速的周期；

b. 按下【启动】按键，系统启动，PLC 计算出变化频率，然后再除以一半变速周期得到频率变化率，PLC 将以该频率变化率增速，到达一半周期后再以该频率减速。就如此一直循环。

c. 按下【停止】按键后，三相异步电机停止运行。风力发电系统停止发电。

② 光伏发电系统

光伏发电系统是由射灯运行及光伏运行部分组成。

a. 按下【伺服开启】按键。

b. 射灯单元启动，当按下射灯的手动左右移动按键时，射灯作相应的动作；当在自动运行状态时，先要设置射灯左右平移周期，然后再按下射灯的【启动】按键，PLC 将射灯移动路程除以周期得到速度后，再将速度数据供给到伺服系统中来实现射灯的运动。

c. 光伏单元启动：当按下 JOG＋、JOG－时，光伏板作相应的动作(左右摆动)；当按下【伺服跟踪】按键，光伏板即会跟踪射灯的运动。

③ 投切系统

首先要设置风电及光电系统的投切条件，然后按下【启动】按键。如果不要求对负载进行供电时，按下【停止】按钮即可。

(2) 流程图(见图 2.3.3～图 2.3.7)

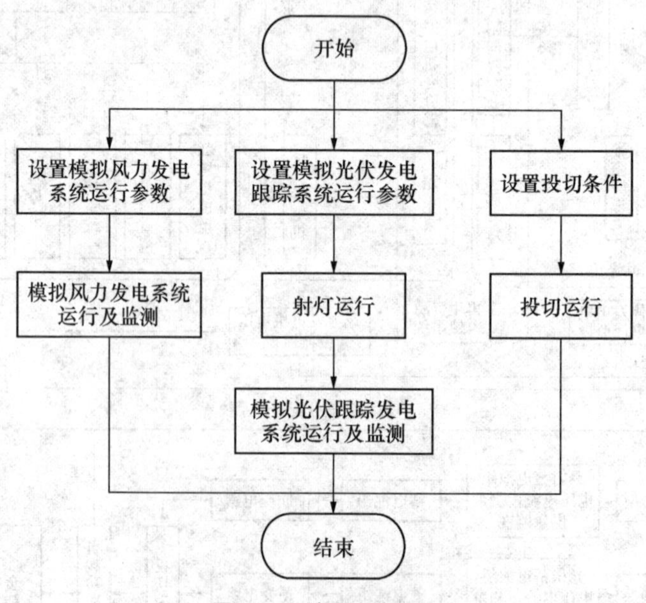

图 2.3.3　主程序流程图

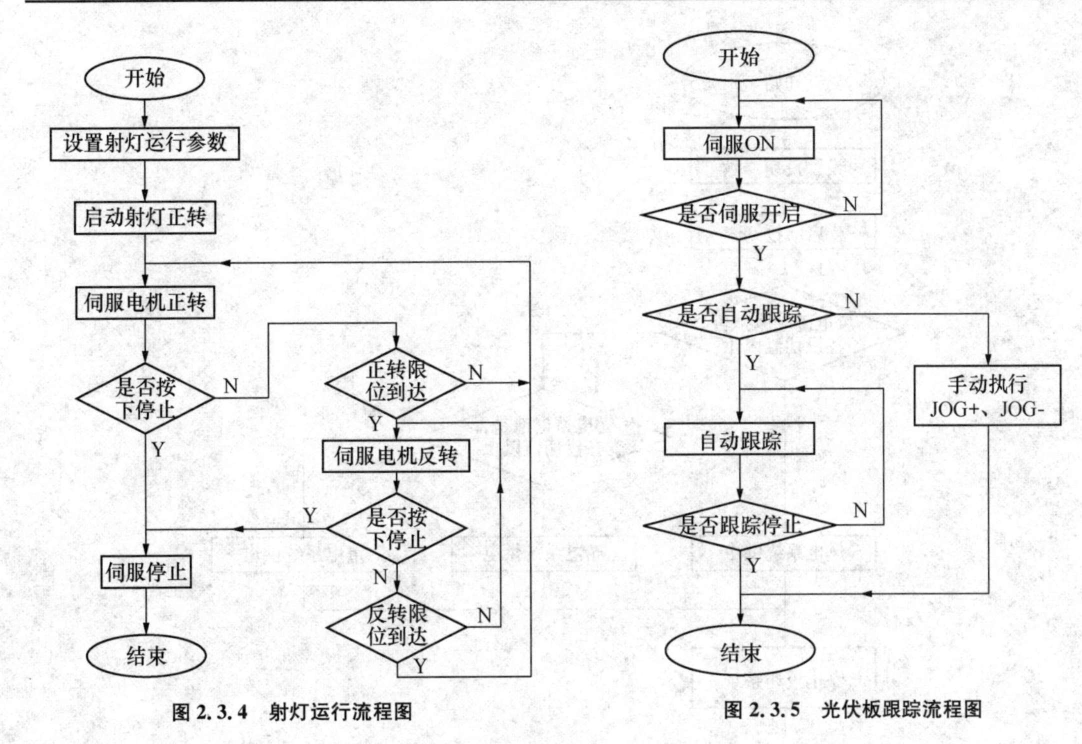

图 2.3.4　射灯运行流程图

图 2.3.5　光伏板跟踪流程图

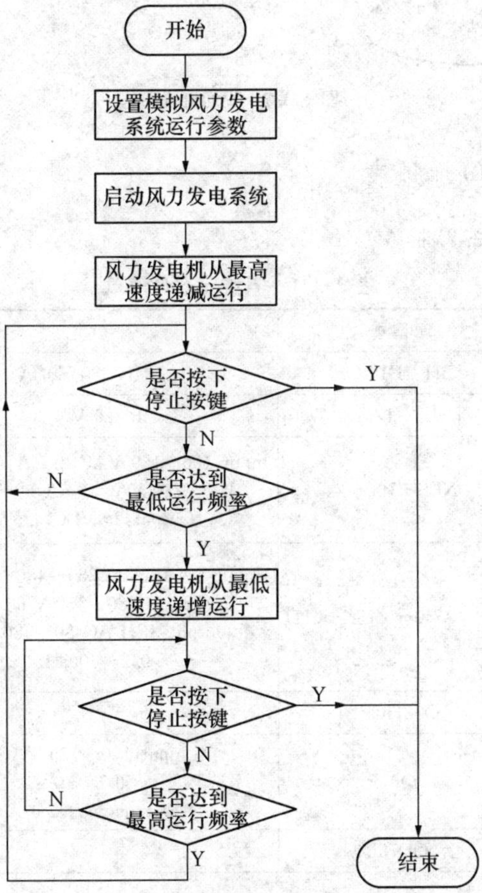

开始

设置模拟风力发电系统运行参数

启动风力发电系统

风力发电机从最高速度递减运行

是否按下停止按键

Y

N

是否达到最低运行频率

N

Y

风力发电机从最低速度递增运行

是否按下停止按键

Y

N

是否达到最高运行频率

N

Y

结束

图 2.3.6　模拟风力发电系统流程图

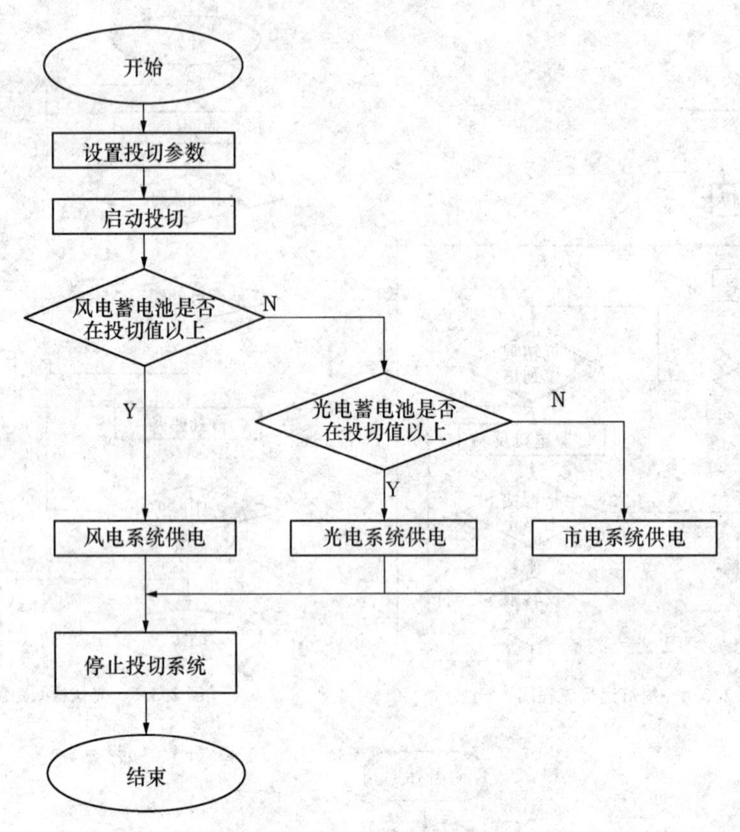

图 2.3.7　投切流程图

3) 元件清单及 I/O 地址表

(1) 元件清单(见表 2.3.1)

表 2.3.1　系统元器件清单

编号	器件	型号	参数	备注
1	空气开关	BH—D10 C10	3P1N 380 V 6 A	三菱电机
2		BH—D6 D6	2P 220 V 6 A	
3	开关电源	NES－100～24	Input：100～120 VAC，2.5 A，50/60 Hz 200～240 VAC，1.5A，50/60 Hz Output：24 VDC，4.5 A	明纬
4	变频器	FR－A740－0.75K－CHT	Input：6A 3PH AC380～480 V，50 Hz 3PH AC380～480 V 60 Hz Output：3PH AC380～480 V_{max} 0.2～400 Hz	三菱电机
5	Q－PLC CPU	Q02HCPU		三菱电机
6	Q－PLC 电源	Q61P	Input：100～120 VAC 50/60 Hz Output：5 VDC 6 A	三菱电机
7	定位模块	QD75P4		三菱电机

续表 2.3.1

编号	器件	型号	参数	备注
8	人机界面	GT1575－VNBA	Input：100～240 VAC，50/60 Hz POWER：110 Wmax	三菱电机
9	输入模块	QX40	Input：24 VDC，4 mA 电源电压：5 VDC，0.05 A	三菱电机
10	输出模块	QY10	240VAC，2A/24VDC，2A	三菱电机
11	数模转换模块	Q62DAN	Input：24 VDC，0.15 A Output：0～20 mA，－10～＋10 V	三菱电机
12	模数转换模块	Q64AD	Input：0～20 mA，－10～＋10 V	三菱电机
13	伺服电机	HF－KP13	Input：3 AC 106 V，0.8 A Output：100 W，3 000 r/min	三菱电机
14	三相交流异步电机	51K40GN－U	40 W 220/380 V，3ϕ 0.38/0.22 A，50 Hz，Cont 1 350 r/min	中大电机
15	逆变器	SAA－500A	Input：12 V Output：230 V，500 W	索尔
16	伺服放大器	MR－J3－10A	POWER：100 W Input：0.9 A，3PH＋1PH200～230 V 1.3 A，1PH200～230 V 50/60 Hz Output：170 V，1.1 A，0～360 Hz	三菱电机
17	行程开关	SS－5GL2	5 A 125 VAC 3 A，250 VAC	TELESKY
18	霍尔传感器	LJ8A3－2－Z/BX	Input：DC6～36 V NPN Normally open Detection distance：2 mm	沪工
19	中间继电器	MY4NJ	Input：24 V，0.15 A Output：5 A，240 VAC 5 A，28 VDC	欧姆龙
20	交流接触器	S－N10	额定电压：120～660 VAC，12 A 线圈电压：220 V 主触点：3 辅助触点：3	三菱电机
21	射灯	定制	Input：220 V 120 W	定制
22	单相有功功率变送器	HC－1P1A15R 1	Input：260 V，1 A(260 W) Output：0～10 V Power Supply：＋24 V	华测电子
23	电压电流检测器	LD01	Voltage Input：0～24 V Current Input：0～5 A Output：0～10 V Power Supply：＋24 V	自制
24	电量检测变送器	H10	Input：7～120 VDC，15 A Output：0～10 V	自制

续表 2.3.1

编号	器件	型号	参数	备注
25	单轴光照传感器	RY－KZQ－S－DC24V3A	工作电压:＋24 VDC 跟踪精度:±2° 最大跟踪角度:90° Output:24 VDC,3 A_{max}	聚焦新能源
26	光伏发电板	SL20CE－18P	最大功率:20 W 最佳工作电压:17.49 U_{mp} 最佳工作电流:1.14 I_{mp}	中电光伏
27	风力发电机	外转子发电机	发电电压:24 U_{max}	定制
28	蓄电池	6－FM－12	电压:12 V 容量:12 A/H	OTO
29	电源管理器	DL－12/24－10a	电压:12 V/24 V 电流:10 A	动力足
30	负载	市场购置	100 W	白炽灯
31	按钮	LA42	Ue:220 VAC,6 A/380 VAC,4 A	红波
32	接线端子排	7D－15A	Input:500 V,17.5 A Cross section:1.5 mm^2	TAYEE
33	导线	BVR	0.75 mm^2/0.5 mm^2	新大洲

(2) I/O 地址表(见表 2.3.2)

表 2.3.2　控制系统输入/输出地址表

编号	型号	地址	功能	电路图端口
1	QX40	X0	光伏板左转信号	左转
2		X1	光伏板右转信号	右转
3		X2	射灯右限信号	灯右限
4		X3	射灯左限信号	灯左限
5		X4	光伏板 DOG 信号	光伏原点
6	QY10	Y2	市电投切	KF3
7		Y3	风电投切	KF4
8		Y4	光电投切	KF5
9		Y5	变频器正转启动信号	STF
10		Y6	变频器反转启动信号	STR
11		Y7	伺服开启信号	SON

续表 2.3.2

编号	型号	地址	功能	电路图端口
12	Q64AD	1CH1	光伏发电电压	U-OUT1/DC-24N
13		1CH2	光伏系统蓄电池电压	U-OUT2/DC-24N
14		1CH3	风力发电电压	U-OUT3/DC-24N
15		1CH4	风电系统蓄电池电压	U-OUT4/DC-24N
16		2CH1	光伏发电电流	I-OUT1/DC-24N
17		2CH2	光电逆变电流	I-OUT2/DC-24N
18		2CH3	风力发电电流	I-OUT3/DC-24N
19		2CH4	风电逆变电流	I-OUT4/DC-24N
20		3CH1	市电供给负载功率	A01/DC-24N
21		3CH2	负载总功率	A02/DC-24N
22		3CH3	风电系统蓄电池电量	Q01/DC-24N
23		3CH4	光电系统蓄电池电量	Q02/DC-24N
24	Q62DAN	1CH1	给变频器 0～20 mA 电流	I+/DC-24V

4) 控制系统电路

(1) 电气布局图(见图 2.3.8)

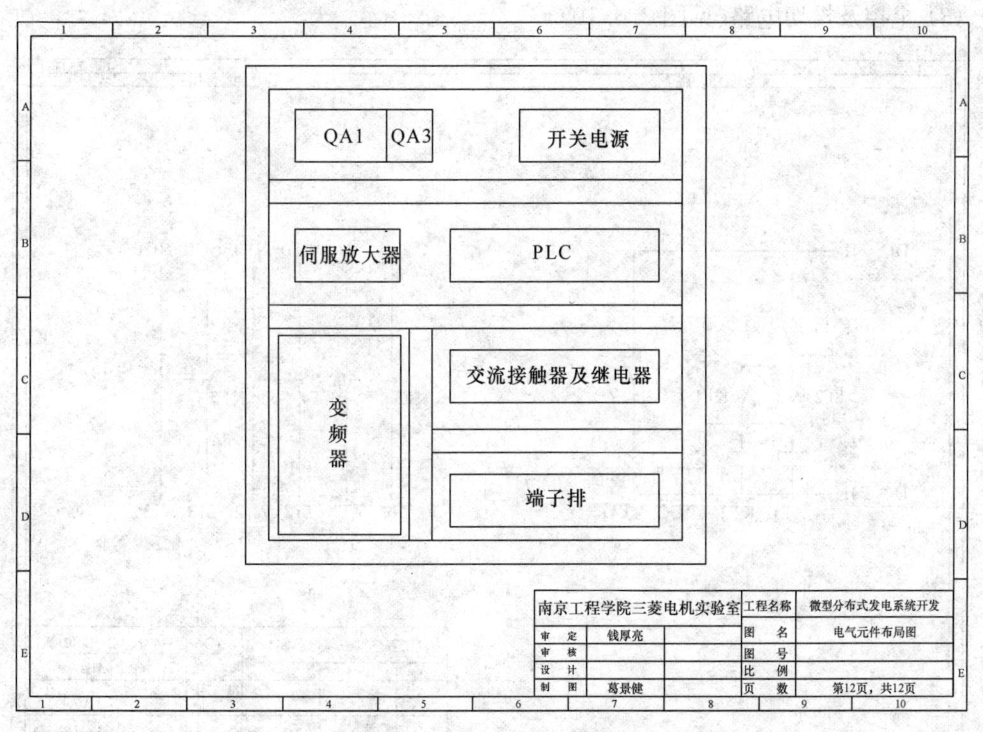

图 2.3.8　控制系统电气布局图

(2) 电源电路(见图 2.3.9)

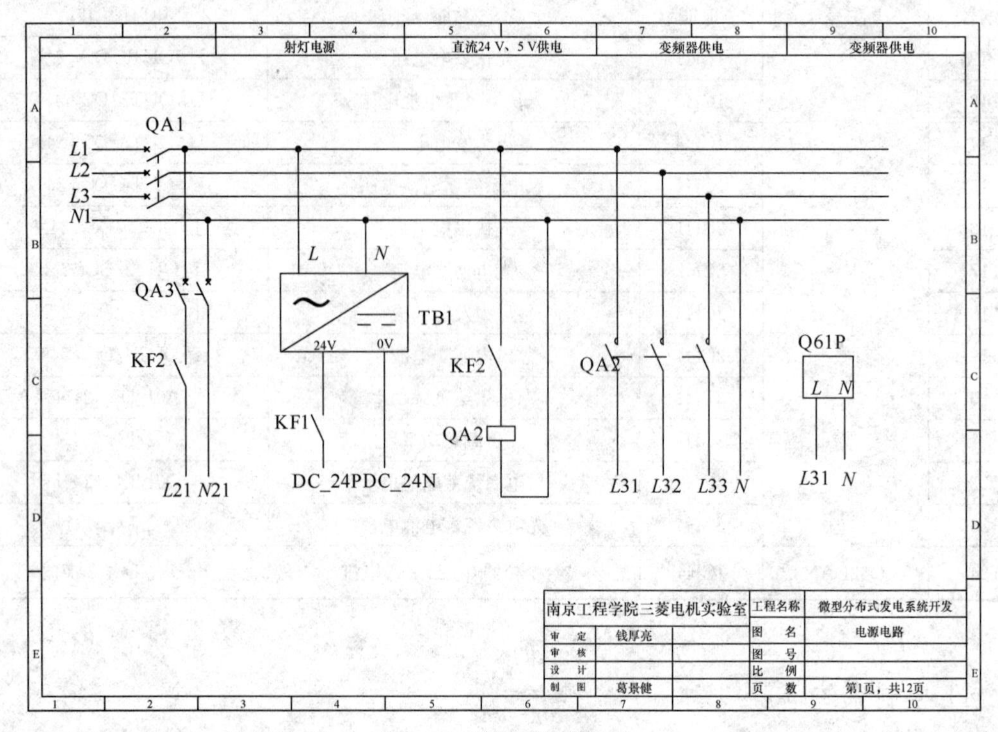

图 2.3.9　控制系统电源电路

(3) 主控及投切电路(见图 2.3.10)

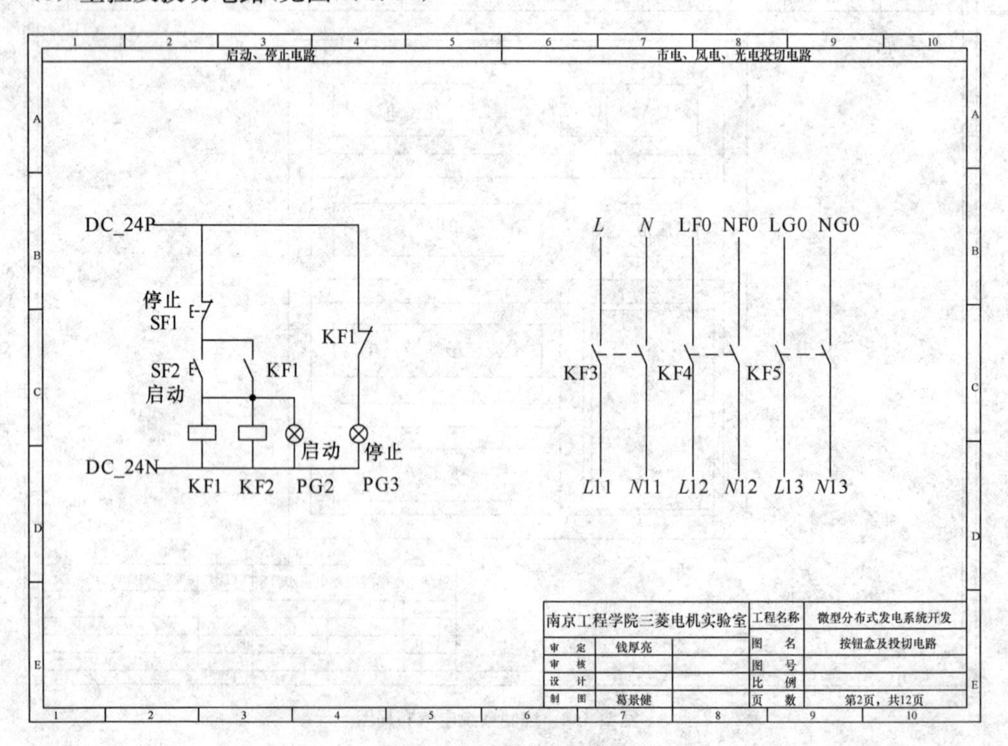

图 2.3.10　主控及投切电路

(4) PLC输入/输出电路(见图2.3.11)

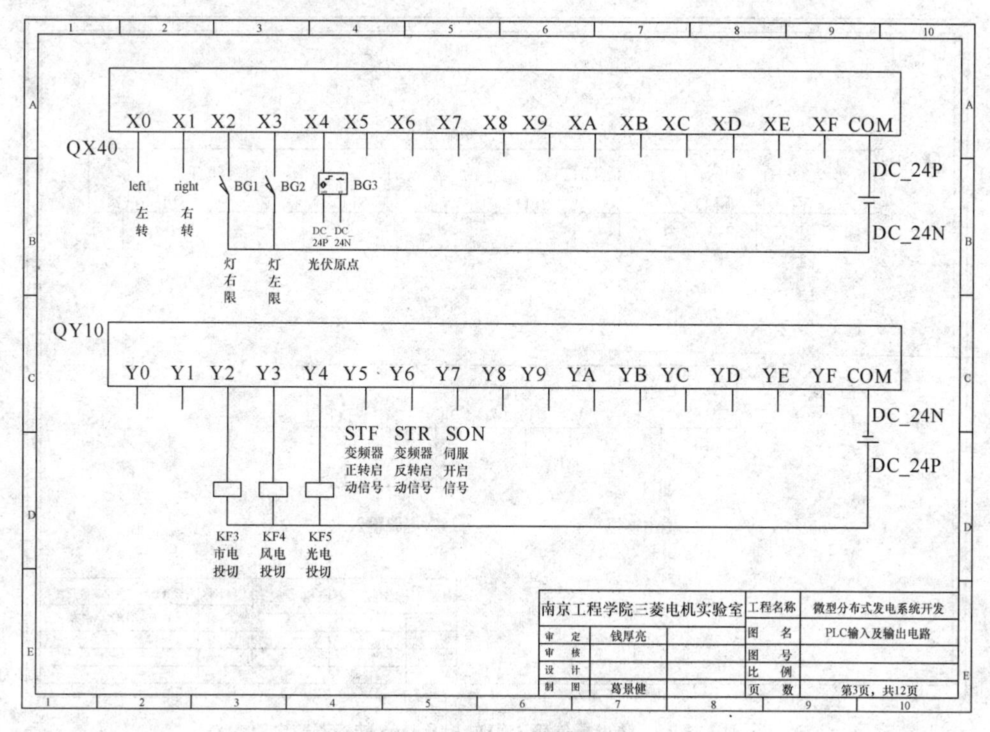

图 2.3.11　PLC 输入/输出电路

(5) 传感器信号A/D转换电路(见图2.3.12)

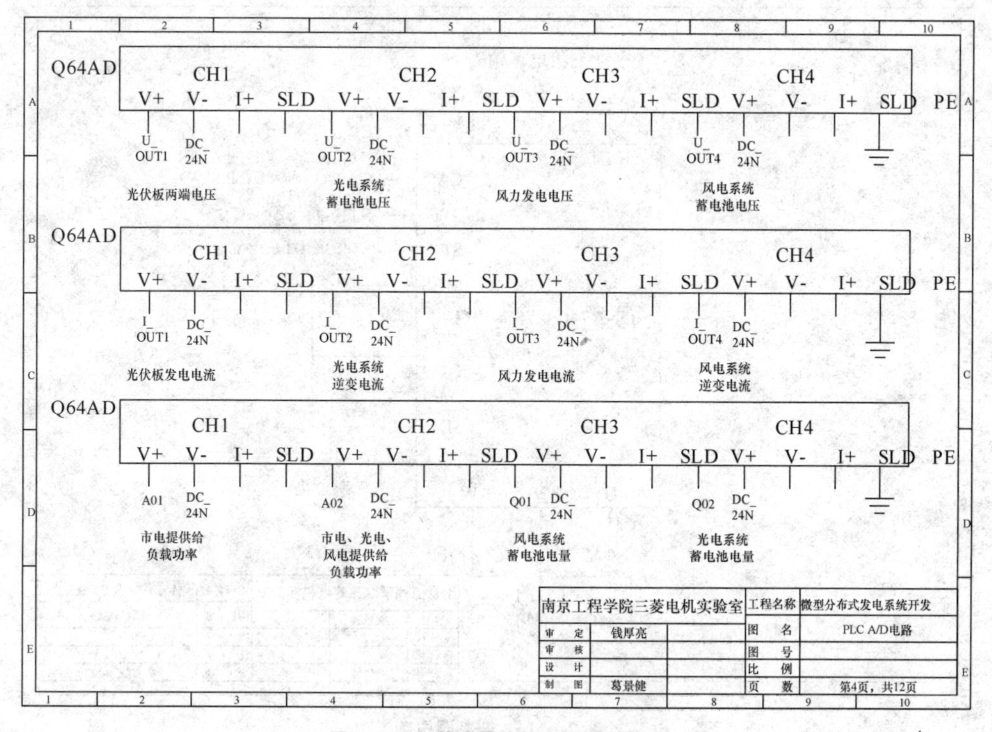

图 2.3.12　传感器信号 A/D 转换电路

(6) 传感器信号 A/D 转换及 D/A 转换调速电路(见图 2.3.13)

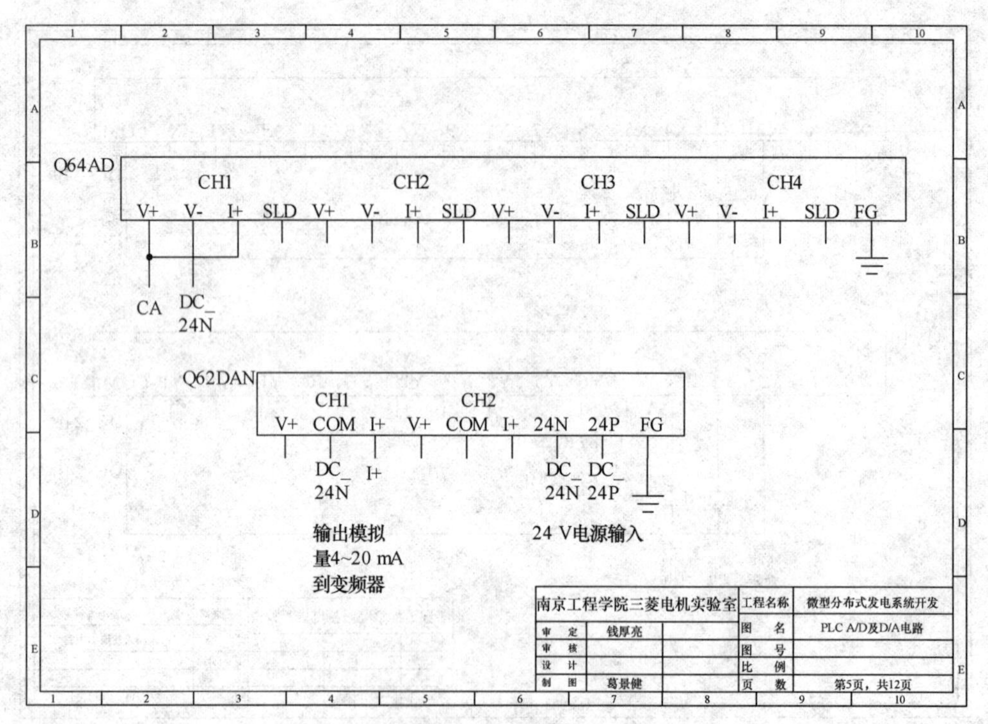

图 2.3.13　传感器信号 A/D 转换及 D/A 转换调速电路

(7) 变频器电路(见图 2.3.14)

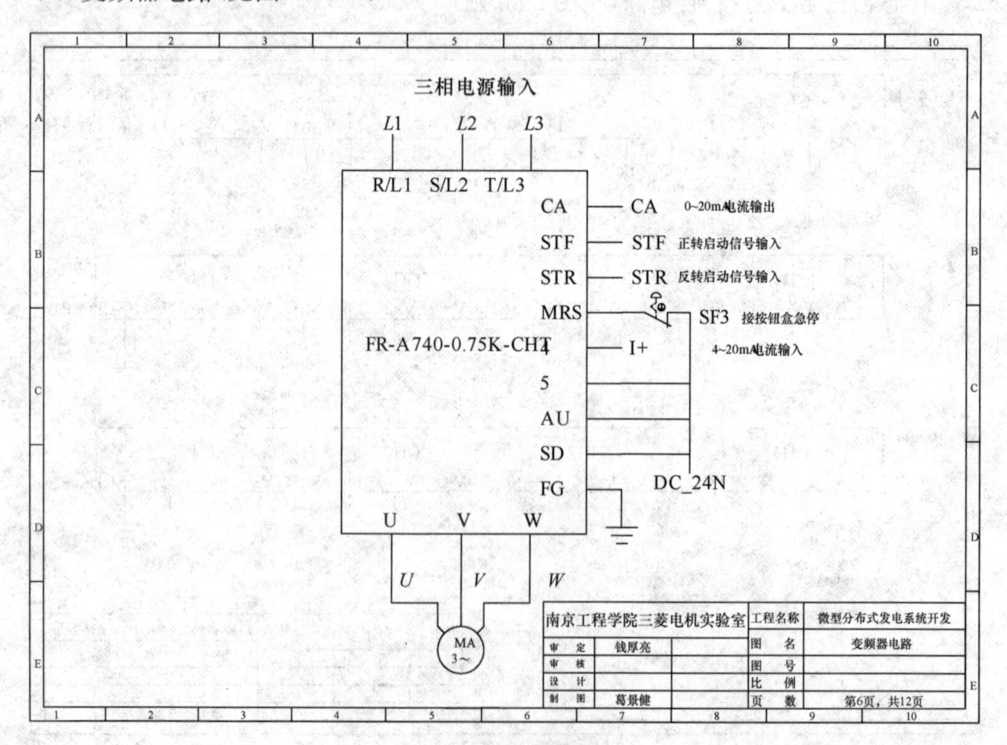

图 2.3.14　变频器电路

(8) QD75 及光伏伺服驱动器电路(见图 2.3.15)

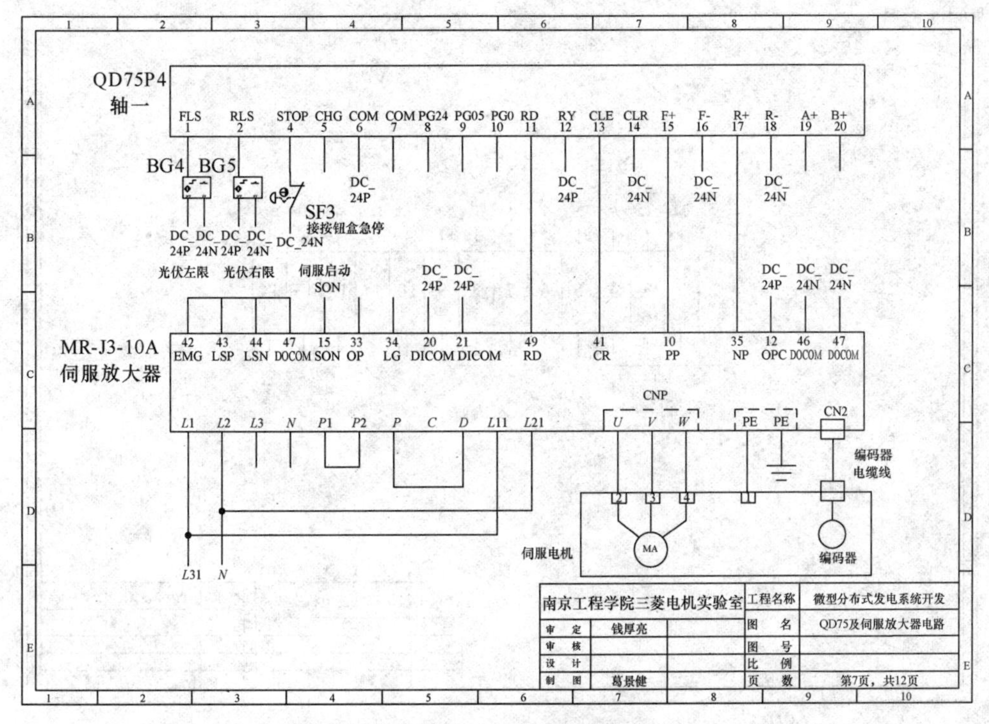

图 2.3.15　QD75 及光伏伺服驱动器电路

(9) QD75 及射灯伺服驱动器电路(见图 2.3.16)

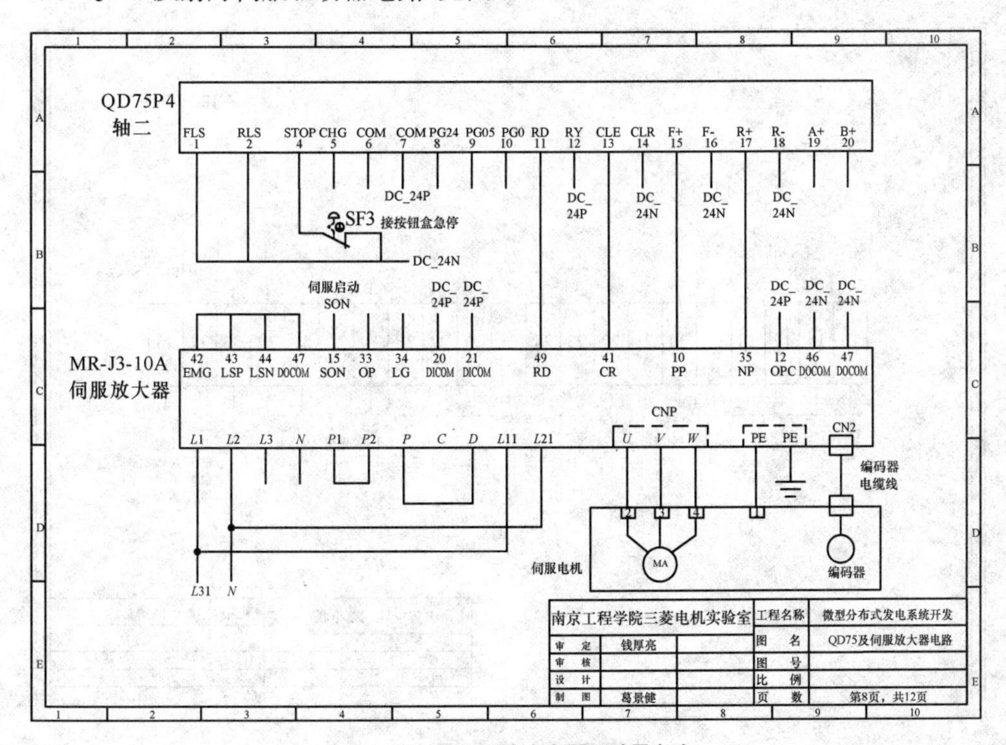

图 2.3.16　QD75 及射灯伺服驱动器电路

(10) 端子排1(见图2.3.17)

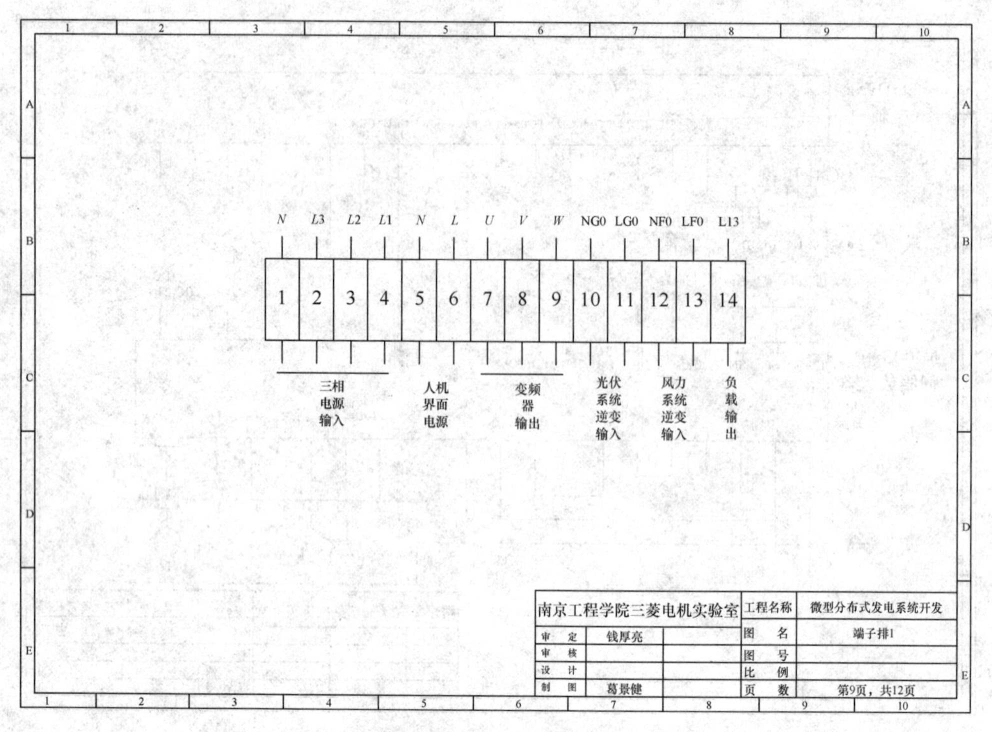

图2.3.17　接口端子排1

(11) 端子排2(见图2.3.18)

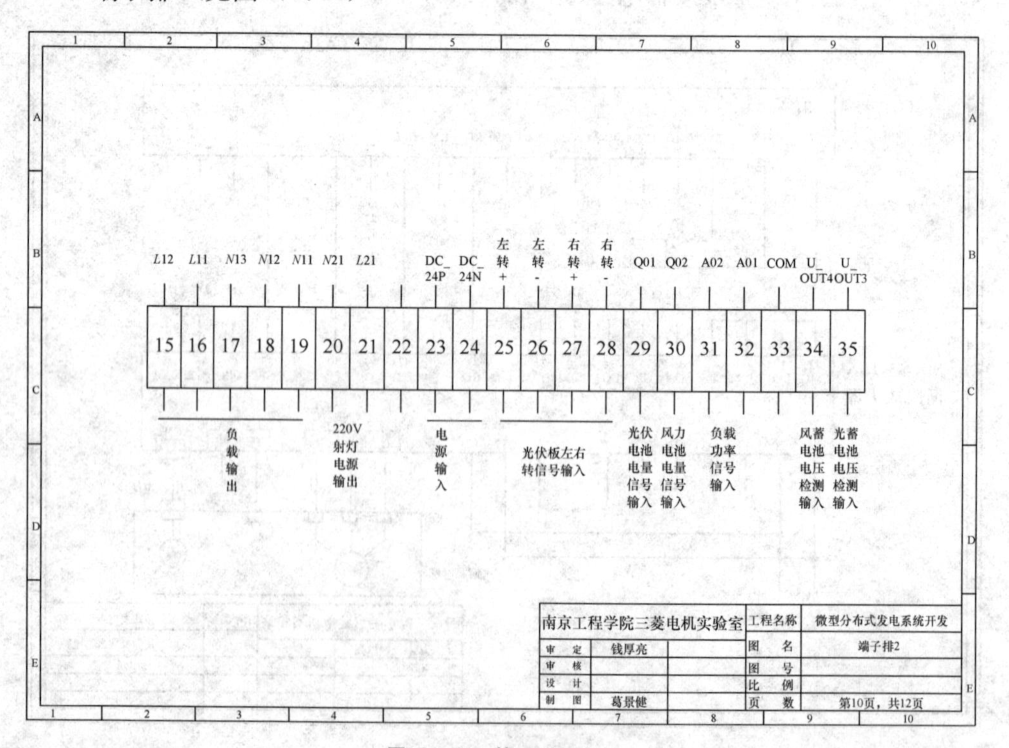

图2.3.18　接口端子排2

(12) 端子排 3(见图 2.3.19)

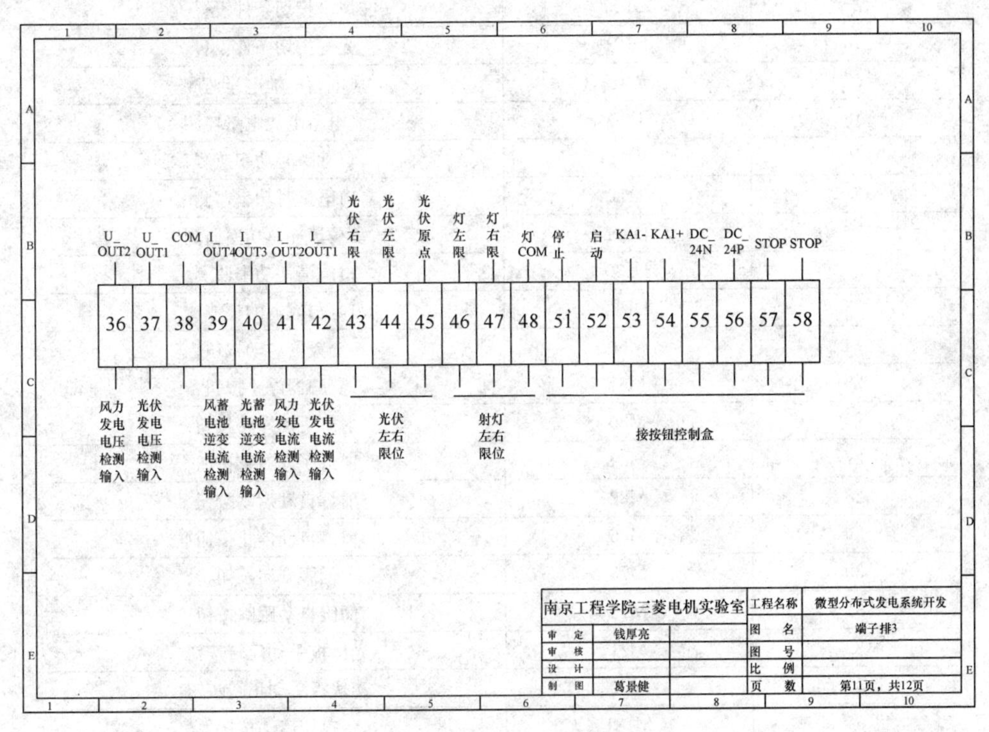

图 2.3.19　接口端子排 3

5) 人机界面设计

(1) 人机界面配置软元件(见表 2.3.3)

表 2.3.3　人机界面配置软元件

1	D90	三相电机最高频率
2	D91	三相电机最低频率
3	D93	三相电机运行周期
4	D63	三相电机当前频率
5	D27	风力发电电压监测
6	D35	风力发电电流监测
7	D24	风力逆变电压监测
8	D32	风力逆变电流监测
9	D70	射灯移动周期
10	D200	射灯移动速度监测
11	D21	光伏发电电压监测
12	D33	光伏发电电流监测
13	D22	光伏逆变电压监测
14	D34	光伏逆变电流监测

续表 2.3.3

15	D100	风电投切条件设置
16	D101	光电投切条件设置
17	D48	风电蓄电池电量监测
18	D47	光电蓄电池电量监测
19	D42	负载瞬时功率监测
20	D41	市电瞬时功率监测
21	D131	负载消耗总功率监测
22	D130	市电消耗功率监测
23	D132	市电与风电的耗能比
24	M60	变频器启动按钮
25	M62	变频器停止按钮
26	M80	射灯手动左移按钮
27	M81	射灯手动右移按钮
28	M82	射灯自动启动按钮
29	M86	射灯自动停止按钮
30	M75	伺服开启按钮
31	M72	伺服自动跟踪按钮
32	M71	光伏板手动反转按钮
33	M70	光伏板手动正转按钮
34	M131	投切启动按钮
35	M132	投切停止按钮
36	Y12	市电供电指示灯
37	Y13	风电供电指示灯
38	Y14	光电供电指示灯

(2) 设计页面(见图 2.3.20～图 2.3.25)

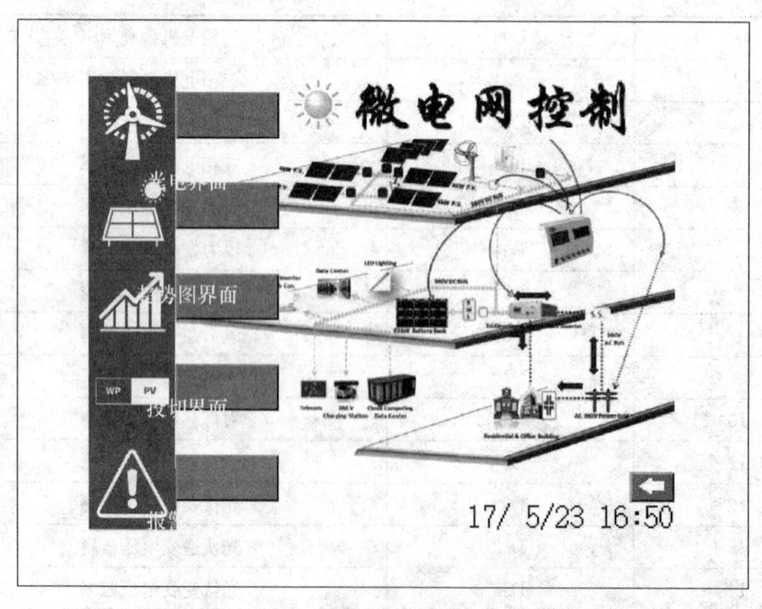

图 2.3.20　微型分布式发电系统主界面

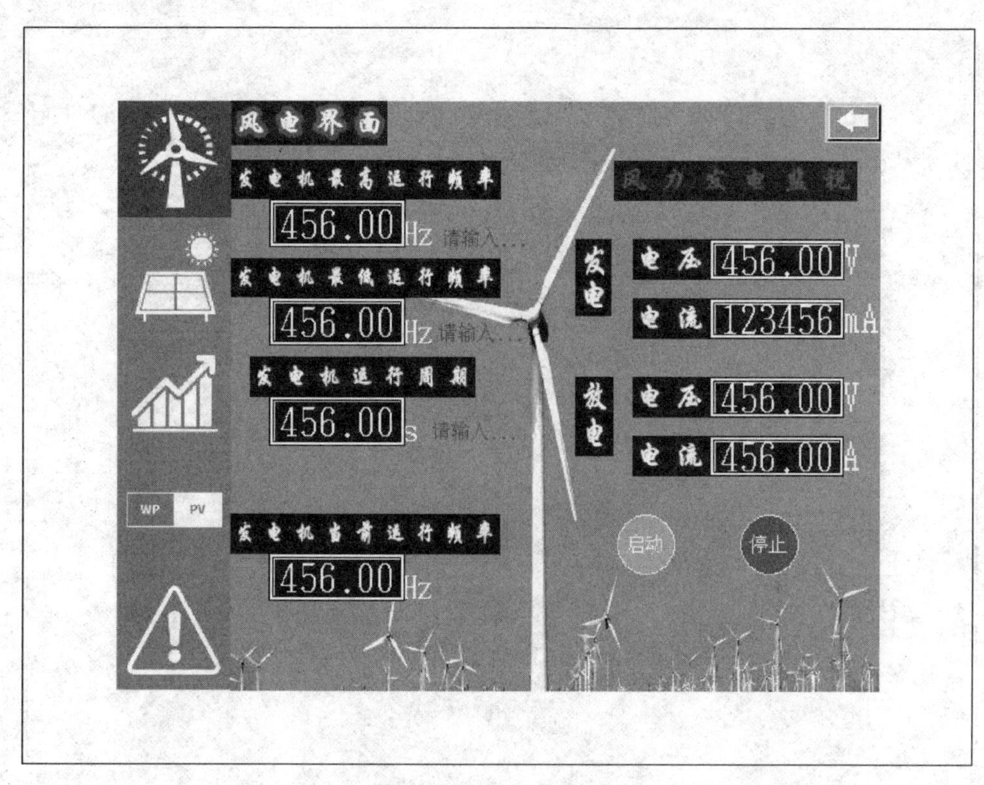

图 2.3.21　风力发电系统界面

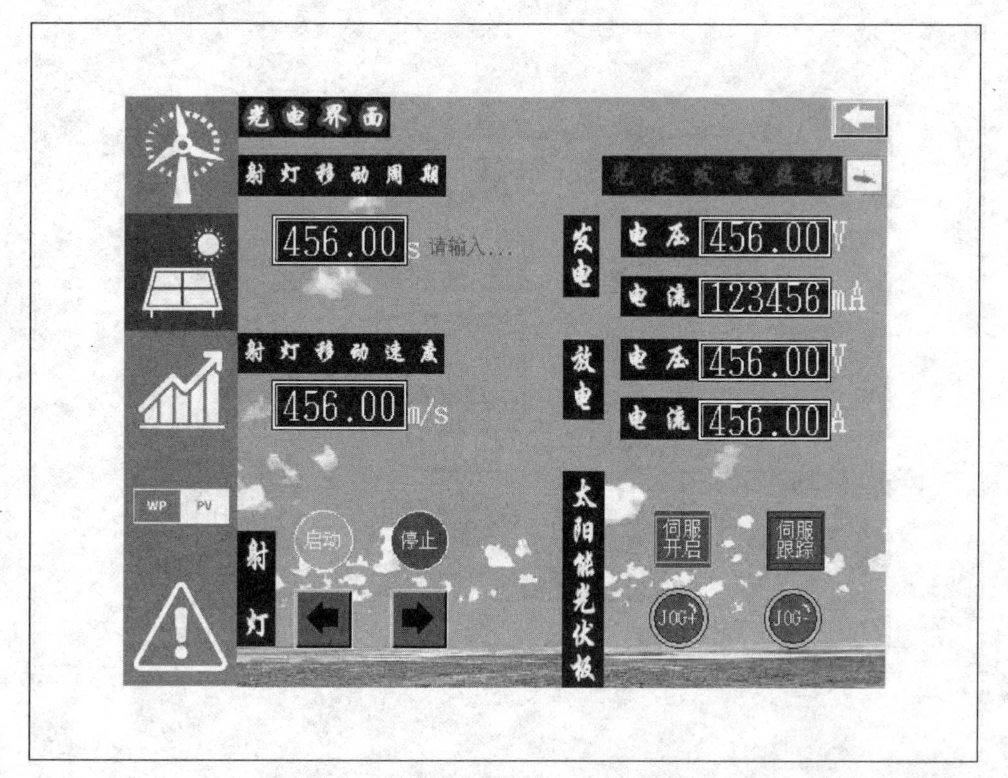

图 2.3.22　光伏发电系统界面

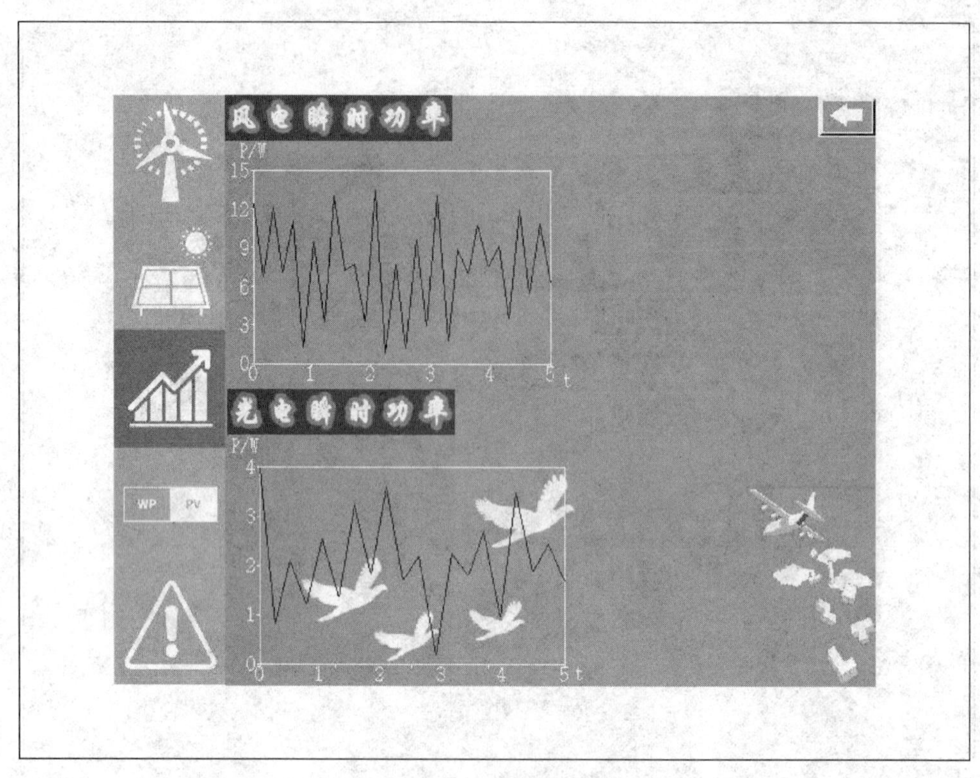

图 2.3.23　功率监控界面

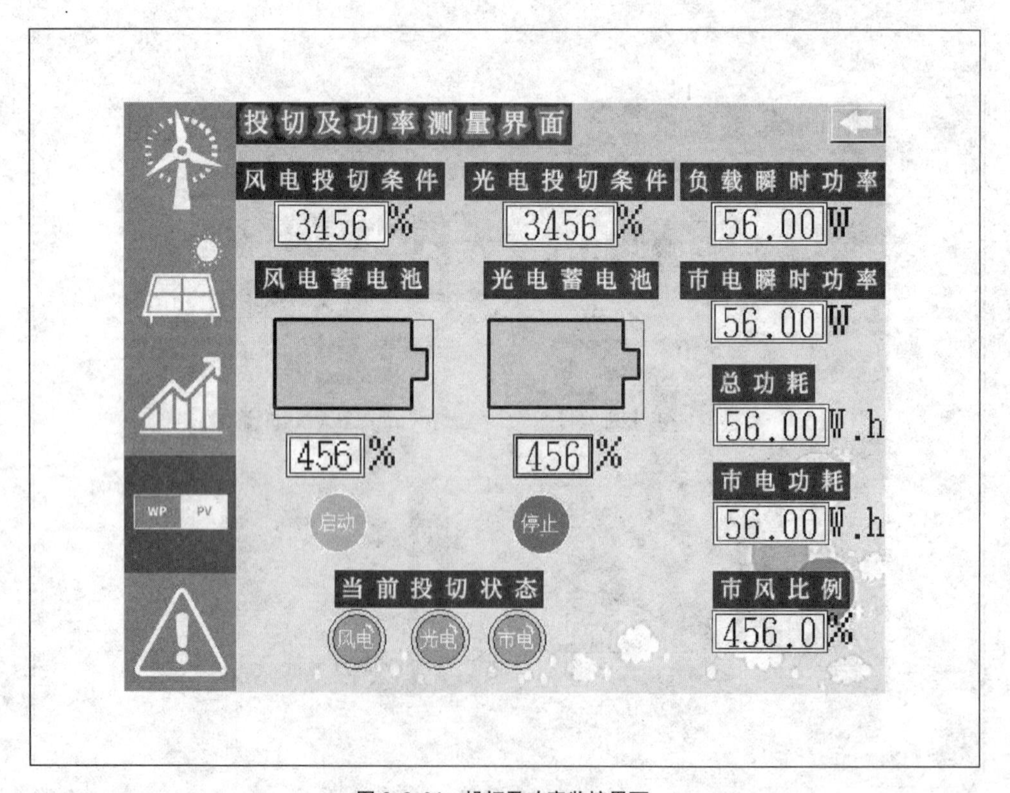

图 2.3.24　投切及功率监控界面

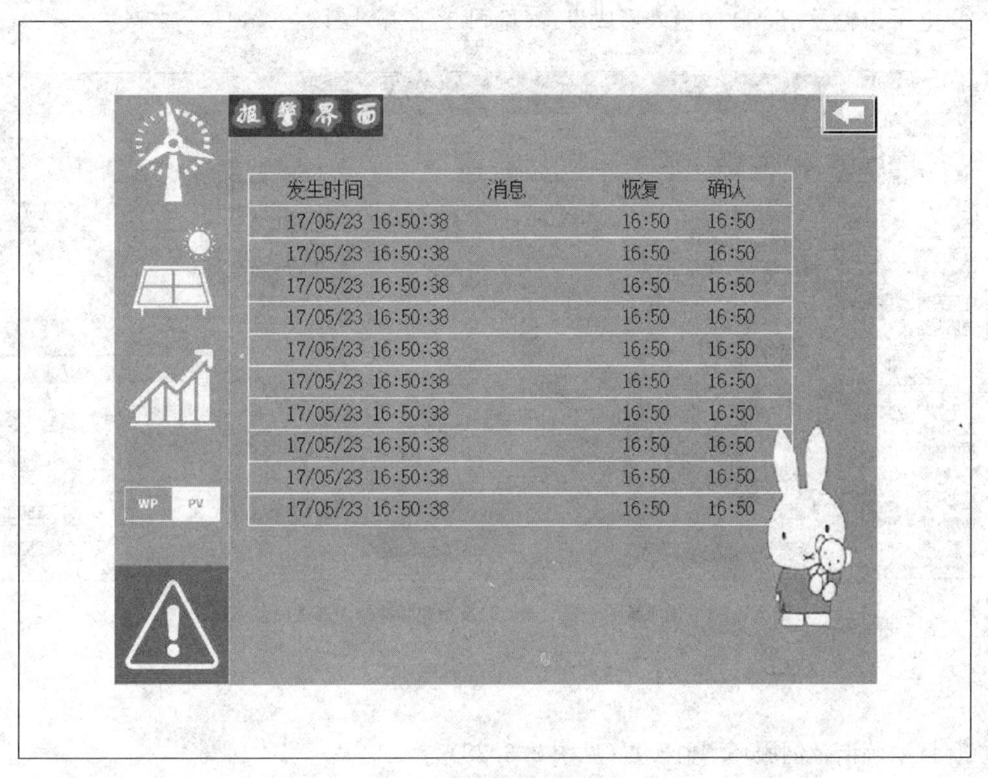

图 2.3.25　报警监控界面

6）伺服及 QD75P4 参数设置

(1) 伺服参数设置

① 旋转方向及转矩限制设置(见图 2.3.26)

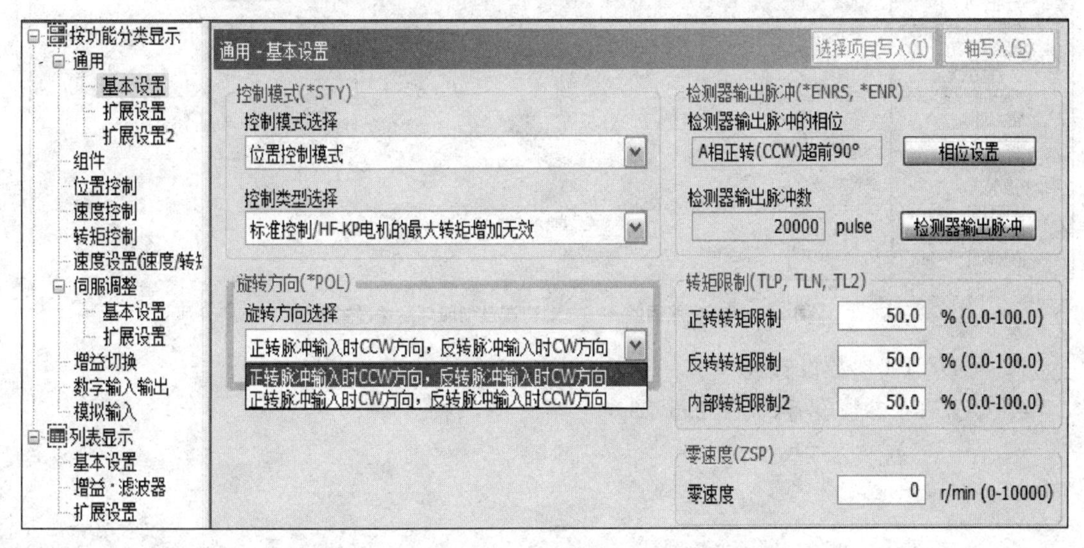

图 2.3.26　伺服基本参数——旋转方向及转矩限制设置界面

② 电子齿轮及指令脉冲输入形式设置(见图 2.3.27)

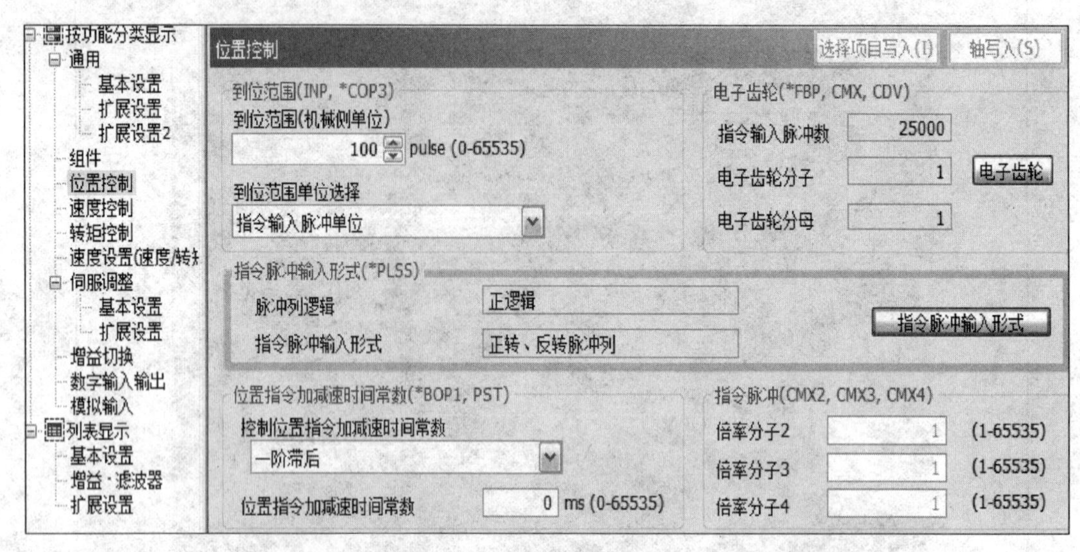

图 2.3.27　伺服参数——电子齿轮及指令脉冲输入形式设置界面

③ 自动调谐及伺服环增益设置(见图 2.3.28)

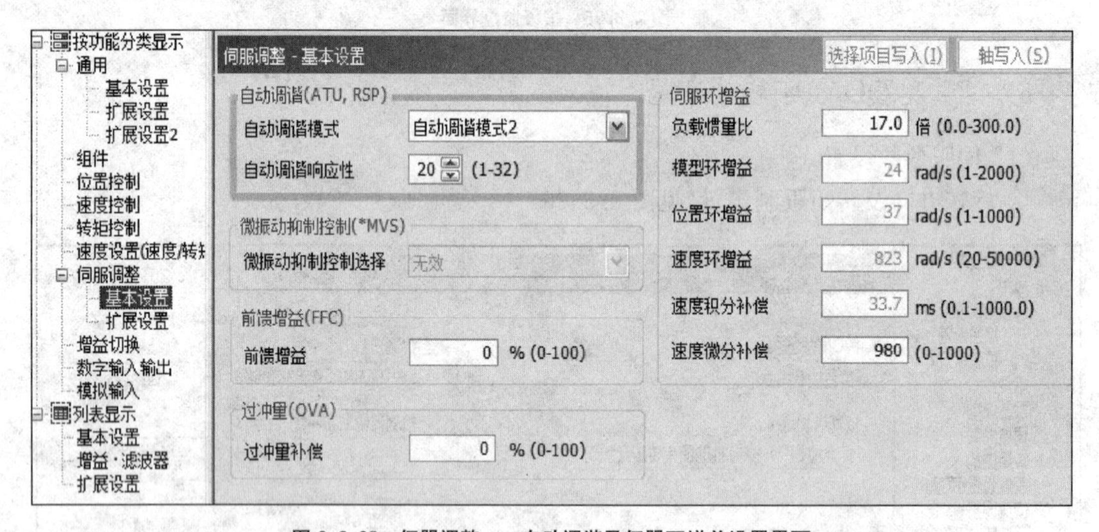

图 2.3.28　伺服调整——自动调谐及伺服环增益设置界面

(2) QD75P4 参数设置

① QD75P4 参数设置(见图 2.3.29)

项目	轴1	轴2
基本参数1	根据机械设备和相应电机，在系统启动时进行设置（根据可编程控制器就绪信号启用）。	
单位设置	3:pulse	3:pulse
每转的脉冲数	20000 pulse	20000 pulse
每转的移动量	20000 pulse	20000 pulse
单位倍率	1:x1倍	1:x1倍
脉冲输出模式	1:CW/CCW模式	1:CW/CCW模式
旋转方向设置	0:通过正转脉冲输出增加当前值	0:通过正转脉冲输出增加当前值
启动时偏置速度	0 pulse/s	0 pulse/s
基本参数2	根据机械设备和相应电机，在系统启动时进行设置。	
速度限制值	200000 pulse/s	200000 pulse/s
加速时间0	1 ms	100 ms
减速时间0	1 ms	100 ms
详细参数1	与系统配置匹配，系统启动时设置（根据可编程控制器就绪信号启用）。	
齿隙补偿量	0 pulse	0 pulse
软件行程限位上限值	2147483647 pulse	2147483647 pulse
软件行程限位下限值	-2147483648 pulse	-2147483648 pulse
软件行程限位选择	0:对进给当前值进行软件限位	0:对进给当前值进行软件限位
启用/禁用软件行程限位设置	1:禁用	1:禁用
指令到位范围	100 pulse	100 pulse
转矩限制设定值	300 %	300 %
M代码ON信号输出时序	0:WITH模式	0:WITH模式
速度切换模式	0:标准速度切换模式	0:标准速度切换模式
插补速度指定方法	0:合成速度	0:合成速度
速度控制时的进给当前值	0:不进行进给当前值的更新	0:不进行进给当前值的更新
输入信号逻辑选择:下限限位	1:正逻辑	0:负逻辑
输入信号逻辑选择:上限限位	1:正逻辑	0:负逻辑
输入信号逻辑选择:驱动器模块就绪	0:负逻辑	0:负逻辑
输入信号逻辑选择:停止信号	0:负逻辑	0:负逻辑
输入信号逻辑选择:外部指令	0:负逻辑	0:负逻辑
输入信号逻辑选择:零点信号	0:负逻辑	0:负逻辑
输入信号逻辑选择:近点DOG信号	0:负逻辑	0:负逻辑
输入信号逻辑选择:手动脉冲发生器输入	0:负逻辑	0:负逻辑
输出信号逻辑选择:指令脉冲信号	0:负逻辑	0:负逻辑
输出信号逻辑选择:偏差计数器清除	0:负逻辑	0:负逻辑
手动脉冲发生器输入选择	0:A相/B相模式(4倍频)	
速度·位置功能选择	0:速度·位置切换控制(INC模式)	0:速度·位置切换控制(INC模式)
详细参数2	与系统配置匹配，系统启动时设置（必要时设置）。	
加速时间1	1000 ms	1000 ms
加速时间2	1000 ms	1000 ms
加速时间3	1000 ms	1000 ms
减速时间1	1000 ms	1000 ms
减速时间2	1000 ms	1000 ms
减速时间3	1000 ms	1000 ms
JOG速度限制值	200000 pulse/s	200000 pulse/s
JOG运行加速时间选择	0:1	0:100
JOG运行减速时间选择	0:1	0:100
加减速处理选择	1:S字形曲线加减速处理	1:S字形曲线加减速处理
S字比率	100 %	100 %
快速停止减速时间	10 ms	100 ms
停止组1快速停止选择	1:急停止	1:急停止
停止组2快速停止选择	1:急停止	1:急停止
停止组3快速停止选择	1:急停止	1:急停止
定位完成信号输出时间	30 ms	300 ms
圆弧插补间误差允许范围	100 pulse	100 pulse
外部指令功能选择	0:外部定位启动	0:外部定位启动
原点回归基本参数	设置用于进行原点回归控制所需要的值（根据可编程控制器就绪信号启用）。	
原点回归方式	0:近点DOG型	0:近点DOG型
原点回归方向	0:正方向(地址增加方向)	0:正方向(地址增加方向)
原点地址	0 pulse	0 pulse
原点回归速度	1 pulse/s	1 pulse/s
爬行速度	1 pulse/s	1 pulse/s
原点回归重试	0:不通过限位开关进行原点回归重试	0:不通过限位开关进行原点回归重试

图 2.3.29　QD75P4 参数设置界面

② QD75P4 轴 1 定位数据设置(见图 2.3.30)

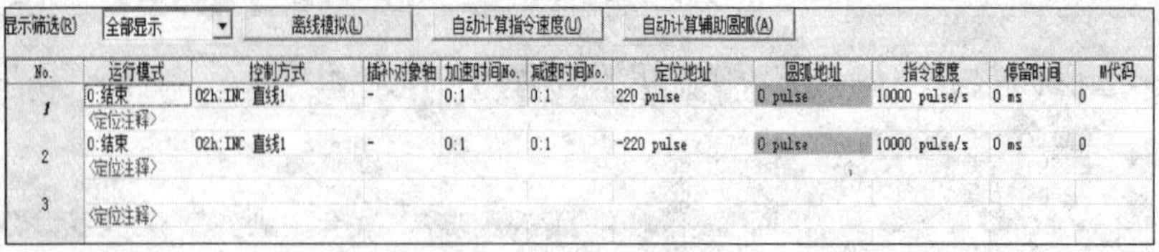

显示筛选(R)　全部显示　离线模拟(L)　自动计算指令速度(U)　自动计算辅助圆弧(A)

No.	运行模式	控制方式	插补对象轴	加速时间No.	减速时间No.	定位地址	圆弧地址	指令速度	停留时间	M代码
1	0:结束 〈定位注释〉	02h:INC 直线1	-	0:1	0:1	220 pulse	0 pulse	10000 pulse/s	0 ms	0
2	0:结束 〈定位注释〉	02h:INC 直线1	-	0:1	0:1	-220 pulse	0 pulse	10000 pulse/s	0 ms	0
3	〈定位注释〉									

图 2.3.30　QD75P4 轴 1 定位数据设置界面

7）参考程序

PLC 梯形图程序(见图 2.3.31)

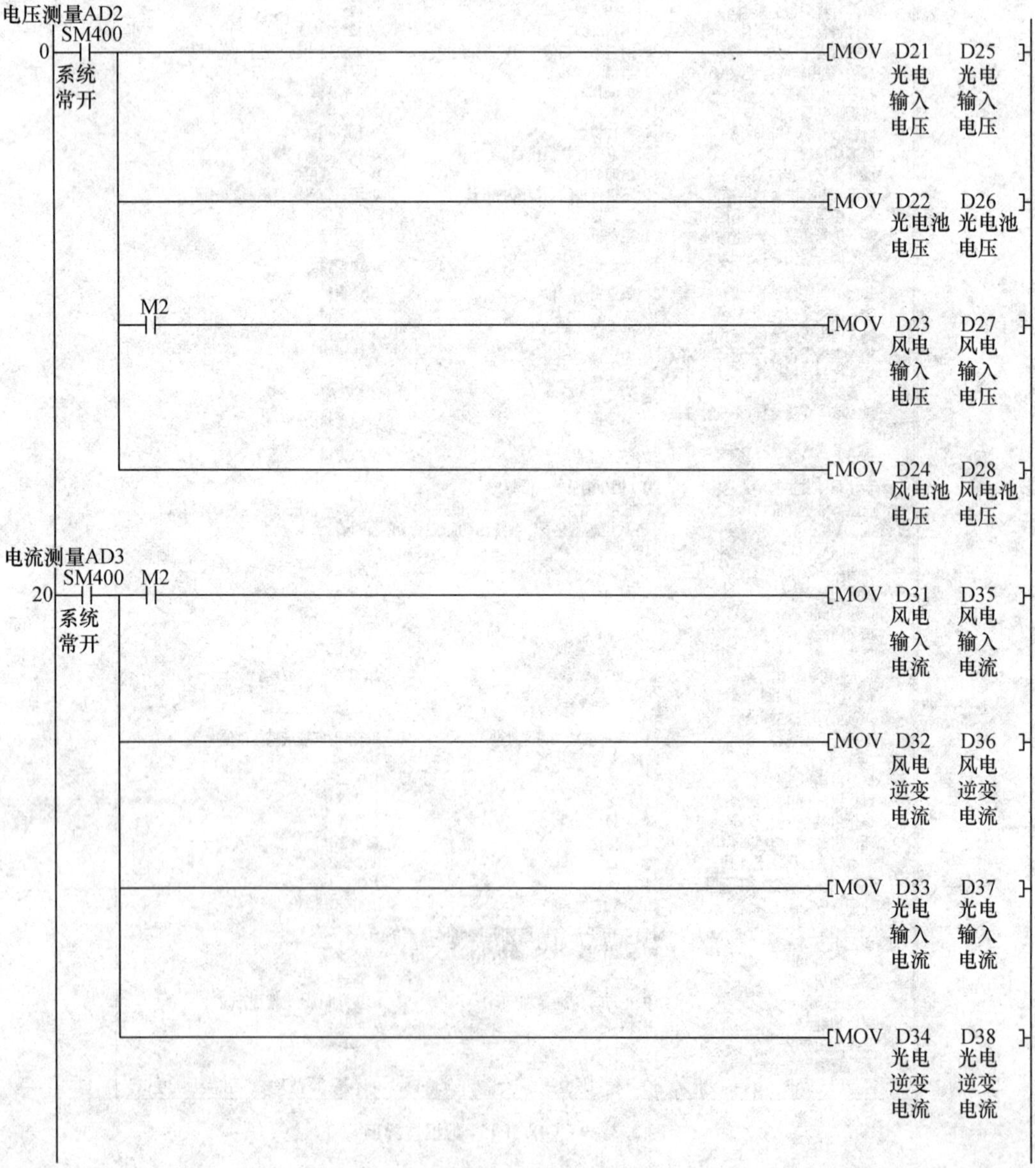

```
电压测量AD2
   SM400
0 ─┤├─────────────────────────[MOV D21      D25     ]
   系统                              光电     光电
   常开                              输入     输入
                                     电压     电压
     ├────────────────────────[MOV D22      D26     ]
                                     光电池   光电池
                                     电压     电压
     │  M2
     ├─┤├─────────────────────[MOV D23      D27     ]
                                     风电     风电
                                     输入     输入
                                     电压     电压
     └────────────────────────[MOV D24      D28     ]
                                     风电池   风电池
                                     电压     电压
电流测量AD3
    SM400  M2
20 ─┤├────┤├──────────────────[MOV D31      D35     ]
    系统                             风电     风电
    常开                             输入     输入
                                     电流     电流
     ├────────────────────────[MOV D32      D36     ]
                                     风电     风电
                                     逆变     逆变
                                     电流     电流
     ├────────────────────────[MOV D33      D37     ]
                                     光电     光电
                                     输入     输入
                                     电流     电流
     └────────────────────────[MOV D34      D38     ]
                                     光电     光电
                                     逆变     逆变
                                     电流     电流
```

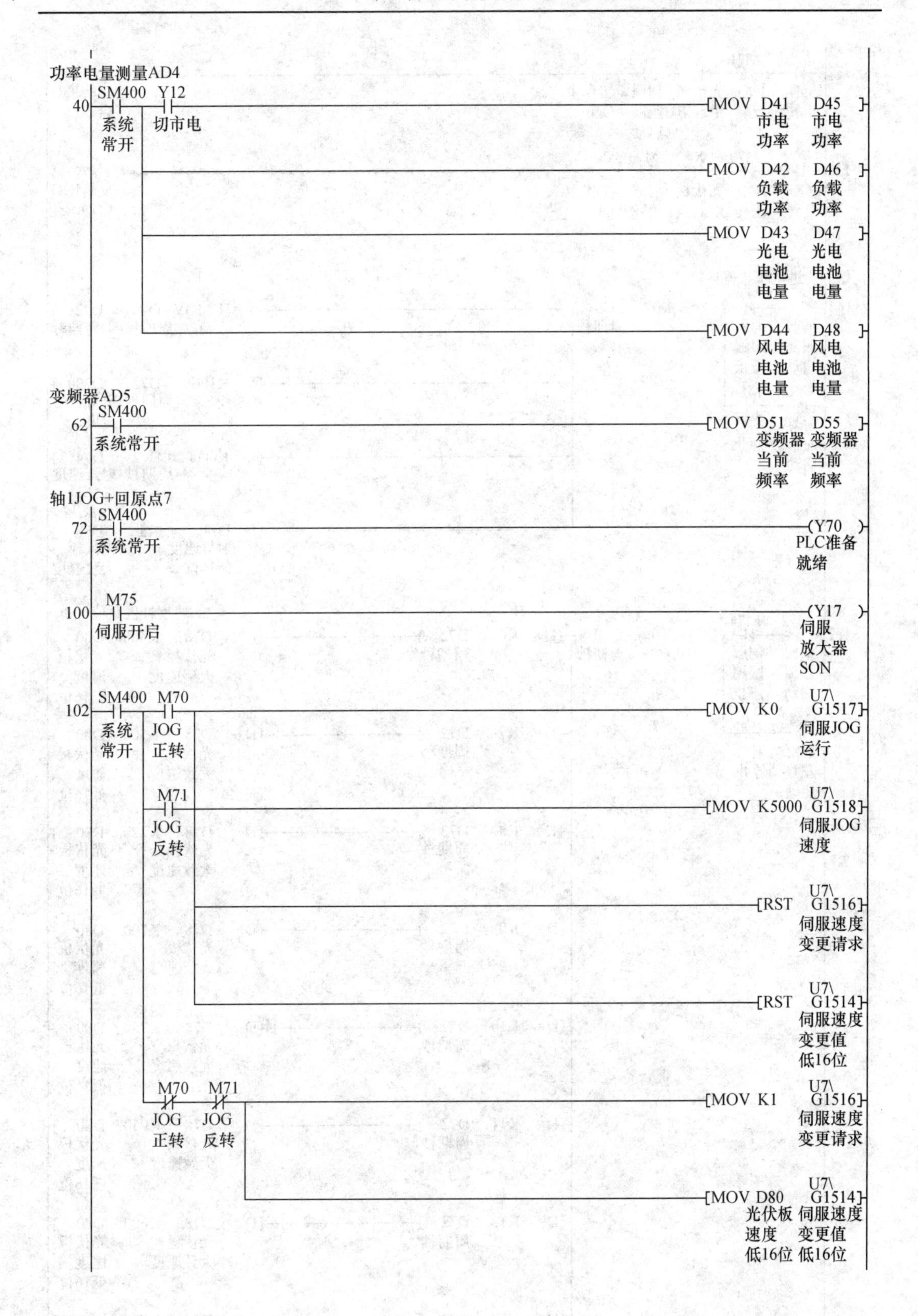

功率电量测量AD4
40
SM400
系统常开
Y12
切市电
[MOV D41 D45]
市电功率 市电功率
[MOV D42 D46]
负载功率 负载功率
[MOV D43 D47]
光电电池电量 光电电池电量
[MOV D44 D48]
风电电池电量 风电电池电量
变频器AD5
62
SM400
系统常开
[MOV D51 D55]
变频器当前频率 变频器当前频率
轴1JOG+回原点7
72
SM400
系统常开
(Y70)
PLC准备就绪
100
M75
伺服开启
(Y17)
伺服放大器SON
102
SM400
系统常开
M70
JOG正转
[MOV K0 U7\G1517]
伺服JOG运行
M71
JOG反转
[MOV K5000 U7\G1518]
伺服JOG速度
[RST U7\G1516]
伺服速度变更请求
[RST U7\G1514]
伺服速度变更值低16位
M70
JOG正转
M71
JOG反转
[MOV K1 U7\G1516]
伺服速度变更请求
[MOV D80 U7\G1514]
光伏板速度低16位 伺服速度变更值低16位

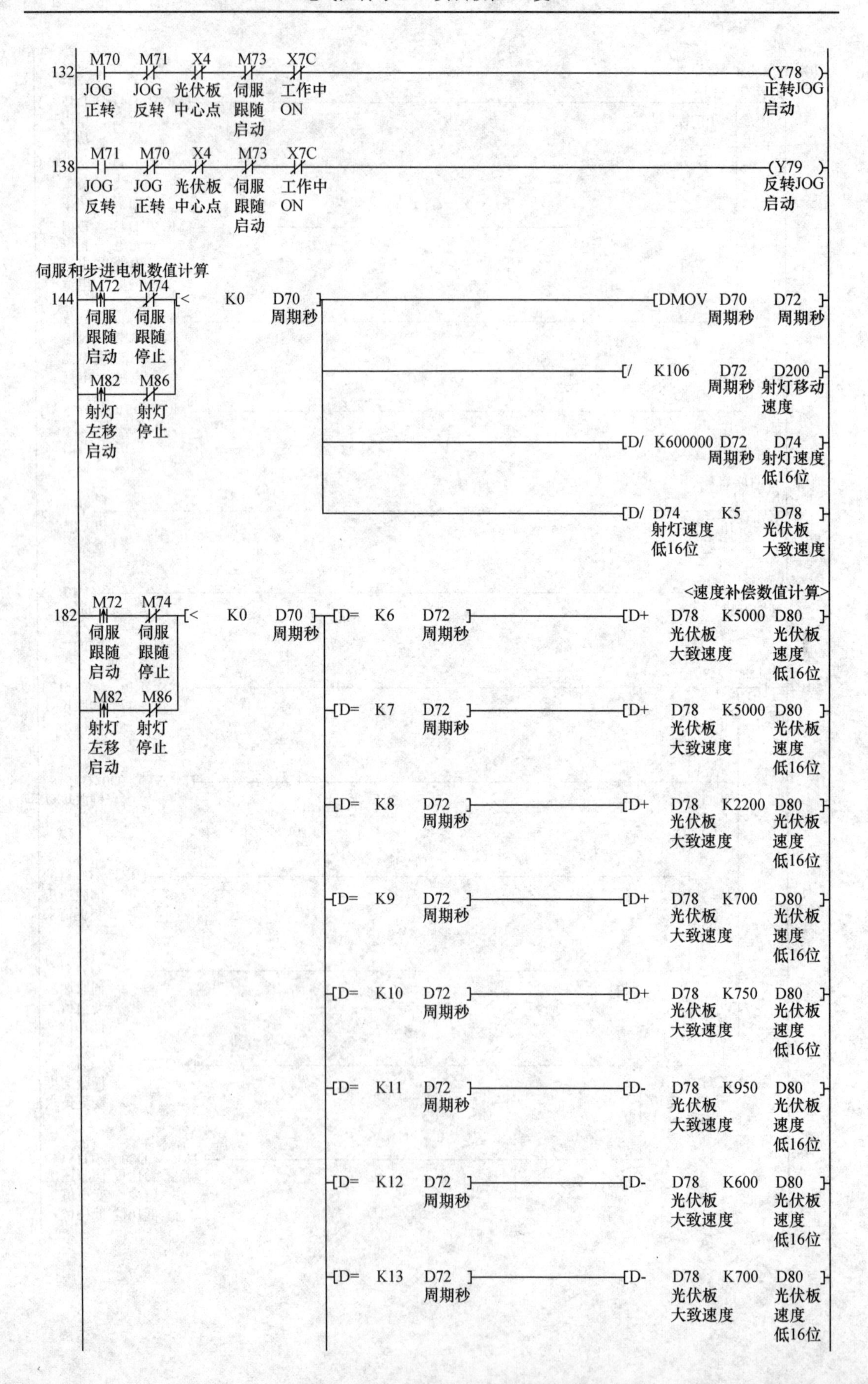
132
M70 M71 X4 M73 X7C
JOG正转 JOG反转 光伏板中心点 伺服跟随启动 工作中ON
Y78 正转JOG启动
138
M71 M70 X4 M73 X7C
JOG反转 JOG正转 光伏板中心点 伺服跟随启动 工作中ON
Y79 反转JOG启动
伺服和步进电机数值计算
144
M72 伺服跟随启动 M74 伺服跟随停止
M82 射灯左移启动 M86 射灯停止
[< K0 D70 周期秒]
[DMOV D70 周期秒 D72 周期秒]
[/ K106 D72 周期秒 D200 射灯移动速度]
[D/ K600000 D72 周期秒 D74 射灯速度低16位]
[D/ D74 射灯速度低16位 K5 D78 光伏板大致速度]
<速度补偿数值计算>
182
M72 伺服跟随启动 M74 伺服跟随停止
M82 射灯左移启动 M86 射灯停止
[< K0 D70 周期秒]
[D= K6 D72 周期秒] [D+ D78 光伏板大致速度 K5000 D80 光伏板速度低16位]
[D= K7 D72 周期秒] [D+ D78 光伏板大致速度 K5000 D80 光伏板速度低16位]
[D= K8 D72 周期秒] [D+ D78 光伏板大致速度 K2200 D80 光伏板速度低16位]
[D= K9 D72 周期秒] [D+ D78 光伏板大致速度 K700 D80 光伏板速度低16位]
[D= K10 D72 周期秒] [D+ D78 光伏板大致速度 K750 D80 光伏板速度低16位]
[D= K11 D72 周期秒] [D- D78 光伏板大致速度 K950 D80 光伏板速度低16位]
[D= K12 D72 周期秒] [D- D78 光伏板大致速度 K600 D80 光伏板速度低16位]
[D= K13 D72 周期秒] [D- D78 光伏板大致速度 K700 D80 光伏板速度低16位]

比较指令	比较值	比较对象	运算指令	源操作数	减数	目标
[D=	K14	D72 周期秒]	[D-	D78 光伏板大致速度	K300	D80 光伏板速度低16位]
[D=	K15	D72 周期秒]	[D-	D78 光伏板大致速度	K700	D80 光伏板速度低16位]
[D=	K16	D72 周期秒]	[D-	D78 光伏板大致速度	K600	D80 光伏板速度低16位]
[D=	K17	D72 周期秒]	[D-	D78 光伏板大致速度	K900	D80 光伏板速度低16位]
[D=	K18	D72 周期秒]	[D-	D78 光伏板大致速度	K750	D80 光伏板速度低16位]
[D=	K19	D72 周期秒]	[D-	D78 光伏板大致速度	K950	D80 光伏板速度低16位]
[D=	K20	D72 周期秒]	[D-	D78 光伏板大致速度	K700	D80 光伏板速度低16位]
[D=	K21	D72 周期秒]	[D-	D78 光伏板大致速度	K700	D80 光伏板速度低16位]
[D=	K22	D72 周期秒]	[D-	D78 光伏板大致速度	K800	D80 光伏板速度低16位]
[D=	K23	D72 周期秒]	[D-	D78 光伏板大致速度	K840	D80 光伏板速度低16位]
[D=	K24	D72 周期秒]	[D-	D78 光伏板大致速度	K800	D80 光伏板速度低16位]
[D=	K25	D72 周期秒]	[D-	D78 光伏板大致速度	K710	D80 光伏板速度低16位]
[D=	K26	D72 周期秒]	[D-	D78 光伏板大致速度	K750	D80 光伏板速度低16位]

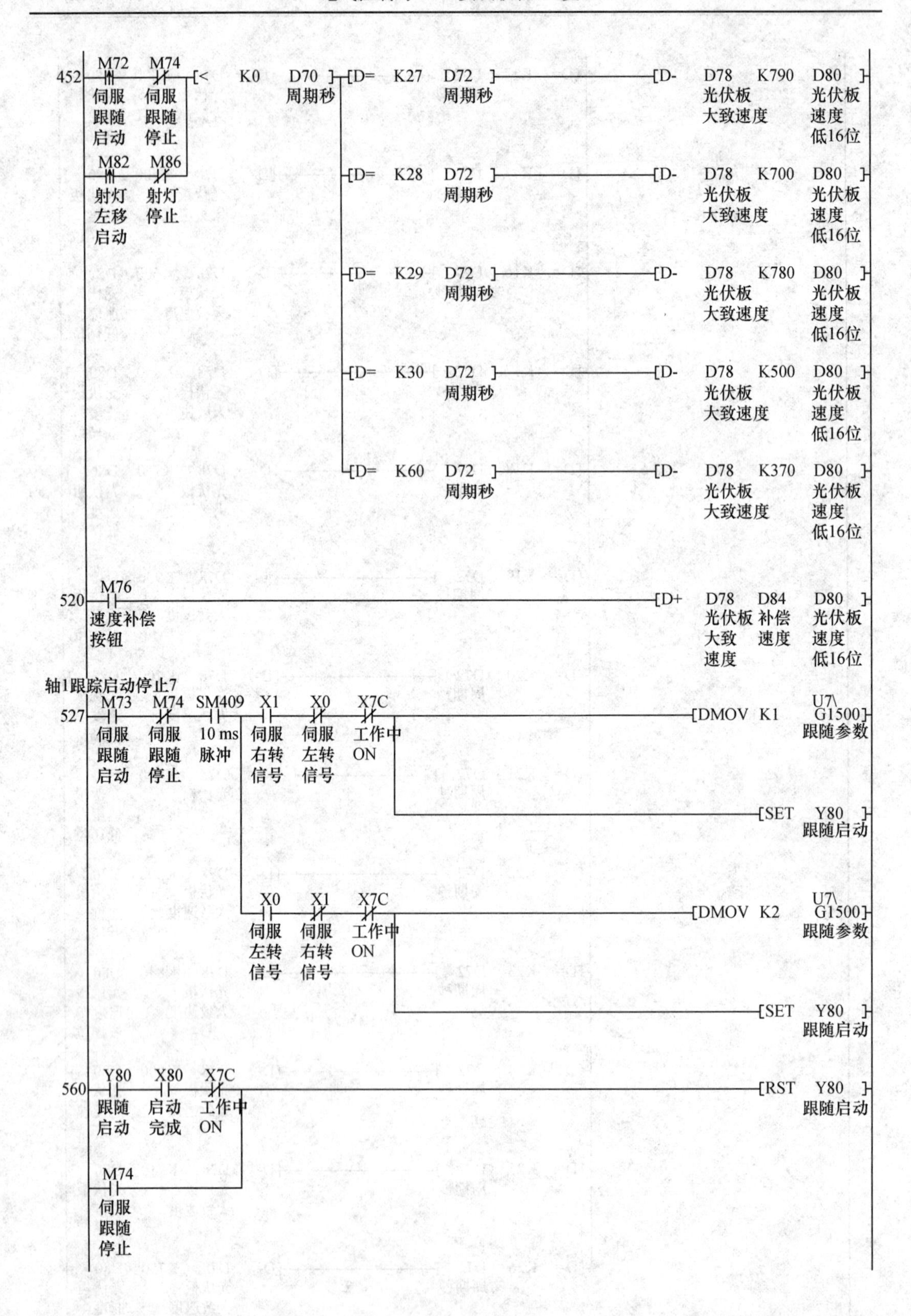
452
M72
伺服跟随启动
M74
伺服跟随停止
M82
射灯左移启动
M86
射灯停止
[< K0 D70]
周期秒
[D= K27 D72]
周期秒
[D- D78 K790 D80]
光伏板大致速度
光伏板速度低16位
[D= K28 D72]
[D- D78 K700 D80]
[D= K29 D72]
[D- D78 K780 D80]
[D= K30 D72]
[D- D78 K500 D80]
[D= K60 D72]
[D- D78 K370 D80]
520
M76
速度补偿按钮
[D+ D78 D84 D80]
光伏板大致速度
补偿速度
光伏板速度低16位
轴1跟踪启动停止7
527
M73
伺服跟随启动
M74
伺服跟随停止
SM409
10 ms脉冲
X1
伺服右转信号
X0
伺服左转信号
X7C
工作中ON
[DMOV K1 U7\G1500]
跟随参数
[SET Y80]
跟随启动
X0
伺服左转信号
X1
伺服右转信号
X7C
工作中ON
[DMOV K2 U7\G1500]
跟随参数
[SET Y80]
跟随启动
560
Y80
跟随启动
X80
启动完成
X7C
工作中ON
M74
伺服跟随停止
[RST Y80]
跟随启动

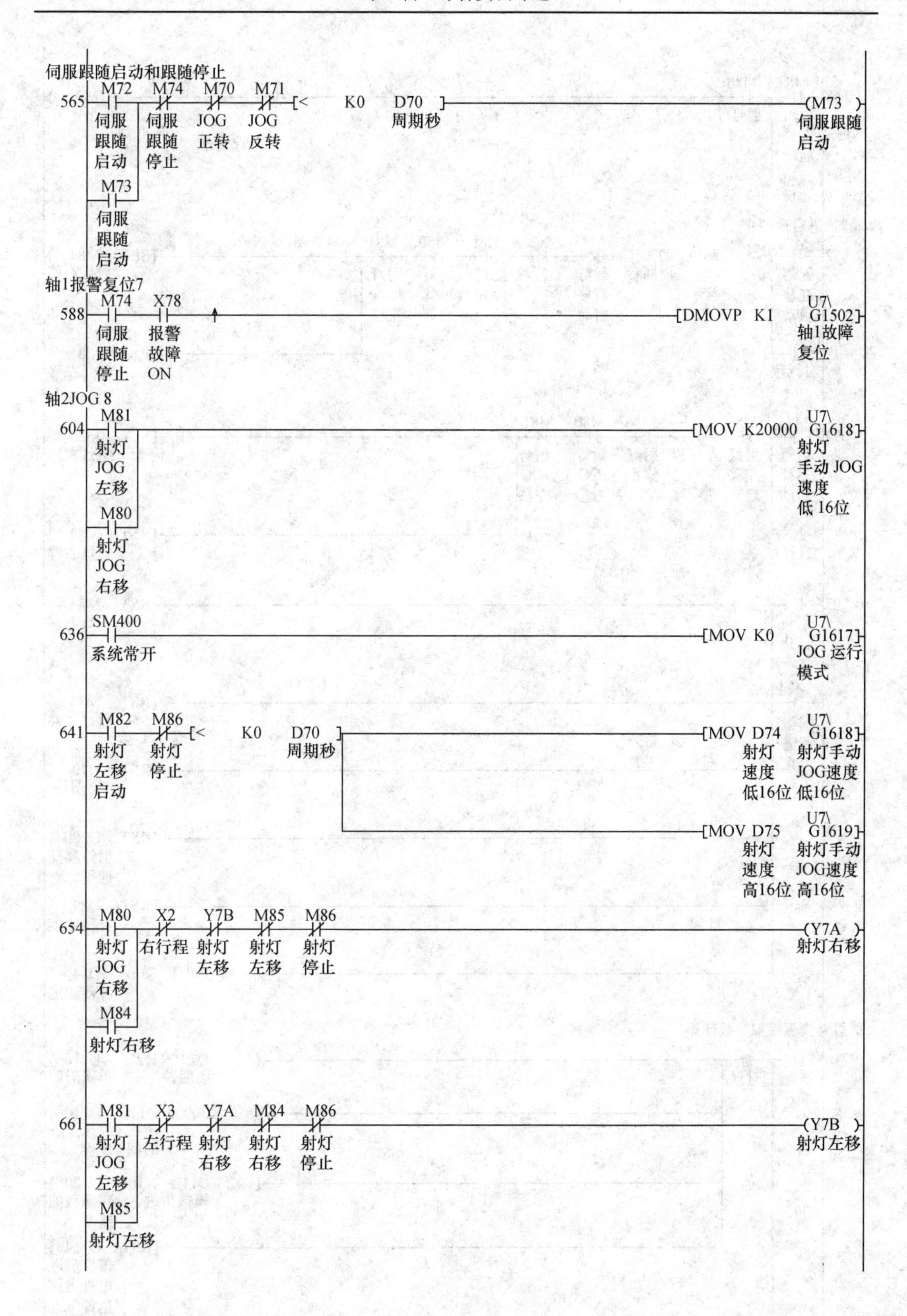
伺服跟随启动和跟随停止
565
M72
伺服跟随启动
M74
伺服跟随停止
M70
JOG正转
M71
JOG反转
[< K0 D70]
周期秒
(M73)
伺服跟随启动
M73
伺服跟随启动
轴1报警复位7
588
M74
伺服跟随停止
X78
报警故障ON
[DMOVP K1 U7\G1502]
轴1故障复位
轴2JOG 8
604
M81
射灯JOG左移
M80
射灯JOG右移
[MOV K20000 U7\G1618]
射灯手动JOG速度低16位
636
SM400
系统常开
[MOV K0 U7\G1617]
JOG运行模式
641
M82
射灯左移启动
M86
射灯停止
[< K0 D70]
周期秒
[MOV D74 U7\G1618]
射灯速度低16位
射灯手动JOG速度低16位
[MOV D75 U7\G1619]
射灯速度高16位
射灯手动JOG速度高16位
654
M80
射灯JOG右移
X2
右行程
Y7B
射灯左移
M85
射灯左移
M86
射灯停止
(Y7A)
射灯右移
M84
射灯右移
661
M81
射灯JOG左移
X3
左行程
Y7A
射灯右移
M84
射灯右移
M86
射灯停止
(Y7B)
射灯左移
M85
射灯左移

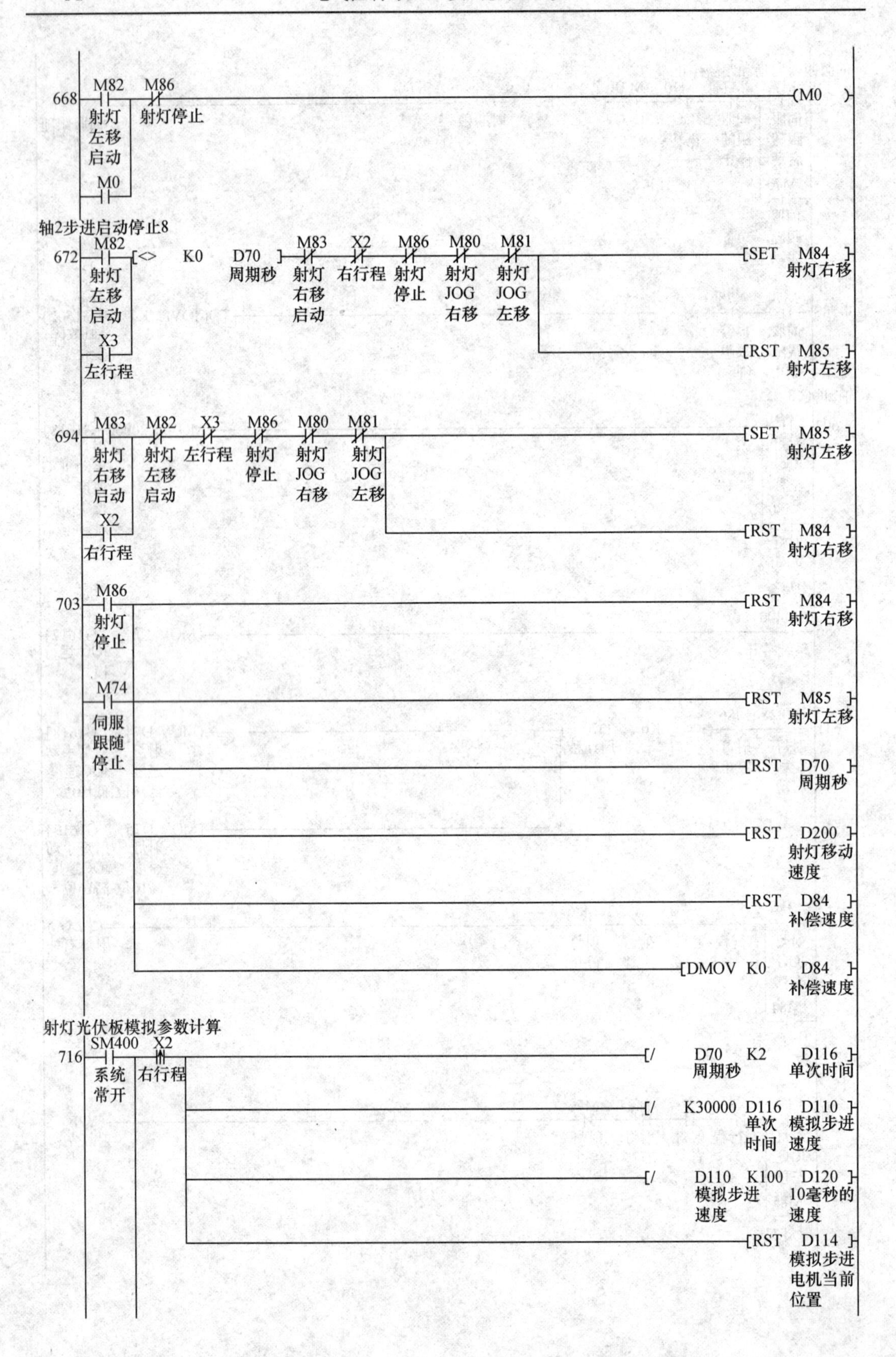
668
M82
射灯左移启动
M86
射灯停止
M0
(M0)
轴2步进启动停止8
672
M82
射灯左移启动
X3
左行程
[<> K0 D70]
周期秒
M83
射灯右移启动
X2
右行程
M86
射灯停止
M80
射灯JOG右移
M81
射灯JOG左移
[SET M84]
射灯右移
[RST M85]
射灯左移
694
M83
射灯右移启动
X2
右行程
M82
射灯左移启动
X3
左行程
M86
射灯停止
M80
射灯JOG右移
M81
射灯JOG左移
[SET M85]
射灯左移
[RST M84]
射灯右移
703
M86
射灯停止
M74
伺服跟随停止
[RST M84]
射灯右移
[RST M85]
射灯左移
[RST D70]
周期秒
[RST D200]
射灯移动速度
[RST D84]
补偿速度
[DMOV K0 D84]
补偿速度
射灯光伏板模拟参数计算
716
SM400
系统常开
X2
右行程
[/ D70 K2 D116]
周期秒
单次时间
[/ K30000 D116 D110]
单次时间
模拟步进速度
[/ D110 K100 D120]
模拟步进速度
10毫秒的速度
[RST D114]
模拟步进电机当前位置

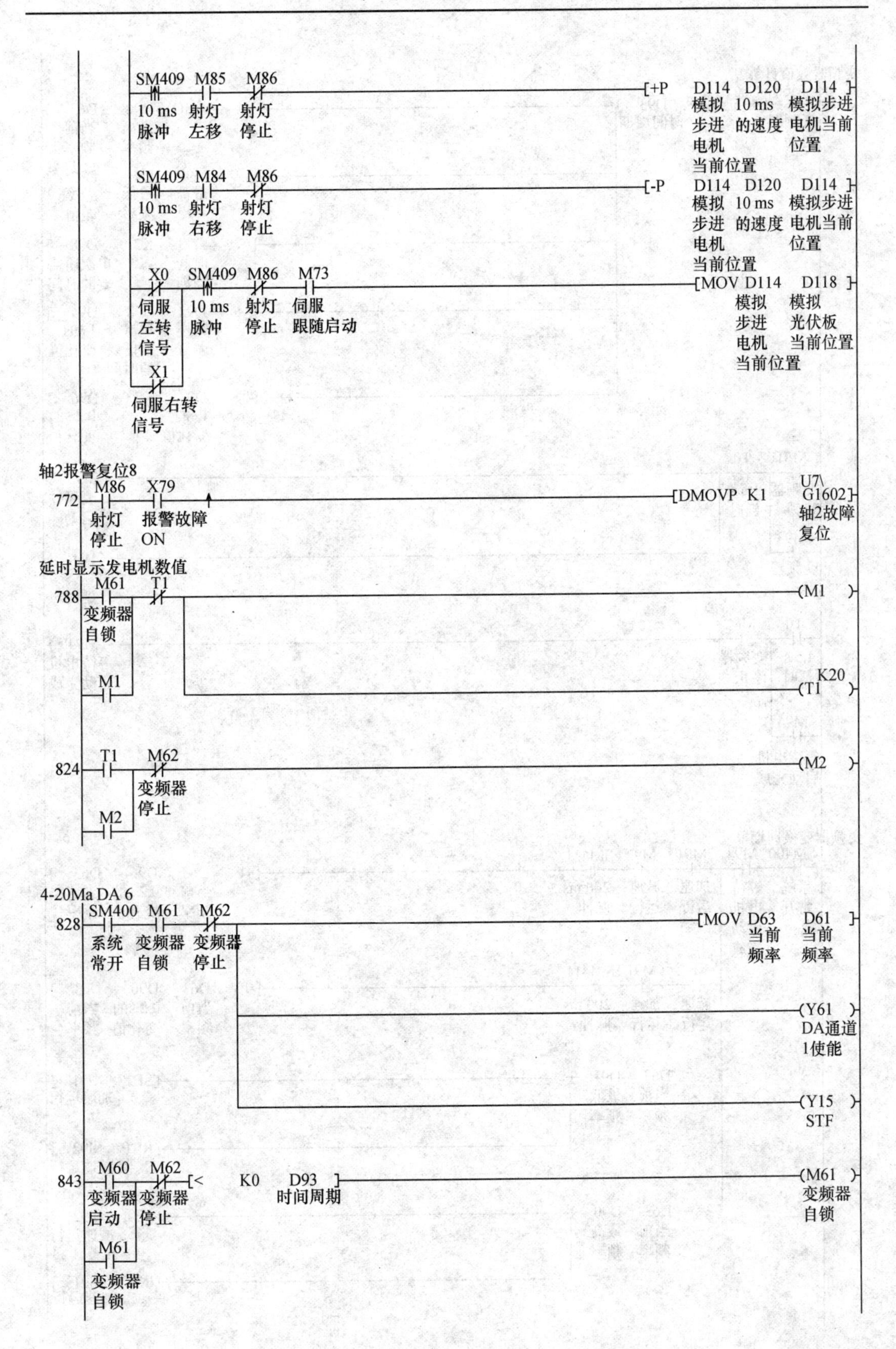
SM409 M85 M86
10 ms 脉冲
射灯 左移
射灯 停止
[+P D114 D120 D114]
模拟步进电机当前位置
10 ms 的速度
模拟步进电机当前位置
SM409 M84 M86
10 ms 脉冲
射灯 右移
射灯 停止
[-P D114 D120 D114]
X0 SM409 M86 M73
伺服左转信号
10 ms 脉冲
射灯 停止
伺服跟随启动
[MOV D114 D118]
模拟步进电机当前位置
模拟光伏板当前位置
X1
伺服右转信号
轴2报警复位8
772 M86 X79
射灯 停止
报警故障 ON
[DMOVP K1 U7\G1602]
轴2故障复位
延时显示发电机数值
788 M61 T1
变频器自锁
M1
(M1)
K20
(T1)
824 T1 M62
变频器停止
M2
(M2)
4-20Ma DA 6
828 SM400 M61 M62
系统常开
变频器自锁
变频器停止
[MOV D63 D61]
当前频率
当前频率
(Y61)
DA通道1使能
(Y15)
STF
843 M60 M62
变频器启动
变频器停止
[< K0 D93]
时间周期
(M61)
变频器自锁
M61
变频器自锁

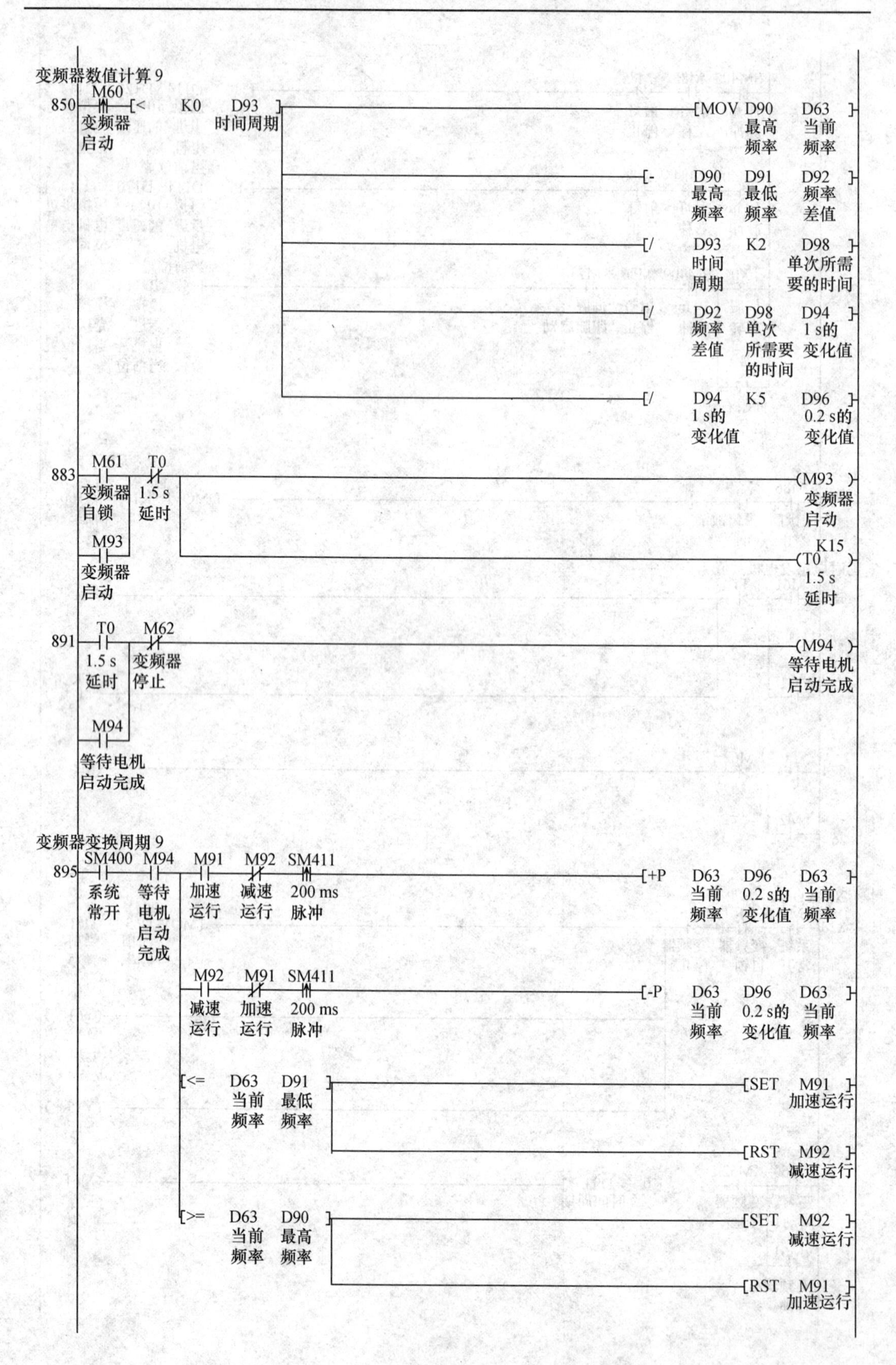
变频器数值计算 9
850
M60
变频器
启动
[< K0 D93 时间周期]
[MOV D90 最高频率 D63 当前频率]
[- D90 最高频率 D91 最低频率 D92 频率差值]
[/ D93 时间周期 K2 D98 单次所需要的时间]
[/ D92 频率差值 D98 单次所需要的时间 D94 1 s的变化值]
[/ D94 1 s的变化值 K5 D96 0.2 s的变化值]
883
M61
变频器
自锁
T0
1.5 s
延时
M93
变频器
启动
(M93 变频器启动)
K15
(T0 1.5 s 延时)
891
T0
1.5 s
延时
M62
变频器
停止
M94
等待电机
启动完成
(M94 等待电机启动完成)
变频器变换周期 9
895
SM400
系统
常开
M94
等待
电机
启动
完成
M91
加速
运行
M92
减速
运行
SM411
200 ms
脉冲
[+P D63 当前频率 D96 0.2 s的变化值 D63 当前频率]
[-P D63 当前频率 D96 0.2 s的变化值 D63 当前频率]
[<= D63 当前频率 D91 最低频率]
[SET M91 加速运行]
[RST M92 减速运行]
[>= D63 当前频率 D90 最高频率]
[SET M92 减速运行]
[RST M91 加速运行]

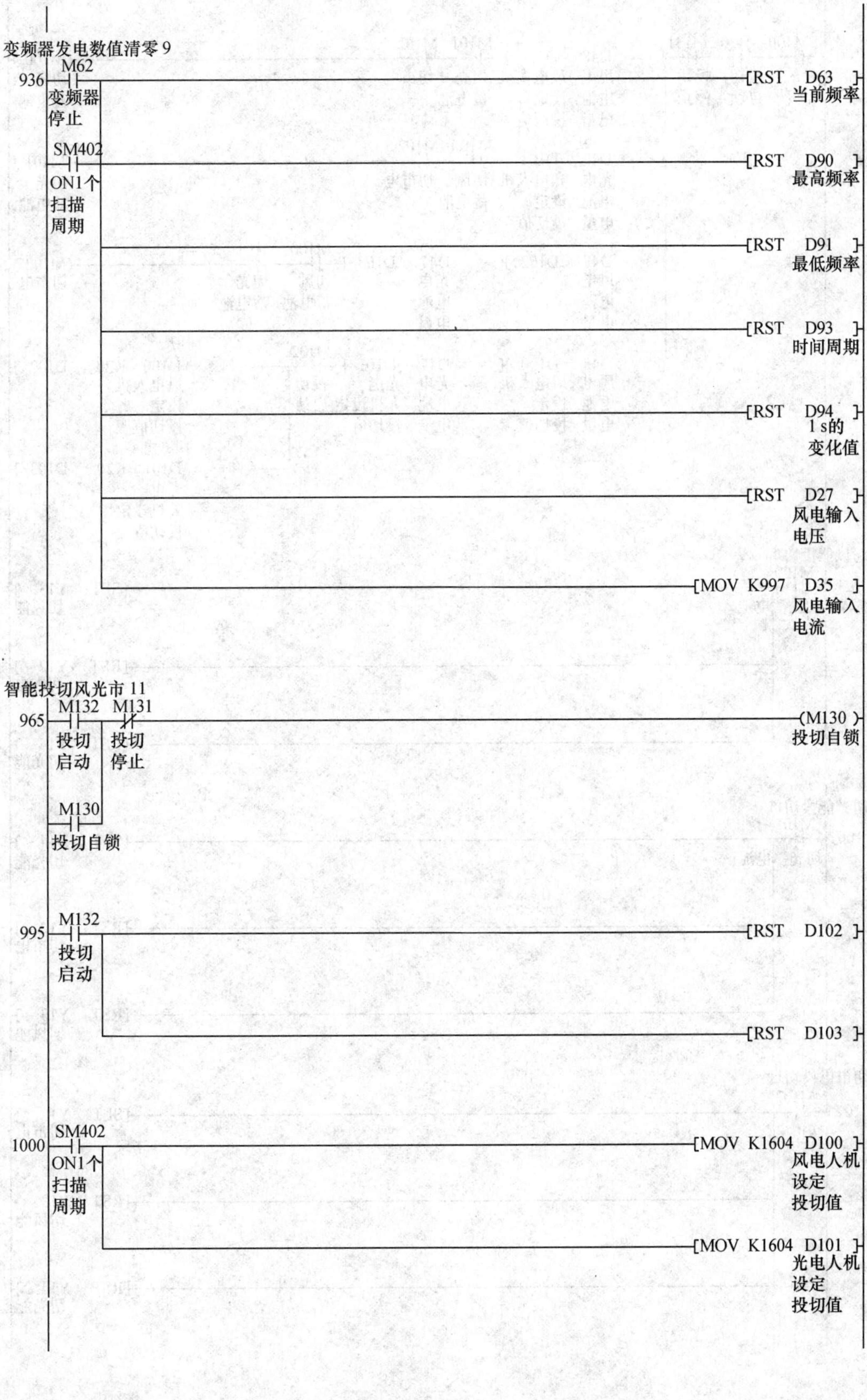

变频器发电数值清零 9

```
936  M62 (变频器停止) ──[RST D63]  当前频率
     SM402 (ON1个扫描周期) ──[RST D90]  最高频率
                          ──[RST D91]  最低频率
                          ──[RST D93]  时间周期
                          ──[RST D94]  1 s的变化值
                          ──[RST D27]  风电输入电压
                          ──[MOV K997 D35]  风电输入电流
```

智能投切风光市 11

```
965  M132 (投切启动) ── M131/ (投切停止) ──(M130)  投切自锁
     M130 (投切自锁)

995  M132 (投切启动) ──[RST D102]
                     ──[RST D103]

1000 SM402 (ON1个扫描周期) ──[MOV K1604 D100]  风电人机设定投切值
                          ──[MOV K1604 D101]  光电人机设定投切值
```

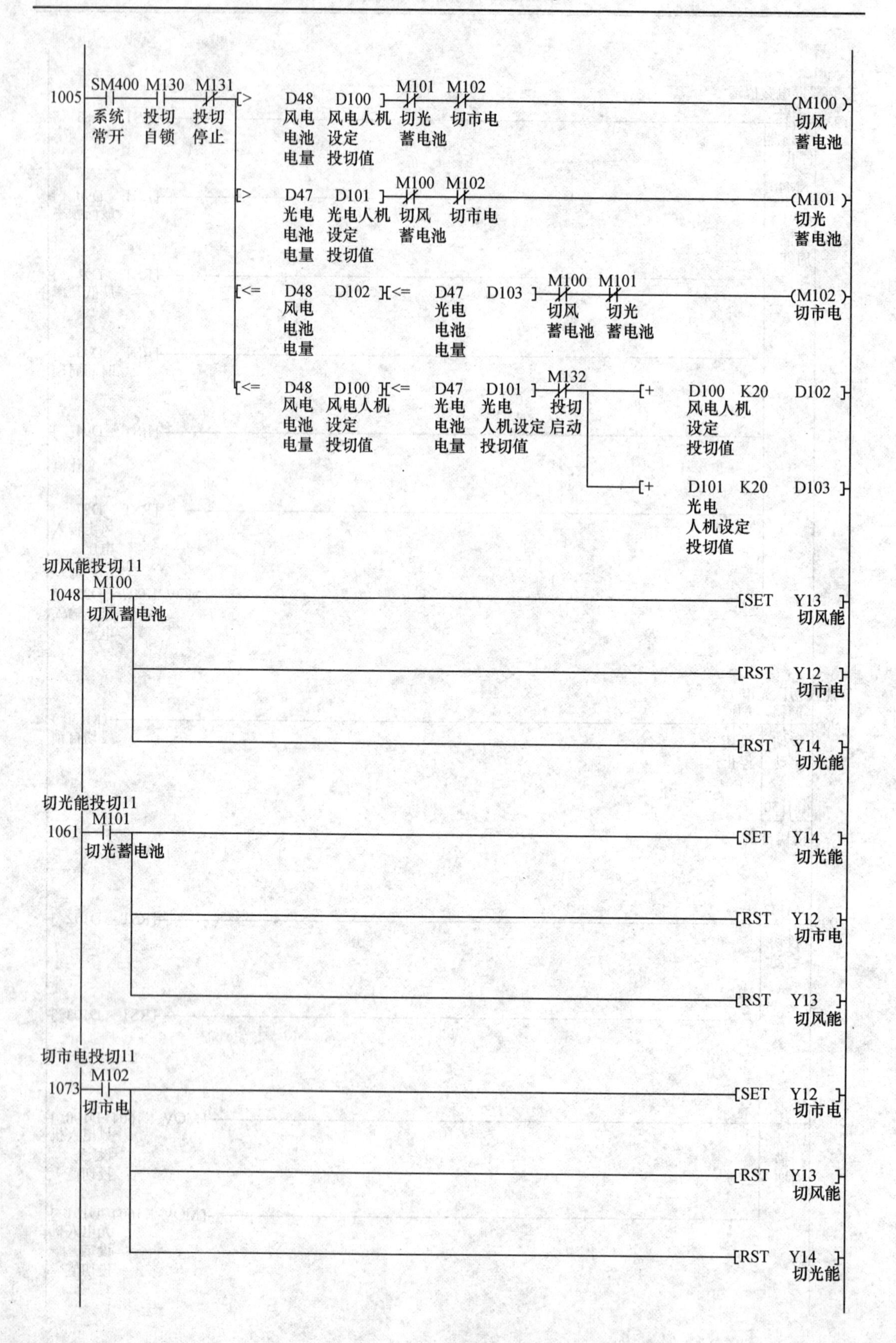
SM400 M130 M131
1005
系统 常开
投切 自锁
投切 停止
> D48 D100
风电 电池 电量
风电人机 设定 投切值
M101 M102
切光 蓄电池
切市电
M100 切风 蓄电池
> D47 D101
光电 电池 电量
光电人机 设定 投切值
M100 M102
切风 蓄电池
切市电
M101 切光 蓄电池
<= D48 D102
风电 电池 电量
<= D47 D103
光电 电池 电量
M100 M101
切风 蓄电池
切光 蓄电池
M102 切市电
<= D48 D100
风电 电池 电量
风电人机 设定 投切值
<= D47 D101
光电 电池 电量
光电 人机设定 投切值
M132 投切 启动
+ D100 K20 D102
风电人机 设定 投切值
+ D101 K20 D103
光电 人机设定 投切值
切风能投切 11
M100
1048
切风蓄电池
SET Y13 切风能
RST Y12 切市电
RST Y14 切光能
切光能投切11
M101
1061
切光蓄电池
SET Y14 切光能
RST Y12 切市电
RST Y13 切风能
切市电投切11
M102
1073
切市电
SET Y12 切市电
RST Y13 切风能
RST Y14 切光能

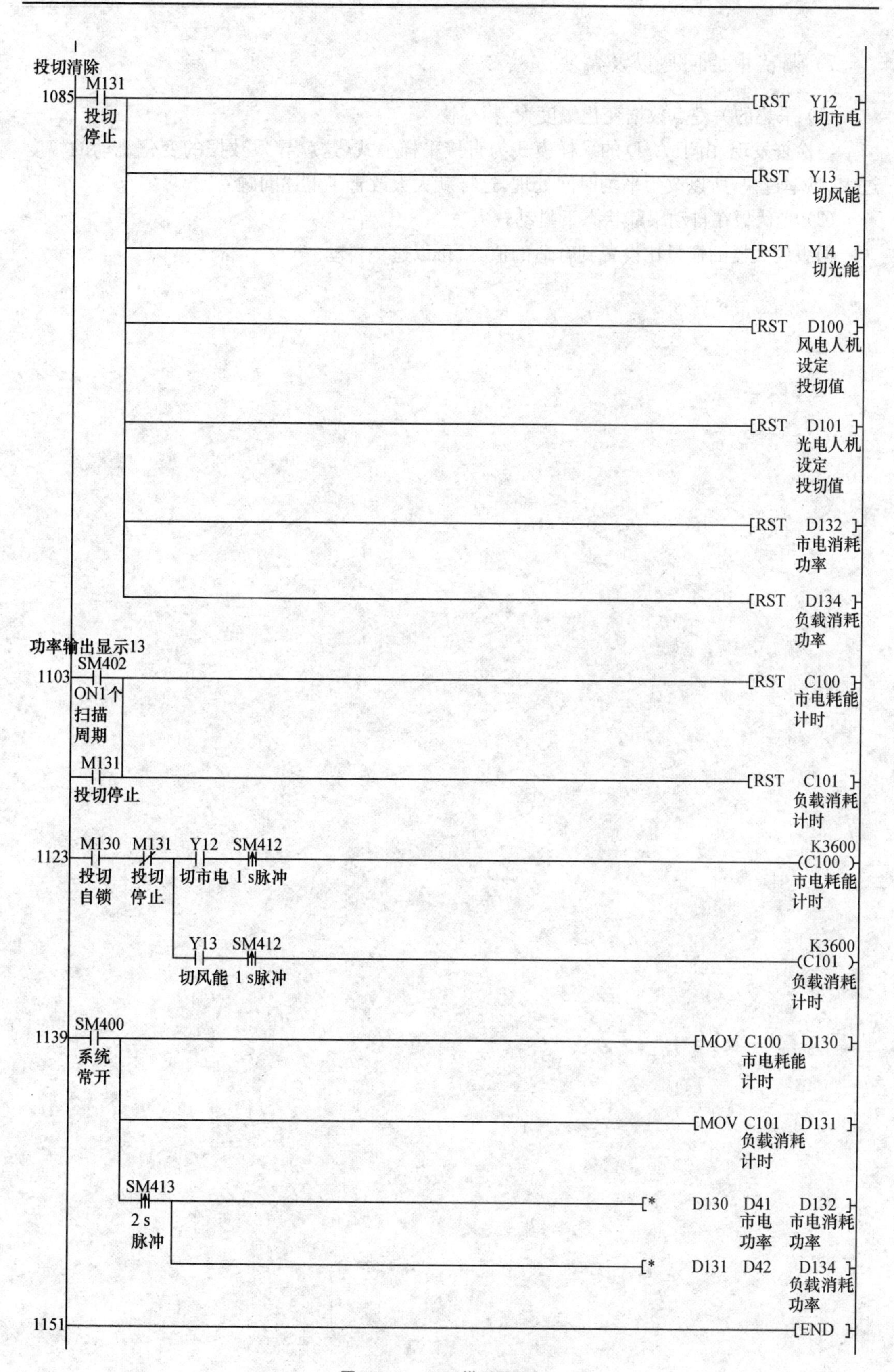

图2.3.31　PLC梯形图程序

7) 调试中的问题以及解决方法

(1) 采集的关键点数据变化幅度大、频率快

经检查发现,由于 A/D 的采样模式为直接采样模式,这就导致数据的变化跳动的幅度过大、频率过快,所以改为平均时间处理,这样就大大改善了上述问题。

(2) 光伏板在自动跟踪状态下抖动较大

伺服放大器的惯量比设置到合适的值,就可以避免抖动。

项目 4　串联关节工业机器人高速搬运控制系统设计

1) 系统结构(见图 2.4.1、图 2.4.2)

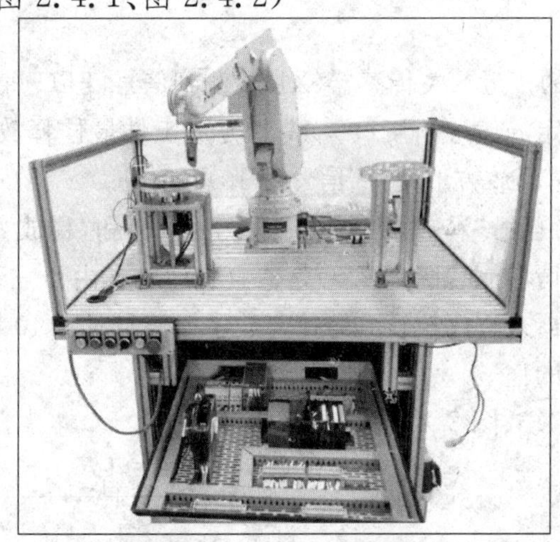

图 2.4.1　串联关节工业机器人高速搬运装置实物图

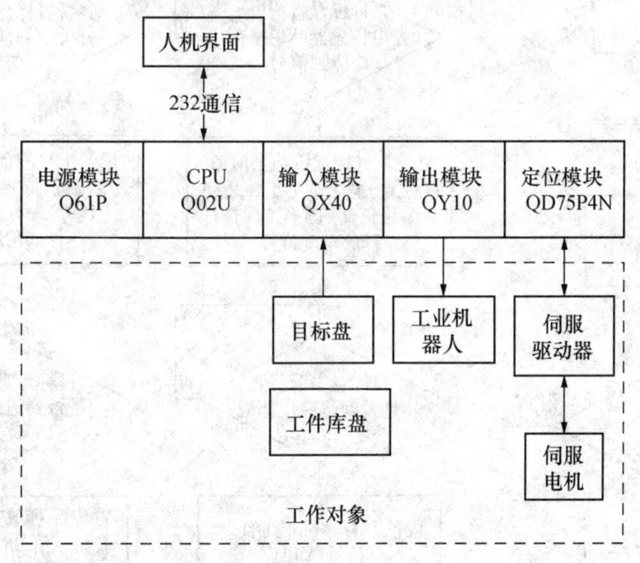

图 2.4.2　电气控制系统结构图

2) 工作原理

(1) 运行步骤

① 按下【启动】按键工业机器人高速搬运系统进行初始化。

垂直关节机器人运行到中间点位置，然后从库盘上按顺序抓取工件(先抓圆形工件再抓方形工件)，下一步运行到中间点位置，之后再运行到目标盘的工件放置点(圆形工件或方形工件放置点)，等待 PLC 的“释放”信号。接收到 PLC 的信号时，垂直关节机器人松开手爪，工件落入目标盘的工件库位内。

② 按下【启动】按键目标盘匀速转动

a. 目标盘机构上配置的光电传感器(X0)检测到信号(目标盘工件库位中心点配有小通孔)，PLC 将目标盘机构的当前旋转角度位置记录下来，补偿一个固定的角度偏移之后，获得一个圆形工件库位的角度，当电机运行到圆块工件偏移后的角度范围之后，PLC 发出“释放圆形工件”信号(Y12)。

b. 目标盘机构配置的接近开关传感器(X1)检测到信号，PLC 将目标盘机构的当前角度位置记录下来，补偿以固定的偏移角度(90°)得到方形工件最佳释放角度，当目标盘机构旋转至该角度时，PLC 发出“释放方形元件”信号(Y10)。

注：当按下【启动】按键后，“释放圆形元件”信号(Y12)和“释放方形元件”信号(Y10)在满足条件的情况下(详情请看流程图 2.4.3)是一直有效的。由于三菱工业机器人程序是按步执行的，所以当工业机器人程序执行到等待释放手抓信号时，Y10 和 Y12 发出的信号才是有效的，其他时候是无效的！

(2) 流程图(见图 2.4.3、图 2.4.4)

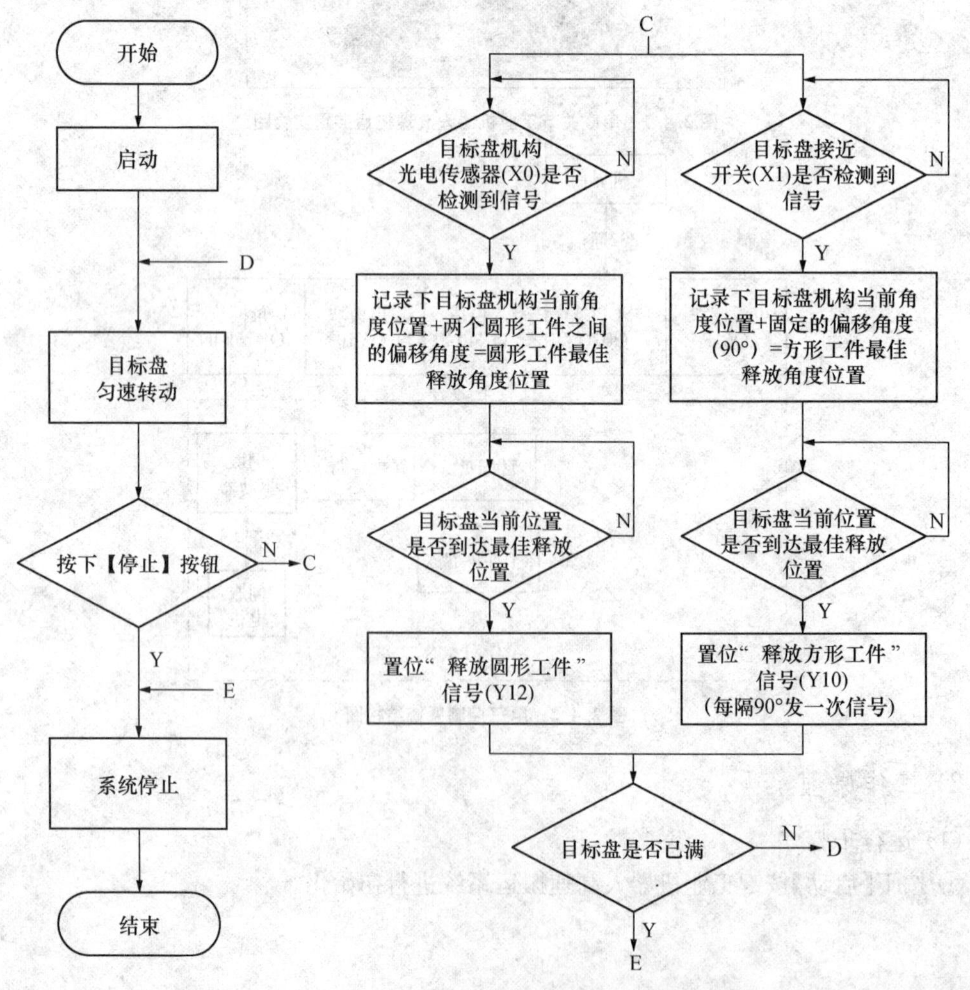

图 2.4.3　目标盘流程图

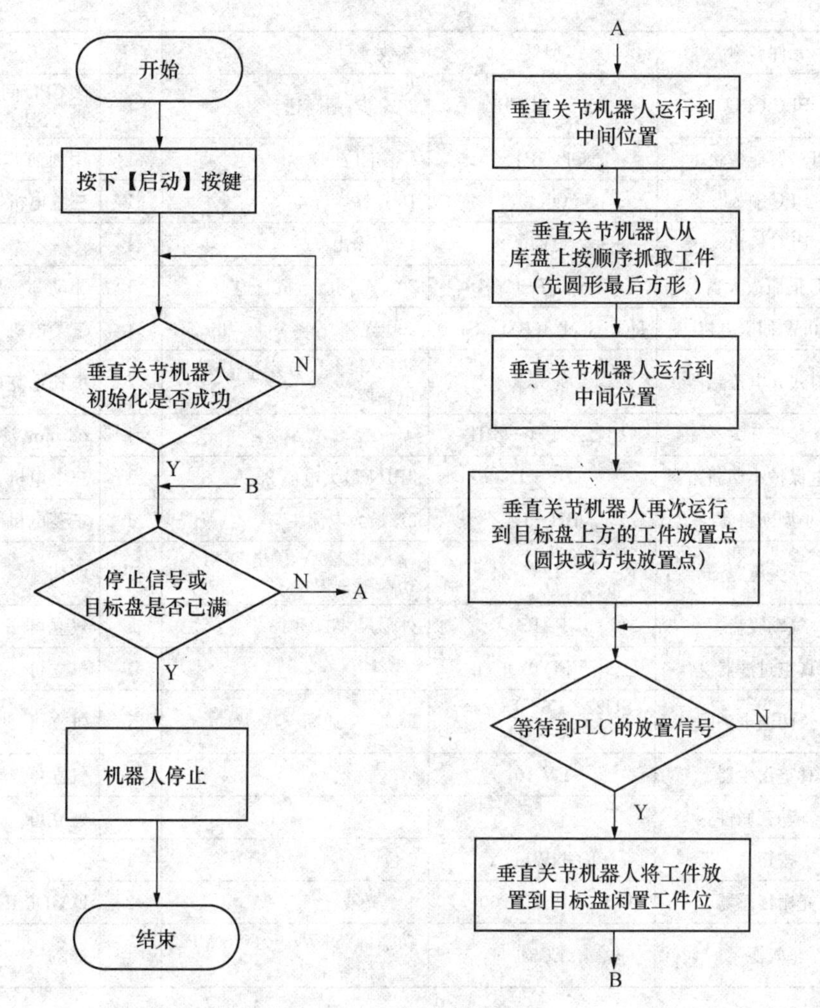

图 2.4.4　机器人工作流程图

3) 元件清单及 I/O 地址表(见表 2.4.1～表 2.4.3)

表 2.4.1　元器件清单

序号	元件名称		型号	参数	数量	备注
1	F 系列垂直关节工业机器人	机器人本体	RV－2FL－1D－S11	搬运重量 2 kg 臂展加长	1	三菱电机
		示教单元	R32TB－S03		1	
		并行输入/输出接口	2D－TZ368		1	
		手抓气管	1E－ST0408C		1	
		电磁阀	1E－VD02		1	
		外部 I/O 接线	2D－CBL05	输入 16 点，输出 16 点	1	
		配线用端子台转换工具	2F－CNUSR01M		1	
2	基板		Q38B	8 个插槽	1	三菱电机
3	Q PLC 电源		Q61P	输入 AC220 V，输出 DC5 V	1	三菱电机

续表 2.4.1

序号	元件名称	型号	参数	数量	备注
4	PLC CPU	Q02UDECPU	20K 步;超高速	1	多 CPU 间超高速通信,带 USB,以太网插口
5	PLC 智能模块	QD75P4N	4 轴定位	1	用到轴 1,轴 2
6	PLC 输入	QX40	16 点输入	1	三菱电机
7	PLC 输出	QY10	16 点输出	1	
8	JE 伺服放大器	MR−JE−20A	200 W 伺服电机直连	1	驱动 200 W 伺服电机
9	200 W 伺服电机	HG−KN23(B)J−S100	200 W	1	三菱电机
10	对射式光电传感器	BF3RX	防护等级 1,分辨率 1,结构单晶体	1	奥托尼克斯
11	接近开关	LJ12A3−4−Z/BX		1	ø8 mm,沪工
12	带漏电保护小型断路器	BV−D	3P1N 最大电流 25 A	1	三菱电机
13	小型断路器	BH−D4	2P 最大电流 15 A	1	三菱电机
14	开关电源	S−125−24	输入 AC220 V,输出 DC24 V,功率 125 W	1	明伟
15	气动吸盘	PAFS	外形尺寸 20×15	1	气立可
16	真空过滤器	VFD 0206		1	气立可
17	一位两通电磁阀	SU22−C6−DC24−W−M2	DC24 V 通断	1	气立可
18	真空发生器	EV 10		1	气立可
19	气动三联件			1	气立可
20	按钮盒	KGNW111Y	5 位	1	
21	光栅传感器	DQA 04−20−60−J	4 个光线	2	DAIDISIKE
22	气源	EC51	功率 0.75 kW,压力 0.8 MPa,空气桶容量 29 L	1	捷豹

表 2.4.2　六轴垂直关节机器人 I/O 地址表

输入点	使用端口及含义	电路图端口	输出点	使用端口及含义	电路图端口
DI0	停止	停止	DO0		
DI1			DO1		
DI2	复位	复位	DO2		
DI3	启动	启动	DO3		
DI4	操作权 1	权 1	DO4		
DI5			DO5		
DI6			DO6		
DI7	触发用子程序	信号 1	DO7		

续表 2.4.2

输入点	使用端口及含义	电路图端口	输出点	使用端口及含义	电路图端口
DI8	方形工件放置	信号 2	DO8	机器人抓取完成	信号 4
DI9	圆形工件放置	信号 3	DO9	气阀动作信号	气阀
DI10			DO10		
DI11			DO11		
DI12			DO12		
DI13			DO13		
DI14			DO14		
DI15			DO15		

表 2.4.3　PLC I/O 地址表

输入点	使用端口及含义	电路图端口	输出点	使用端口及含义	电路图端口
X2	按钮急停	急停	Y3	触发用子程序	信号 1
X21			Y31		
X22	按钮启动	启动	Y32	圆料放置	信号 3
X23			Y33		
X24	按钮停止	停止	Y34	方料放置	信号 2
X25			Y35		
X26	目标盘光电检测	光电对射	Y36	机器人启动	启动
X27			Y37		
X28	接近开关	接近开关	Y38	机器人停止	停止
X29			Y39		
X2A	机器人运行结束	信号 4	Y3A	机器人复位	复位
X2B			Y3B		
X2C			Y3C		
X2D			Y3D		
X2E			Y3E	机器人操作权	权 1
X2F			Y3F		

4) QD75 及伺服驱动器参数配置

(1) QD75P4N 参数设置,目标盘驱动轴为轴 1,设置界面如图 2.4.5 所示。

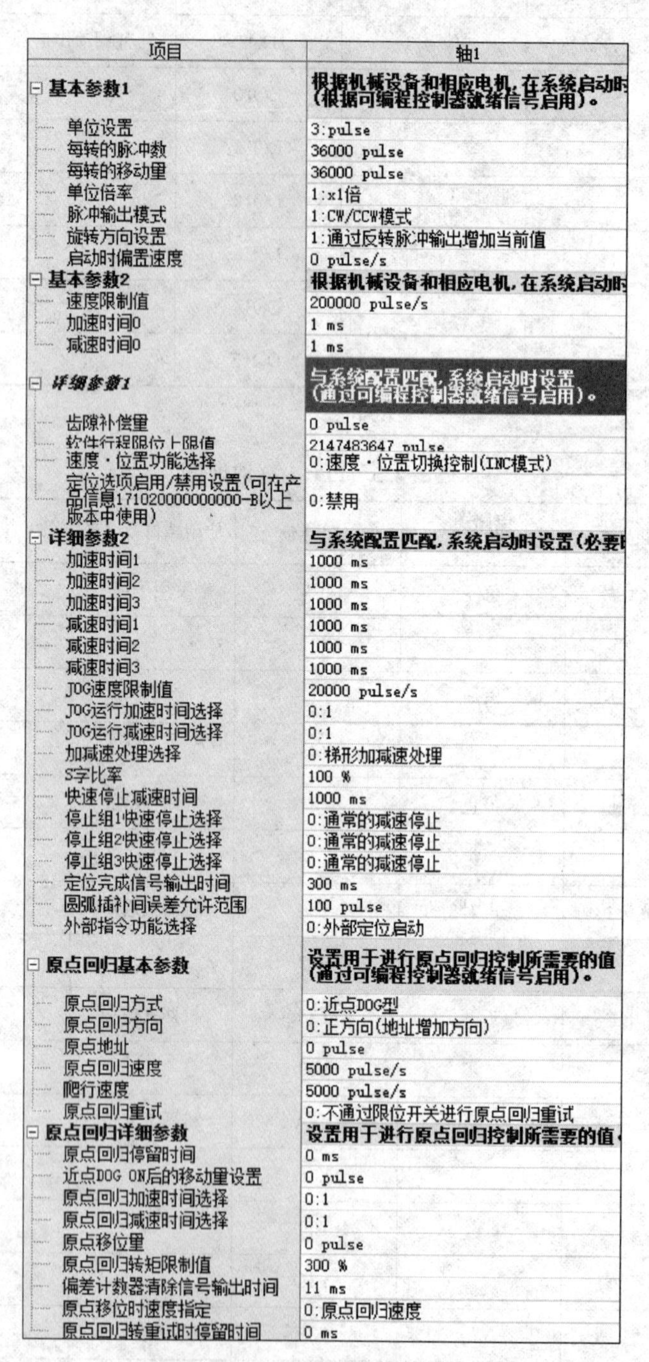

项目	轴1
基本参数1	**根据机械设备和相应电机,在系统启动时(根据可编程控制器就绪信号启用)。**
单位设置	3:pulse
每转的脉冲数	36000 pulse
每转的移动量	36000 pulse
单位倍率	1:x1倍
脉冲输出模式	1:CW/CCW模式
旋转方向设置	1:通过反转脉冲输出增加当前值
启动时偏置速度	0 pulse/s
基本参数2	**根据机械设备和相应电机,在系统启动时**
速度限制值	200000 pulse/s
加速时间0	1 ms
减速时间0	1 ms
详细参数1	**与系统配置匹配,系统启动时设置(通过可编程控制器就绪信号启用)。**
齿隙补偿量	0 pulse
软件行程限位上限值	2147483647 pulse
速度·位置功能选择	0:速度·位置切换控制(INC模式)
定位选项启用/禁用设置(可在产品信息171020000000000-B以上版本中使用)	0:禁用
详细参数2	**与系统配置匹配,系统启动时设置(必要**
加速时间1	1000 ms
加速时间2	1000 ms
加速时间3	1000 ms
减速时间1	1000 ms
减速时间2	1000 ms
减速时间3	1000 ms
JOG速度限制值	20000 pulse/s
JOG运行加速时间选择	0:1
JOG运行减速时间选择	0:1
加减速处理选择	0:梯形加减速处理
S字比率	100 %
快速停止减速时间	1000 ms
停止组1快速停止选择	0:通常的减速停止
停止组2快速停止选择	0:通常的减速停止
停止组3快速停止选择	0:通常的减速停止
定位完成信号输出时间	300 ms
圆弧插补间误差允许范围	100 pulse
外部指令功能选择	0:外部定位启动
原点回归基本参数	**设置用于进行原点回归控制所需要的值(通过可编程控制器就绪信号启用)。**
原点回归方式	0:近点DOG型
原点回归方向	0:正方向(地址增加方向)
原点地址	0 pulse
原点回归速度	5000 pulse/s
爬行速度	5000 pulse/s
原点回归重试	0:不通过限位开关进行原点回归重试
原点回归详细参数	**设置用于进行原点回归控制所需要的值**
原点回归停留时间	0 ms
近点DOG ON后的移动量设置	0 pulse
原点回归加速时间选择	0:1
原点回归减速时间选择	0:1
原点移位量	0 pulse
原点回归转矩限制值	300 %
偏差计数器清除信号输出时间	11 ms
原点移位时速度指定	0:原点回归速度
原点回归转重试时停留时间	0 ms

图 2.4.5　QD75P4N 轴 1 参数设置

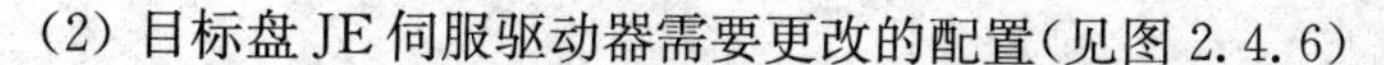

(2) 目标盘 JE 伺服驱动器需要更改的配置(见图 2.4.6)

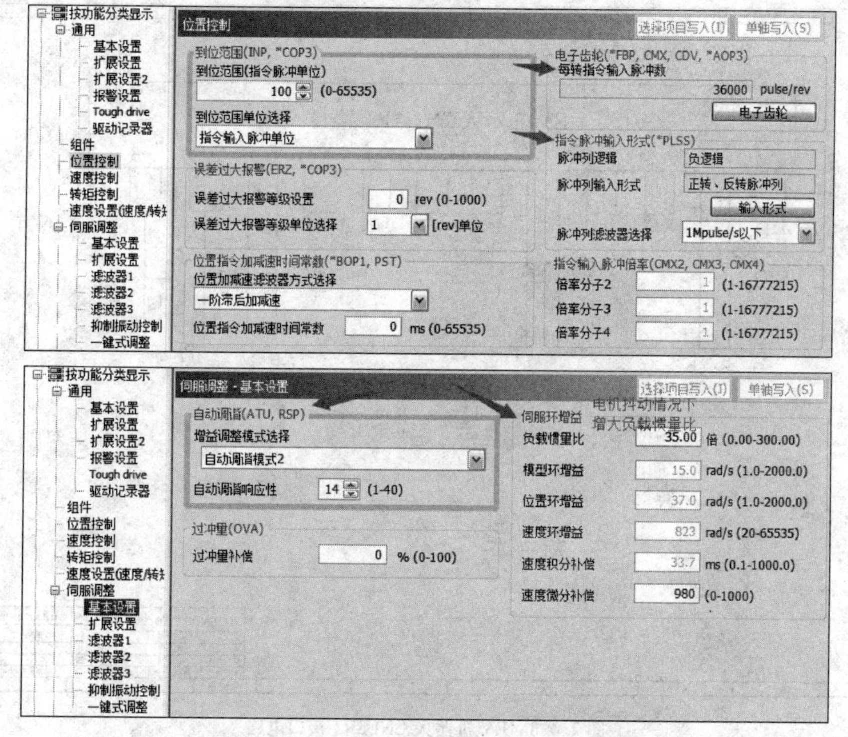

图 2.4.6　目标盘 JE 伺服驱动器主要参数设置

5) 系统电路(见图 2.4.7～图 2.4.11)

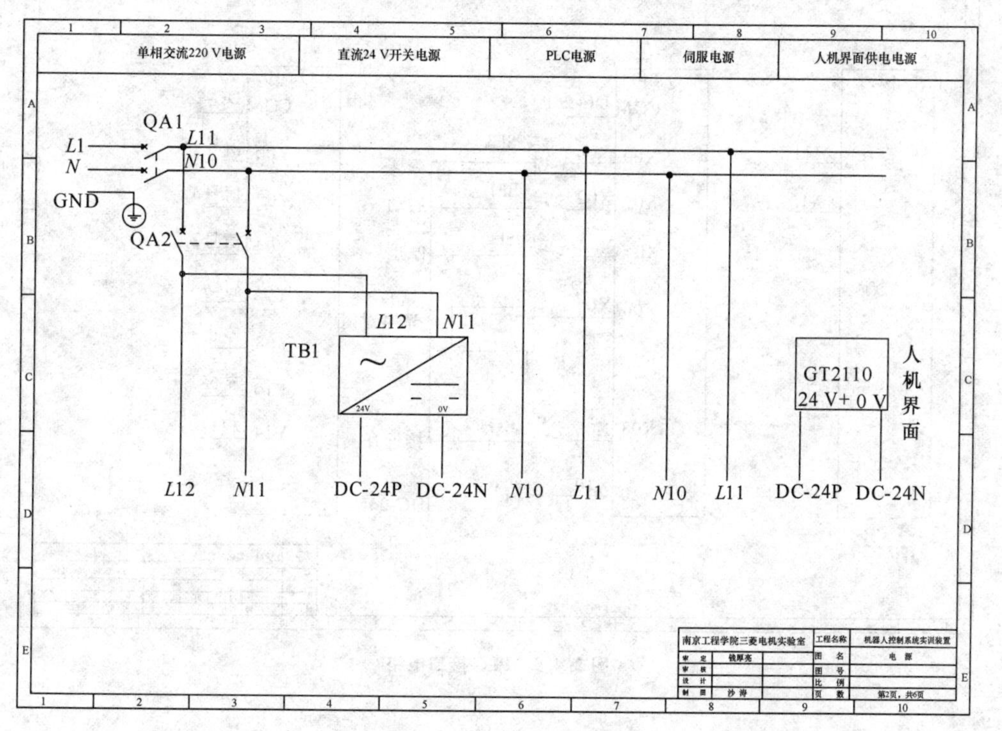

图 2.4.7　系统电源电路

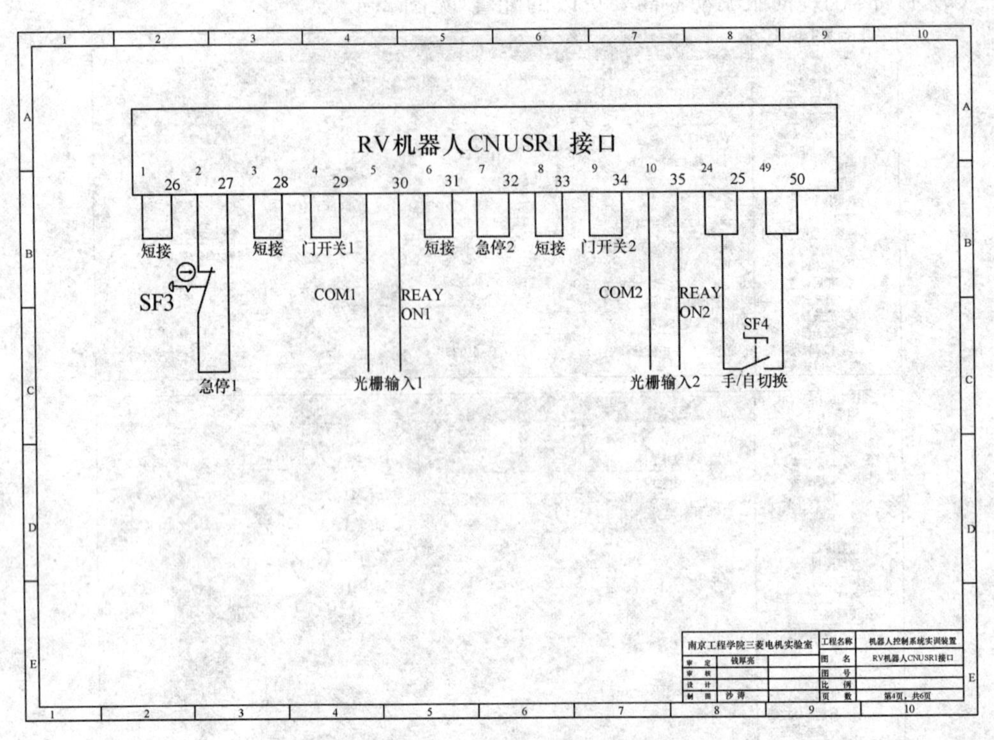

图 2.4.8 RV 机器人 CNUSR1 接口电路

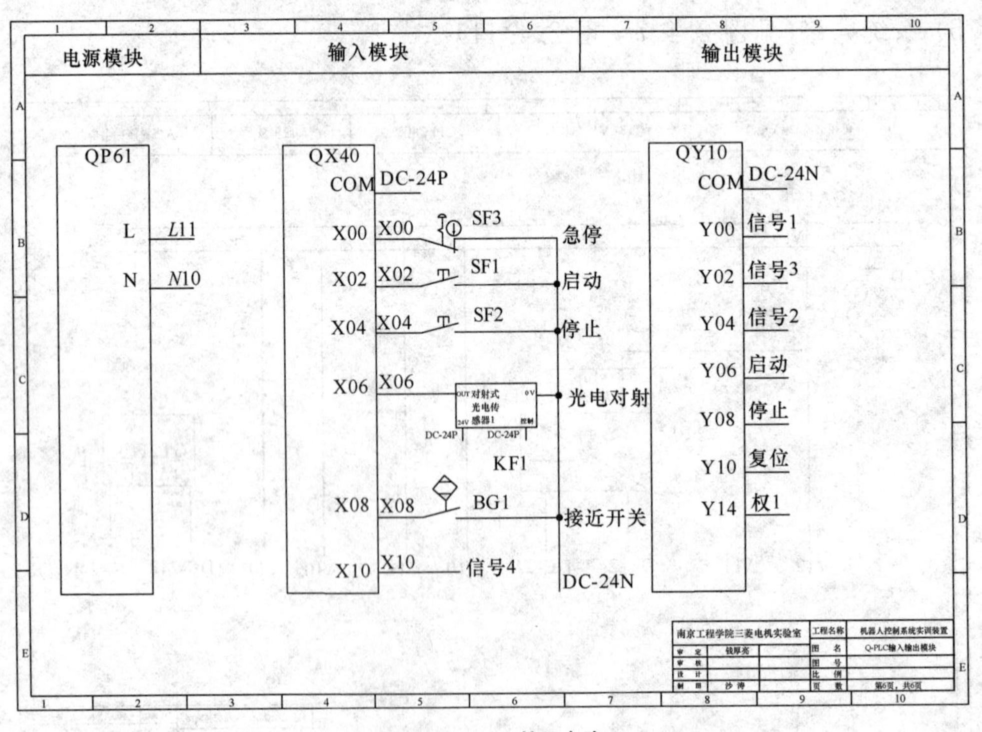

图 2.4.9 PLC 接口电路

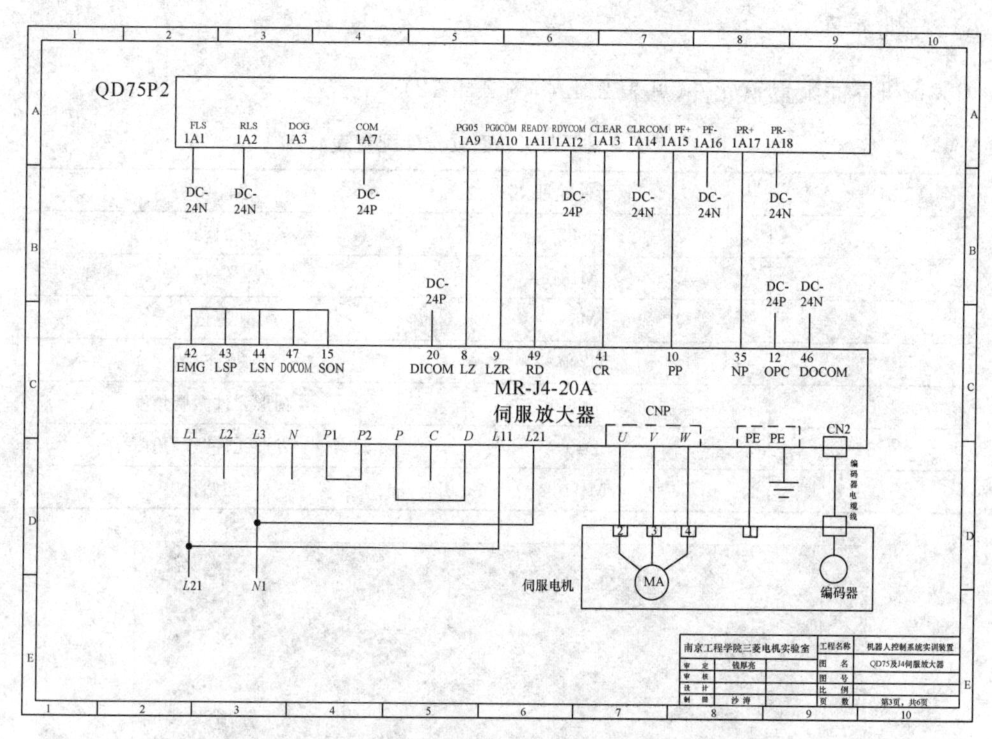

图 2.4.10　QD75 定位模块与 JE 伺服放大器接口电路

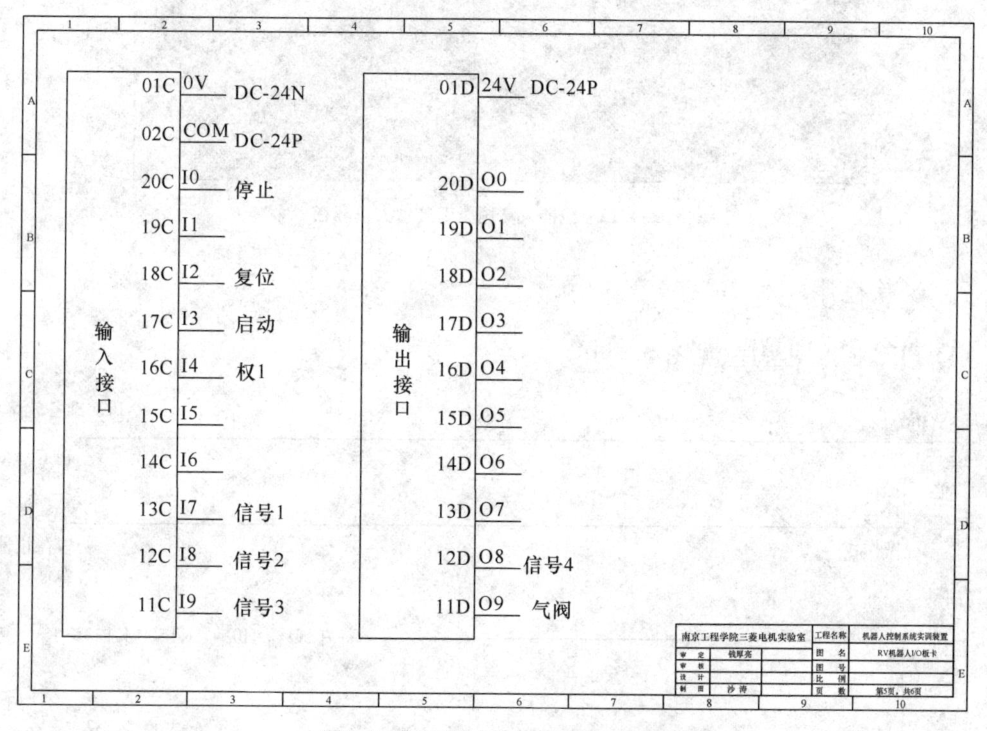

图 2.4.11　机器人输入/输出接口电路

6）人机界面

(1) 人机界面配置软元件(见表 2.4.4,图 2.4.12)

表 2.4.4　人机界面软元件配置表

序号	软元件地址	功能说明
1	X0022	启动
2	M1	停止
3	M6	复位
4	M200	操作权
5	D60	圆形元件微调角度
6	D40	方形元件微调角度
7	M100	初始化

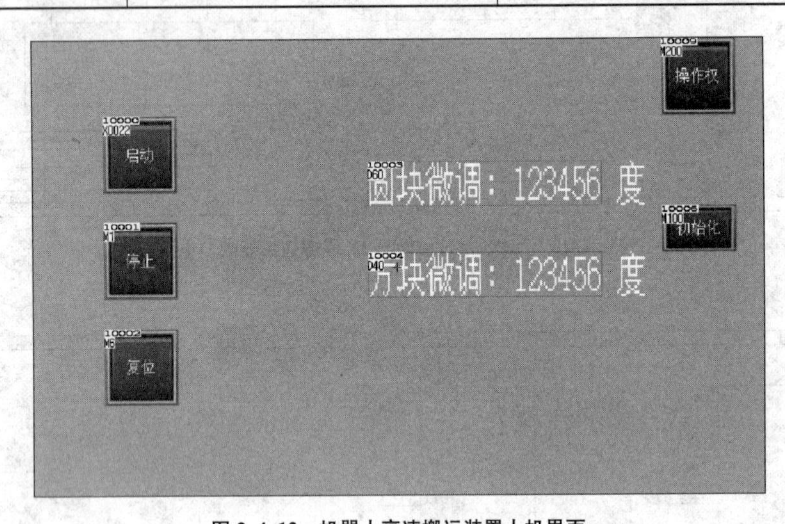

图 2.4.12　机器人高速搬运装置人机界面

7）参考程序

(1) PLC 梯形图程序(见图 2.4.13)

0 SM400 系统ON ——(Y0) <PLC准备就绪> PLC准备
M200 操作权 ——(Y3E) 取得机器人操作权

圆盘启动
12 M0 人机界面启动按钮 ——[TO H0 K1500 K1 K1]
M2 再次启动定位 ——[SET Y10] 定位启动

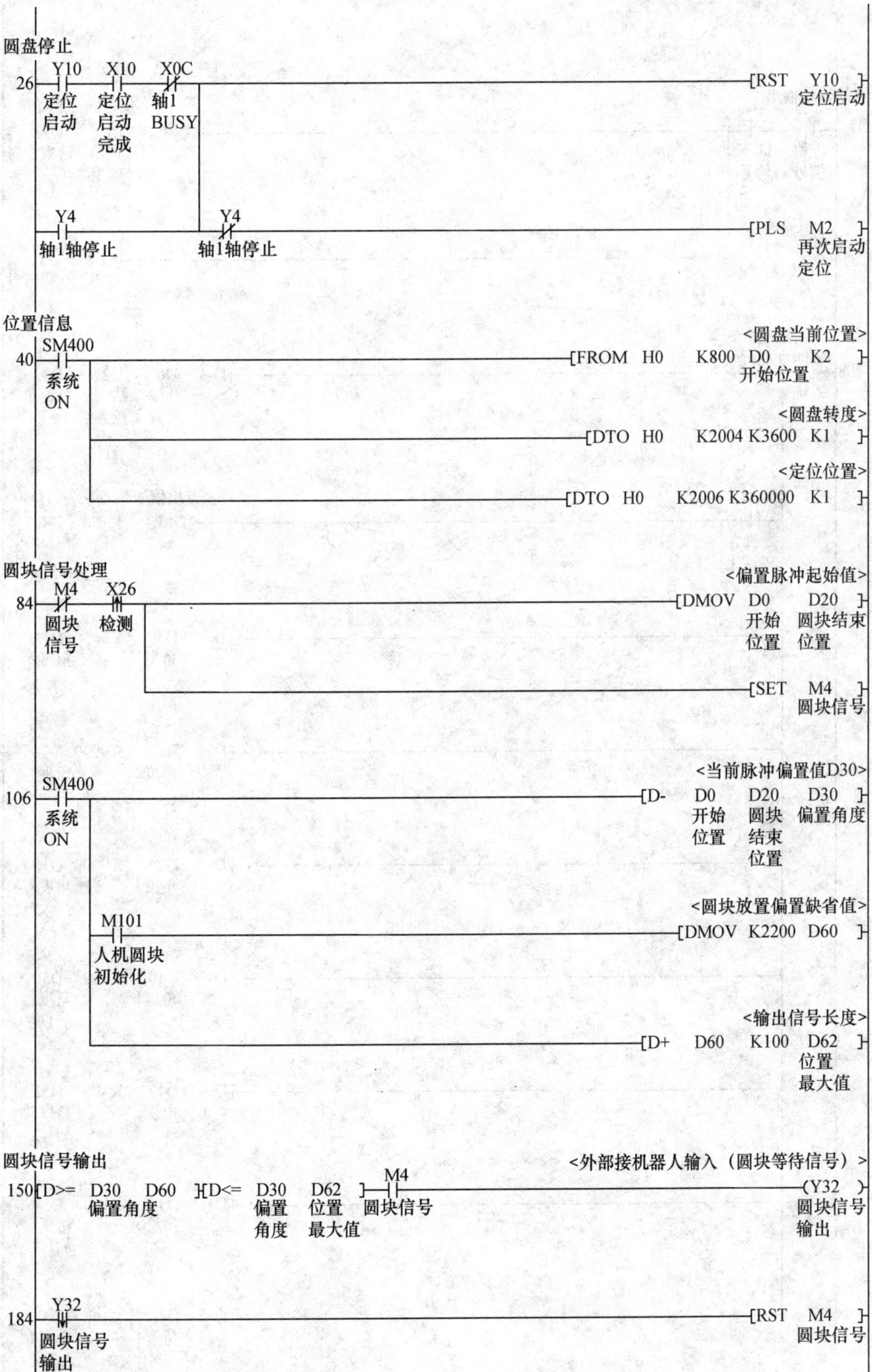

```
圆盘停止
     Y10      X10      X0C
26 ──┤├──────┤├──────┤/├──┬────────────────────────────[RST    Y10  ]
    定位     定位     轴1   │                                 定位启动
    启动     启动     BUSY  │
             完成           │
     Y4                     │  Y4
   ──┤├─────────────────────┴──┤/├─────────────────────[PLS    M2   ]
    轴1轴停止               轴1轴停止                          再次启动
                                                              定位

位置信息
                                                        <圆盘当前位置>
     SM400
40 ──┤├──┬────────────────────────[FROM  H0     K800  D0      K2   ]
    系统   │                                           开始位置
    ON     │                                              <圆盘转度>
           ├───────────────────────[DTO   H0     K2004 K3600   K1   ]
           │                                              <定位位置>
           └───────────────────────[DTO   H0     K2006 K360000 K1   ]

圆块信号处理
                                                      <偏置脉冲起始值>
     M4       X26
84 ──┤/├─────┤↑├──┬─────────────────────────────[DMOV  D0     D20  ]
    圆块      检测   │                                  开始   圆块结束
    信号             │                                  位置   位置
                     └─────────────────────────────[SET    M4        ]
                                                              圆块信号

                                                    <当前脉冲偏置值D30>
     SM400
106 ─┤├──┬────────────────────────────────[D-    D0     D20    D30  ]
    系统   │                                      开始   圆块   偏置角度
    ON     │                                      位置   结束
           │                                             位置
           │                                          <圆块放置偏置缺省值>
           │  M101
           ├──┤├─────────────────────────────────[DMOV  K2200  D60  ]
           │ 人机圆块
           │ 初始化
           │                                              <输出信号长度>
           └─────────────────────────────────────[D+    D60    K100   D62  ]
                                                                    位置
                                                                    最大值

圆块信号输出
                                           <外部接机器人输入（圆块等待信号）>
                                                 M4
150[D>=  D30      D60   ]─[D<=  D30   D62  ]───┤├─────────────────(Y32  )
         偏置角度               偏置  位置    圆块信号                圆块信号
                                角度  最大值                           输出

     Y32
184 ─┤↓├──────────────────────────────────────────────[RST    M4   ]
    圆块信号                                                    圆块信号
    输出
```

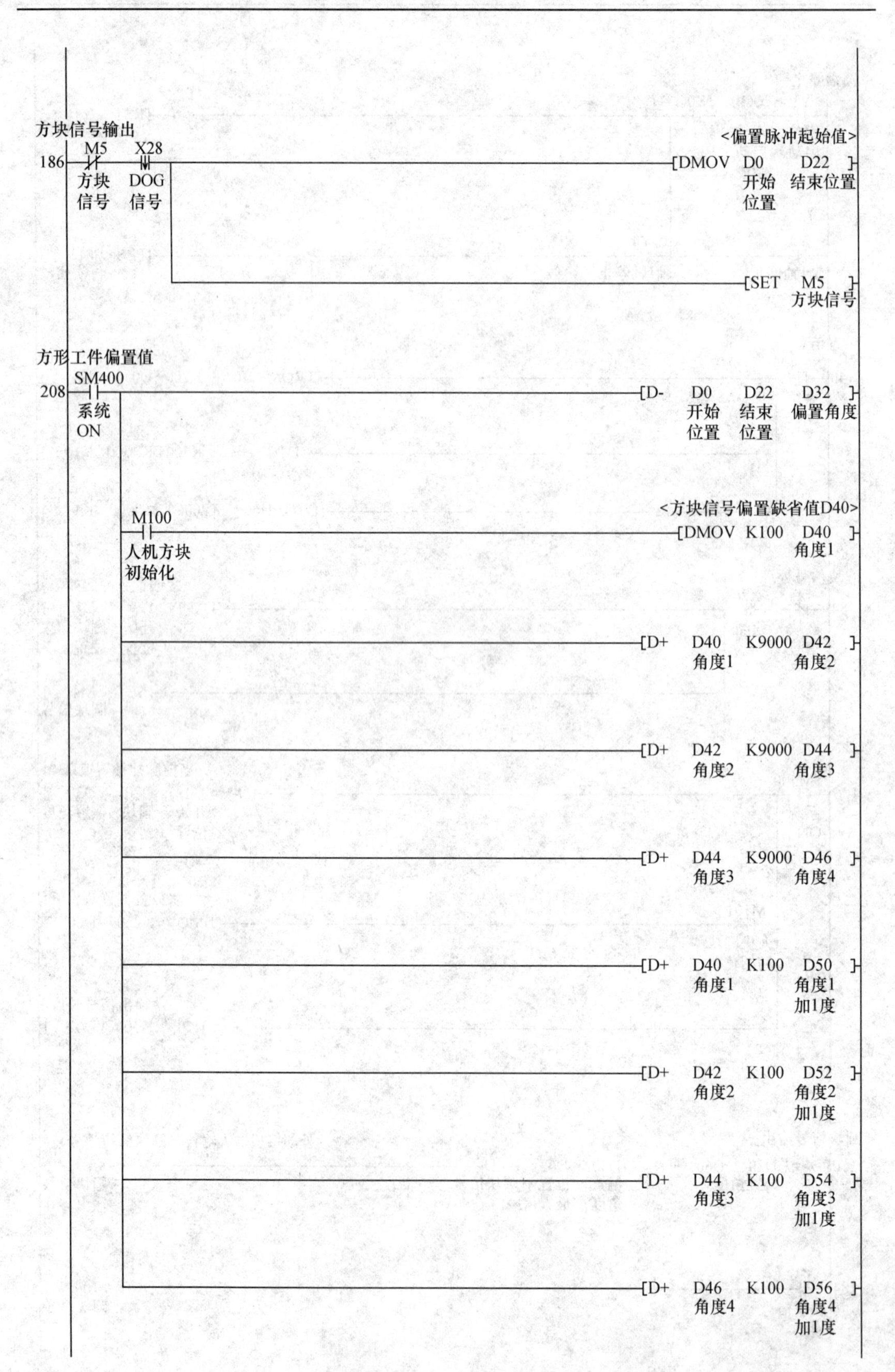
方块信号输出
<偏置脉冲起始值>
186
M5
方块信号
X28
DOG信号
DMOV D0 D22
开始位置
结束位置
SET M5
方块信号
方形工件偏置值
208
SM400
系统ON
D- D0 D22 D32
开始位置
结束位置
偏置角度
<方块信号偏置缺省值D40>
M100
人机方块初始化
DMOV K100 D40
角度1
D+ D40 K9000 D42
角度1
角度2
D+ D42 K9000 D44
角度2
角度3
D+ D44 K9000 D46
角度3
角度4
D+ D40 K100 D50
角度1
角度1加1度
D+ D42 K100 D52
角度2
角度2加1度
D+ D44 K100 D54
角度3
角度3加1度
D+ D46 K100 D56
角度4
角度4加1度

```
269 [D>=  D32   D40 ][D<=  D32   D50 ]  M5                           (Y34 )
          偏置  角度1       偏置  角度1    方块信号                    方块信号
          角度              角度  加1度                               输出

    [D>=  D32   D42 ][D<=  D32   D52 ]
          偏置  角度2       偏置  角度2
          角度              角度  加1度

    [D>=  D32   D44 ][D<=  D32   D54 ]
          偏置  角度3       偏置  角度3
          角度              角度  加1度

    [D>=  D32   D46 ][D<=  D32   D56 ]
          偏置  角度4       偏置  角度4
          角度              角度  加1度

298 [D>=  D32   D46 ][D<=  D32   D56 ]  ↓                    [RST  M5 ]
          偏置  角度4       偏置  角度4                            方块信号
          角度              角度  加1度

启动
                                                              <启动>
306  X22                                                   [SET  Y30 ]
     启动按钮                                                    机器人
                                                                开始执行
                                                                程序信号

                                                              (M0 )
                                                              人机界面
                                                              启动按钮

                                                              <启动>
          Y3E                                                 (Y36 )
          取得机器                                              RT ON
          人操作权

319  X2A                                                   [RST  Y30 ]
     机器人运                                                   机器人
     行结束                                                     开始执行
                                                                程序信号

停止
321  M1     X20                                               (Y4 )
     人机   EMG                                                  轴1
     界面                                                        停止
     停止
     按钮

     X24 (常闭)                                             [RST  Y30 ]
     停止按钮                                                   机器人
                                                                开始执行
                                                                程序信号
```

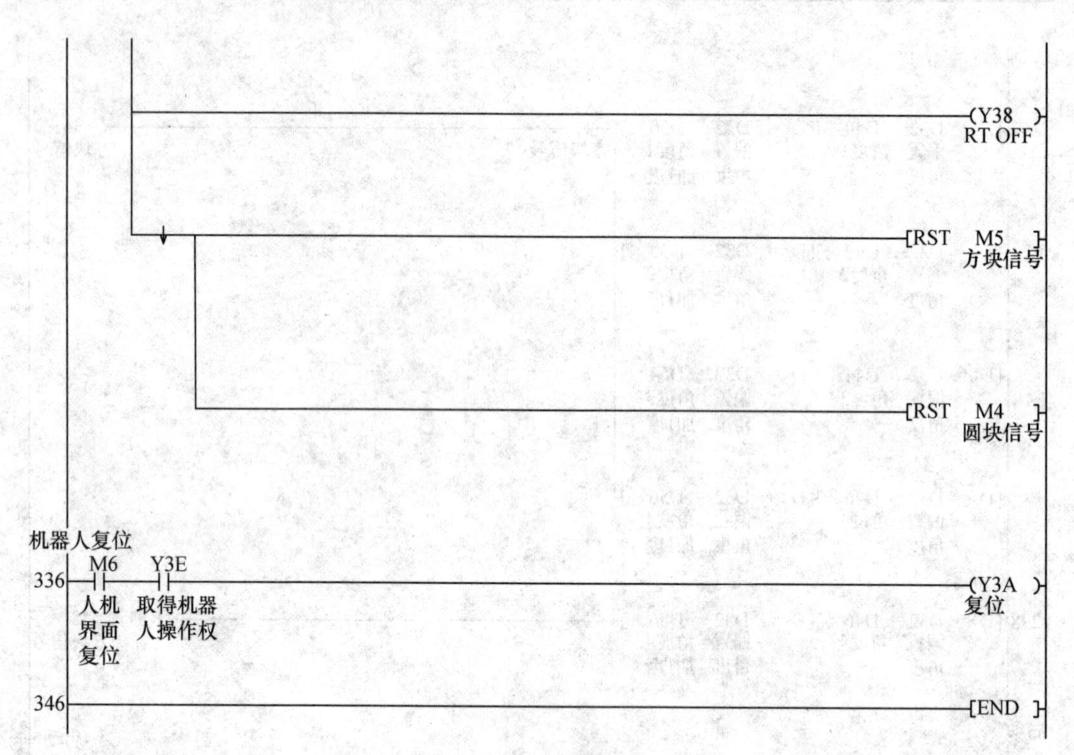

图 2.4.13 PLC梯形图程序

(2) 六轴垂直关节机器人运行程序

```
*START                                                    '主程序'
Ovrd 30                                                   '速度倍率30%'
Servo On                                                  '伺服上电'
Tool(+0.00,+0.00,+100.00,+0.00,+0.00,+0.00)               '设置工具坐标'
M_Out(9)=0                                                '气动阀关闭'
Mvs P1                                                    '初始化位置'
If M_In(7)=1 Then GoTo *WORK1 Else GoTo *START            '判断是否调到子程序'
*WORK1                                                    '子程序'
Dly 0.5
Ovrd 80
Mvs P11,-20                                               '料盘方块上方20 mm'
M_Out(9)=1                                                '气阀打开'
M_Out(8)=1
Mvs P11                                                   '料盘方块'
Dly 0.3
Mvs P11,-20                                               '料盘方块上方20 mm'
Cnt 1,30,30                                               '中间点过渡'
Mvs P10                                                   '中间点'
Mvs P21,-20                                               '目标盘方块放置点上方20 mm'
```

```
Dly 0.1
Mvs P21                                   '方块放置点'
Wait M_In(9)=0                            '气阀关闭'
Wait M_In(9)=1                            '气阀打开'
Mvs P21,+2                                '方块放置点上方 18 mm'
Dly 0.1
M_Out(9)=0                                '气阀关闭'
Mvs P21,-20                               '目标盘方块放置点上方 20 mm'
Cnt 1,30,30                               '过渡点'
Mvs P10
M_Out(8)=0
P13.A=P12.A                               '定义 P12,P13,P15 的 ABC 姿势成分'
P13.B=P12.B
P13.C=P12.C
P15.A=P12.A
P15.B=P12.B
P15.C=P12.C
Def Plt 3,P12,P13,P14, ,8,1,3             '圆弧 8 个点均分算法定义'
M2=1                                      '变量赋值'
*LOOP1                                    '循环程序'
P15=(Plt 3,M2)                            '运算托盘号 3 内数值变量 M2 的位置,赋值给 P15'
Mvs P15,-20                               '料盘各个圆块位置点上方 20 mm'
M_Out(9)=1
Mvs P15                                   '料盘各个圆块的位置'
Dly 0.3
Mvs P15,-20                               '料盘各个圆块位置点上方 20 mm'
Cnt 1,30,30
Mvs P10                                   '中间过渡点'
Mvs P22,-20                               '目标盘圆块位置上方 20 mm'
Dly 0.1
Mvs P22                                   '目标盘圆块位置'
Wait M_In(8)=0
Wait M_In(8)=1                            '圆料放置等待信号'
Mvs P22,+2                                '圆料放置点上方 18 mm'
Dly 0.1
M_Out(9)=0                                '气阀关闭'
Mvs P22,-20
Cnt 1,30,30
```

```
Mvs P10
M2=M2+1                                                  '变量自加 1'
If M2<=8 Then *LOOP1                      '如果变量小于等于 8 则跳到循环程序'
Mvs P1                                                   '回到初始化位置'
Servo Off                                                '伺服失电'
End                                                      '程序结束'
P10=(+210.85,-16.20,+300.35,-180.00,+0.00,+90.01)(7,0)   '中间点'
P1=(+152.73,+6.04,+240.95,+180.00,+0.00,+29.96)(7,0)     'home 点'
P13=(-53.53,-326.71,+106.28,+180.00,+0.00,-47.44)(7,0)
                                                         '库盘定义的中间点'
P12=(+85.08,-384.67,+106.28,+180.00,+0.00,-47.44)(7,0)
                                                         '库盘定义的起点'
P15=(-53.51,-386.17,+106.28,+180.00,+0.00,-47.44,+0.00,+0.00)(7,0)
                                                         '库盘定义的变量点'
P14=(+45.44,-425.30,+106.28,+179.99,+0.01,-47.42)(7,0)
                                                         '库盘定义的终点'
P22=(+88.89,+418.00,+195.66,+180.00,+0.00,+90.01)(7,0)
                                                         '目标盘圆块放置点'
P11=(+15.96,-356.11,+106.18,+180.00,+0.00,-47.44)(7,0)   '方块抓取点'
P21=(+16.02,+415.84,+195.15,+180.00,+0.00,+127.19)(7,0)  '方块放置点'
```

8) 调试中所遇到的问题

机器人自动模式下外部信号触发无法启动:

F 系列工业机器人在控制器上相比于以往系列的工业机器人控制器有很大的改变,以往的机器人自动运行靠控制器上自带的控制面板启动、停止、复位等触发信号,包括手自切换使用钥匙开关转换,而 F 系列机器人控制面板需要外部引出,引出的端口为机器人 I/O 板卡的 1—5 的专用输入/输出口,这里有一个操作权的信号尤其专用,在启动和复位时操作权信号必须在触发的状态下才能起到作用,否则将无法实现正常的自动启动。在控制面板外引触发信号没有问题的情况下,还要注意机器人的序列号是否输入,如果没输机器人也是无法正常自动运行的,一般在新机器人会出现这种问题;另一个情况也会使机器人不能自动启动,不知道是不是三菱机器人设计的一个漏洞,使用电脑 RT TOOLBOX2 在线模式下,打开操作面板,里面有个程序选段模式,如果程序选段不在编辑程序的第一段是无法自动启动的,必须将程序选到第一段在机器人自动情况下才能启动机器人。

项目5　组合机器人及视觉检测搬运控制系统设计

1）系统结构(见图 2.5.1、图 2.5.2)

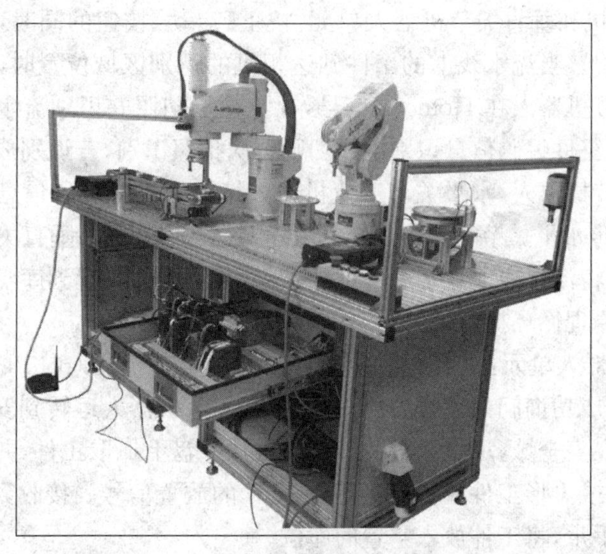

图 2.5.1　组合机器人及视觉检测搬运控制系统实物图

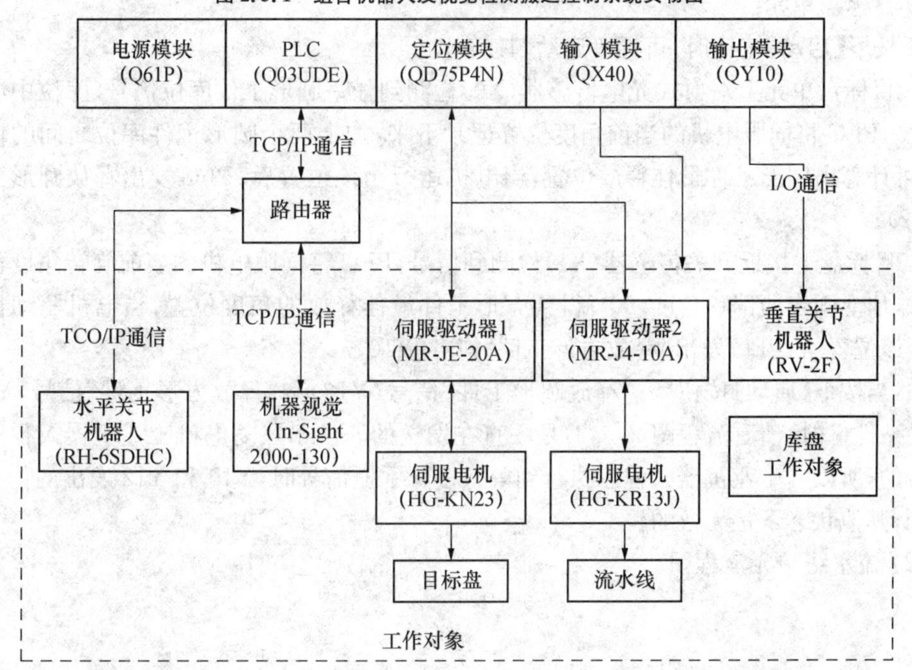

图 2.5.2　控制系统结构图

2) 工作原理

(1) 运行步骤

① 流水线单元:按下【启动】按钮,安装于流水线上的对射式光电传感器检测到工件时,由伺服电机驱动的流水线停止。当没有检测到工件,伺服电机驱动流水线运转。

② 智能视觉相机单元:流水线上工件到达相机的识别区域位置与水平关节机器人在 Home 点时,PLC 输出一个触发信号触发智能相机拍照。相机拍照采集图像后,按照用户配置的工具对图像进行定位以及图案匹配。图案匹配成功,按用户"配置结果—通信"发送数据(数据是自定义的),如果图案匹配不成功发送的数据是 0。

③ 智能视觉相机和垂直关节机器人单元:按下【启动】按钮的同时,视觉相机和两台工业机器人进行初始化。当流水线上的工件到达相机的识别区域位置时,流水线停止等待下一步动作。水平关节机器人在 Home 点信号,视觉相机拍照并识别流水线上相机识别区域内的工件编码,如果工件编码信息识别不成功则再次拍照识别,若识别成功则将工件的编码信息发送给水平关节机器人,水平关节工业机器人接收到工件编码信息后将工件编码信息转发给 PLC。下一步水平关节机器人运转到安全域等待点,如果垂直关节机器人不在安全域,水平关节机器人将流水线上识别后的工件抓起,并将工件放置到库盘和工件号对应的库位。按照上述工作原理循环执行。

④ 水平关节机器人单元:在上一步的基础上,垂直关节机器人向 PLC 发送询问(库盘里工件编码信息)。若成功询问到工件编码信息,垂直关节机器人运转到安全域等待点。如果水平关节机器人不在安全域,那么垂直关节机器人从库盘上抓取工件,并运行到目标盘的工件放置点(圆形工件或方形工件放置点),等待 PLC 的放置信号。接收到 PLC 的信号时,垂直关节机器人松开手爪,将工件放入空置的库位。

⑤ 目标盘单元:

a. 按下【启动】按钮时,目标盘启动匀速转动。

b. 目标盘单元上对射式光电传感器(X0)检测到任一圆形工件库位信号(库位中心位置有通孔),PLC 将伺服电机的当前角度位置记录下来,加上两个圆形工件库位之间的偏移角度后,可计算出圆形工件最佳释放位置,当电机运行至该位置后,PLC 发出释放圆形工件信号(Y12)。

c. 目标盘上接近开关传感器(X1)检测到信号,PLC 将伺服电机的当前旋转角度位置记录下来,加上固定的偏移角度(90°)得到方形工件最佳释放的角度位置,当电机驱动目标盘运行至该位置后,PLC 发出"释放方形工件"信号(Y10)。

注:当按下【启动】按钮后,"释放圆形工件"信号(Y12)和"释放方形工件"信号(Y10)只要满足条件(详情请看流程图 2.5.3)是一直在发送的。由于三菱电机工业机器人程序是按步执行的,所以当工业机器人程序执行到等待松开手抓信号时,Y10 和 Y12 发出的信号才是有效的,其他状态下是无效的!

(2) 流水线单元流程图

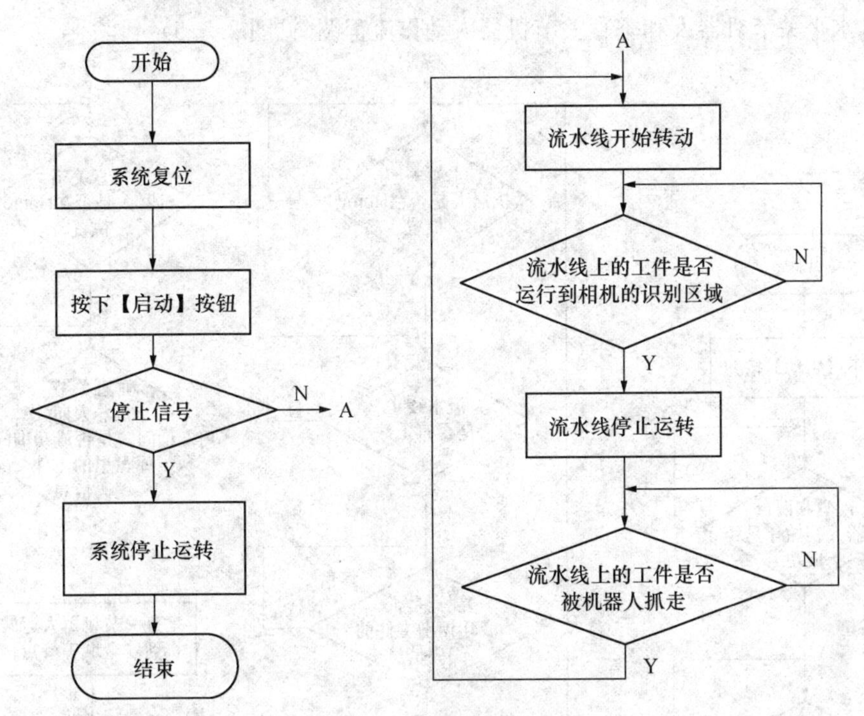

图 2.5.3　流水线单元流程图

(3) 视觉相机单元流程图(见图 2.5.4)

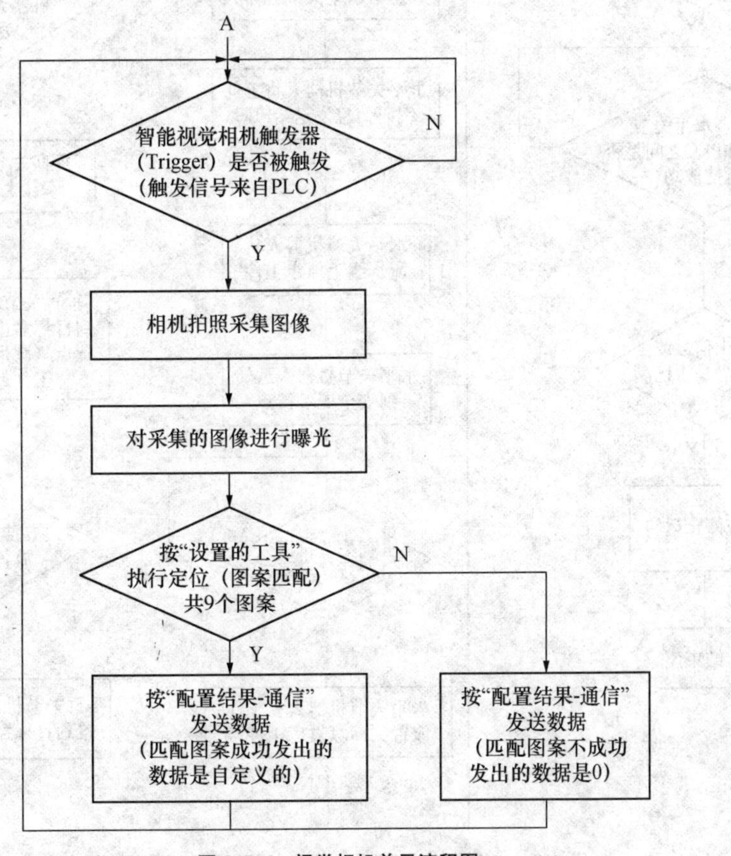

图 2.5.4　视觉相机单元流程图

(4) 水平关节机器人和垂直关节机器人动作流程图(见图 2.5.5)

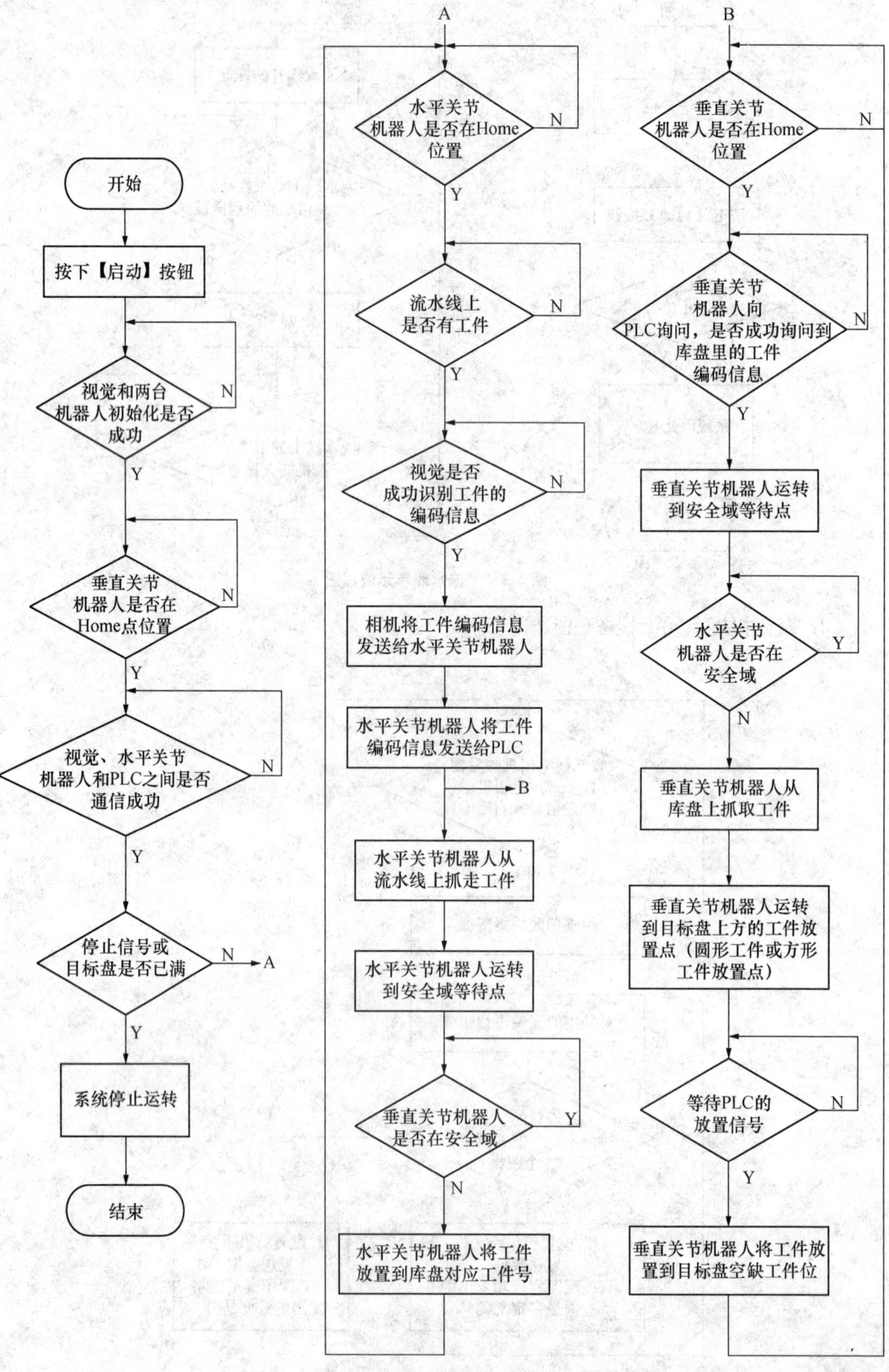

图 2.5.5 水平关节机器人和垂直关节机器人动作流程图

(5) 目标盘单元转动流程图(见图 2.5.6)

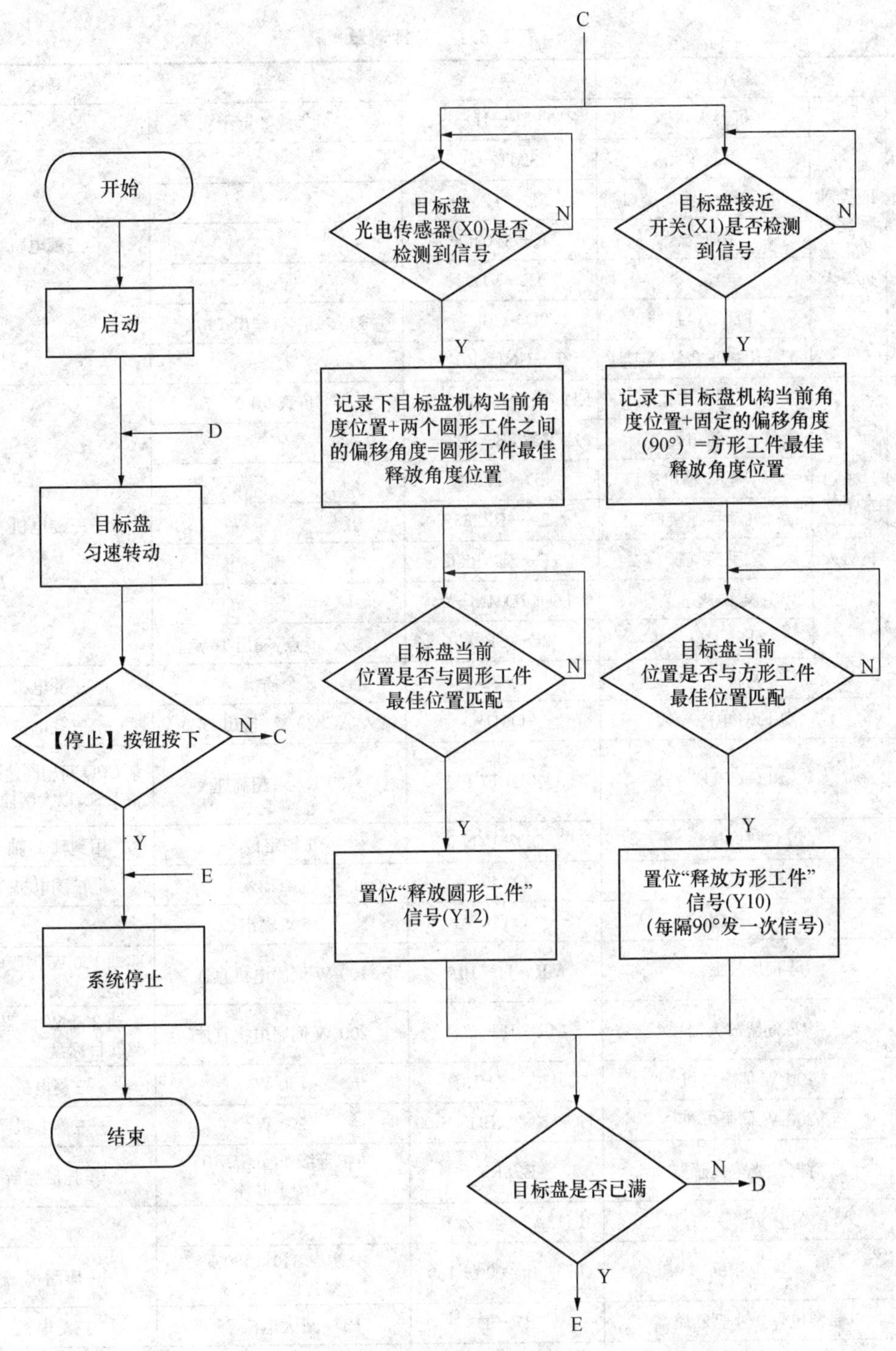

图 2.5.6　目标盘转动流程图

3）元件清单及 I/O 地址表(见表 2.5.1～表 2.5.4)

表 2.5.1　元件清单

序号	元件名称		型号	参数	备注
1	F 系列垂直关节工业机器人	机器人本体	RV－2F－1D－S11	负载 2 kg	三菱电机
		示教单元	R32TB－S03		
		并行输入/输出接口	2D－TZ368		
		手抓气管	1E－ST0408C		
		电磁阀	1E－VD02		
		外部 I/O 接线	2D－CBL05	输入 16 点,输出 16 点	
		配线用端子台转换工具	2F－CNUSR01M		
2	H 系列水平关节工业机器人	机器人本体	RH－6SDH3517C－S11	负载 6 kg	三菱电机
		示教单元	R32TB－S03		
		并行输入/输出接口	2D－TZ368		
		气动手抓接口	2A－RZ365		
		手抓气管	1E－ST0408C		
		电磁阀套装	1S－VD04M－04		
		外部 I/O 接线	2D－CBL05	输入 16 点,输出 16 点	
3	基板		Q38B	8 个插槽	三菱电机
4	Q PLC 电源		Q61P	输入 AC220 V，输出 DC5 V	三菱电机
5	PLC CPU		Q03UDECPU	30 K 步;超高速	多 CPU 间超高速通信，带 USB,以太网插口
6	PLC 智能模块		QD75P4N	4 轴定位	用到轴 1,轴 2
7	PLC 输入		QX40	16 点输入	三菱电机
8	PLC 输出		QY10	16 点输出	
9	J4 伺服放大器		MR－J4－10A	100 W 伺服电机直连	驱动 100 W 伺服电机，驱动流水线
10	JE 伺服放大器		MR－JE－20A	200 W 伺服电机直连	驱动 200 W 伺服电机驱动目标盘
11	100 W 伺服电机		HG－KR13J	100 W	三菱电机
12	200 W 伺服电机		HG－KN23(B)J－S100	200 W	三菱电机
13	对射式光电传感器		BF3RX	防护等级 1,分辨率 1，结构单晶体	奥托尼克斯
14	接近开关		LJ12A3－4－Z/BX		
15	视觉相机		In-Sight 2000－130	分辨率 640×480 采集速度 40FPS	康耐视
16	带漏电保护小型断路器		BV－D	3P1N 最大电流 25 A	三菱电机
17	小型断路器		BH－D4	2P 最大电流 15 A	三菱电机
18	开关电源		S－125－24	输入 AC220 V，输出 DC24 V，功率 125 W	明纬

续表 2.5.1

序号	元件名称	型号	参数	备注
19	气动吸盘	PAFS	外形尺寸 20×15	气立可
20	真空过滤器	VFD 0206		气立可
21	一位两通电磁阀	SU 22－C6－DC24－W－M2	DC24 V 通断	气立可
22	真空发生器	EV 10		气立可
23	气动三联件			气立可
24	按钮盒	KGNW111Y	5 位	
25	光栅传感器	DQA 04－20－60－J	4 个光线	DAIDISIKE
26	气源	EC51	功率 0.75 kW，压力 0.8 MPa 空气桶容量 29 L	捷豹

表 2.5.2　四轴水平关节机器人 I/O 地址

输入点	使用端口及含义	电路图端口	输出点	使用端口及含义	电路图端口
DI0	停止	停止	DO0		
DI1			DO1		
DI2	复位	复位	DO2		
DI3	启动	启动	DO3		
DI4			DO4		
DI5	操作权 2	权 2	DO5	RH 气阀开关	气阀
DI6	安全域 1	RVO2	DO6	安全域 2	RHO2
DI7	拍照完成	RHI7	DO7	拍照信号	RHO1
DI8			DO8	RH 工件放置完成	自检

表 2.5.3　六轴垂直关节机器人 I/O 地址

输入点	使用端口及含义	电路图端口	输出点	使用端口及含义	电路图端口
DI0	停止	停止	DO0		
DI1			DO1		
DI2	复位	复位	DO2		
DI3	启动	启动	DO3		
DI4			DO4		
DI5	操作权 1	权 1	DO5		
DI6	二进制　1 位	二进制 1	DO6	安全域 1	RVO2
DI7	二进制　2 位	2	DO7		
DI8	二进制　4 位	4	DO8	进入抓取信号	RVO1
DI9	二进制　8 位	8	DO9		
DI10	方料手抓放	RVI5	DO10		
DI11			DO11		
DI12	圆料手抓放	RVI6	DO12		
DI13	安全域 2	RVI7	DO13		
DI14			DO14		
DI15	RV 抓取信号	RHO2	DO15		

表 2.5.4　PLC I/O 地址

输入点	使用端口及含义	电路图端口	输出点	使用端口及含义	电路图端口
X0	目标盘光电检测	目标盘检测	Y0	机器人启动	
X1	DOG 点	DOG 点	Y1	机器人停止	
X2	外部按钮启动	启动	Y2	机器人复位	
X3	外部按钮复位	复位	Y3	操作权 1	权 1
X4	流水线光电检测	流水线检测	Y4	操作权 2	权 2
X5	外部按钮停止	停止	Y5		
X6	拍照信号	RHO1	Y6	二进制 1 位	二进制 1
X7			Y7	二进制 2 位	2
X8	RV 放置完成	RVO1	Y8	二进制 4 位	4
X9			Y9	二进制 8 位	8
X10			Y10	RV 方料放置	RVI5
X11			Y11		
X12			Y12	RV 圆料放置	RVI6
X13			Y13	拍照完成	RHI7
X14			Y14	拍照	拍照
X15			Y15		

4) 智能视觉相机

(1) In-Sight 2000—130 硬件信号线说明

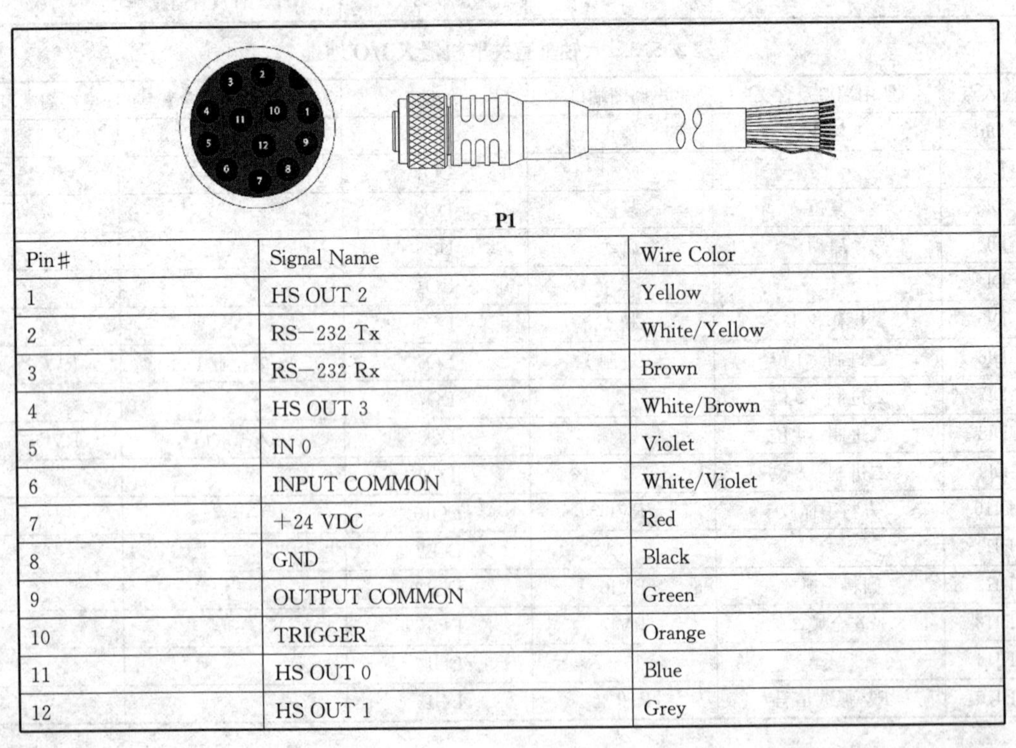

Pin#	Signal Name	Wire Color
1	HS OUT 2	Yellow
2	RS-232 Tx	White/Yellow
3	RS-232 Rx	Brown
4	HS OUT 3	White/Brown
5	IN 0	Violet
6	INPUT COMMON	White/Violet
7	+24 VDC	Red
8	GND	Black
9	OUTPUT COMMON	Green
10	TRIGGER	Orange
11	HS OUT 0	Blue
12	HS OUT 1	Grey

(2) 视觉输出的数据说明

工件	输出数据
无工件	
工件 1	1
工件 2	10
工件 3	100
工件 4	1 000
工件 5	10 000
工件 6	100 000
工件 7	1 000 000
工件 8	10 000 000
方块	100 000 000

(3) 工件编码的识别流程

① 首先是建立一个 TCP/IP 协议的服务器(Server),在 In-Sight Explorer 软件中设置,在【开始】和【设置工具】两大菜单设置完成后,进行【配置结果】菜单设置,之后点击【通信】添加设备。设备:其他;协议:TCP/IP;最后点击【确定】(见图 2.5.7)。

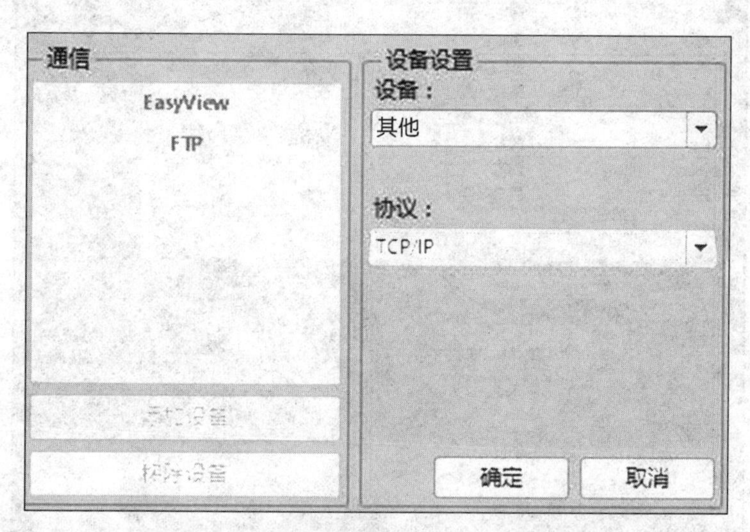

图 2.5.7　康耐视智能视觉相机 TCP/IP 协议设置

② 下一步进行 TCP/IP 协议的详细参数配置,由于康耐视智能相机视觉系统作为协议的服务器,所以不需要配置【服务器主机名】的参数,只需要配置好端口号就可以。【结束符】选择时需要与客户端对应(详细设置见图 2.5.8)。

注意:不管是作为协议的服务器(Server)还是作为协议的客户端(Client)各个设备的 IP

地址都需要在同一个网段内。

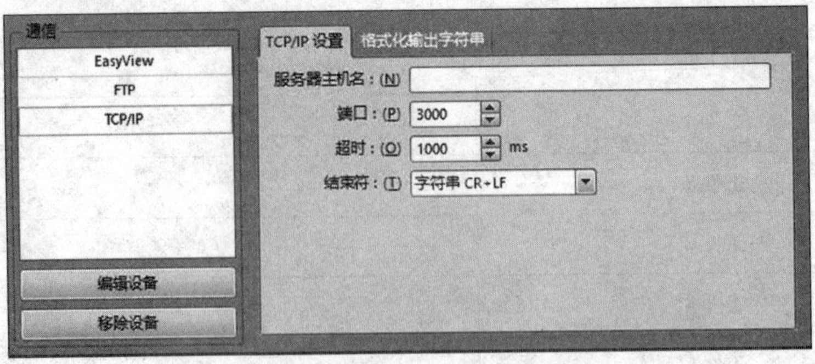

图 2.5.8　康耐视智能视觉相机 TCP/IP 协议 IP 和端口设置

③ 配置【格式化输出字符串】,输出的数据是自定义的,点击【添加】将图案匹配的结果添加到窗口,数据类型与客户端对应(详细设置见图 2.5.9)。视觉相机工作中的实时状态如图 2.5.10 所示。

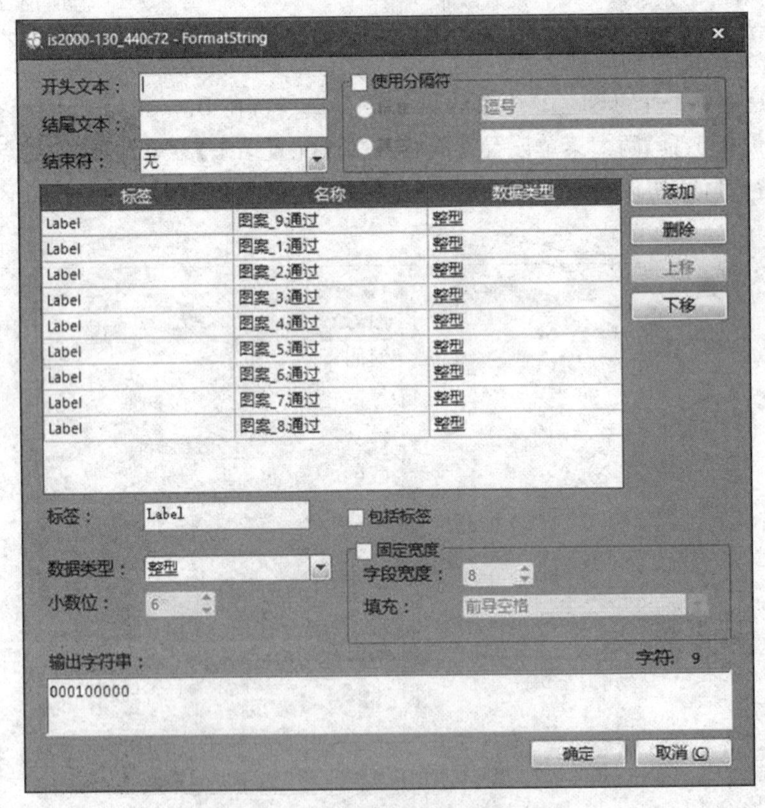

图 2.5.9　格式化输出字符串详细配置

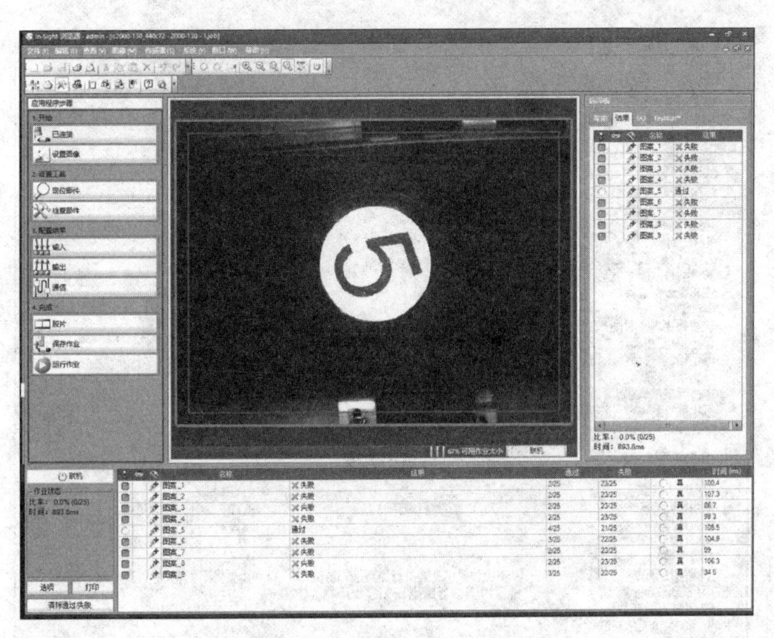

图 2.5.10　视觉相机工作中的实时状态

5）QD75 及伺服驱动器参数配置

(1) QD75P4N 参数设置，目标盘 JE 是轴 1，流水线是轴 2，设置界面如图 2.5.11 所示。

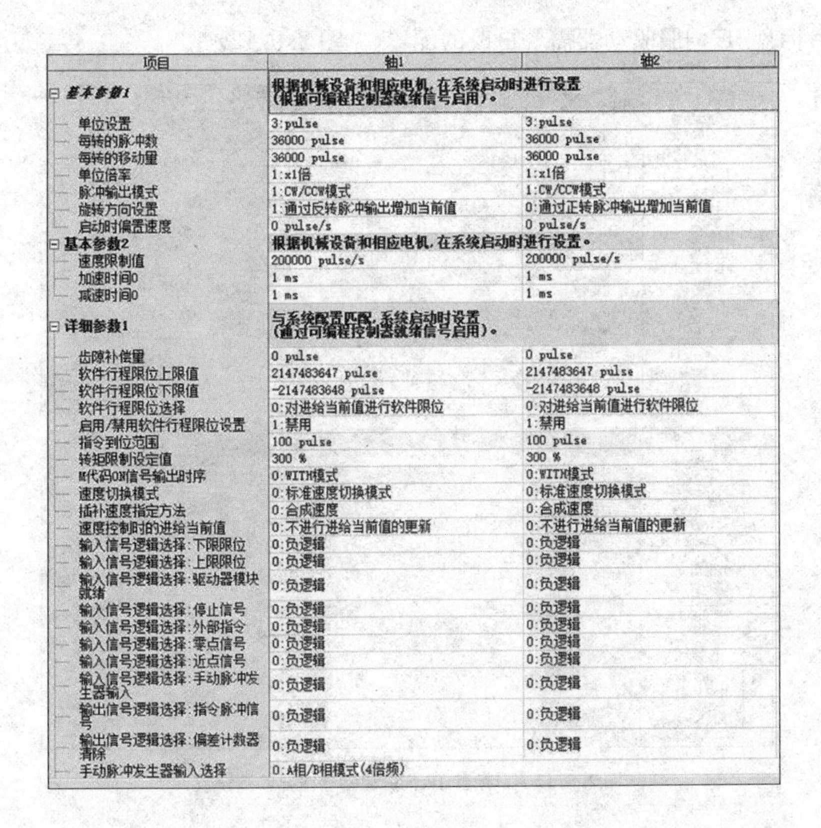

项目	轴1	轴2
基本参数1	根据机械设备和相应电机，在系统启动时进行设置（根据可编程控制器就绪信号启用）。	
单位设置	3:pulse	3:pulse
每转的脉冲数	36000 pulse	36000 pulse
每转的移动量	36000 pulse	36000 pulse
单位倍率	1:x1倍	1:x1倍
脉冲输出模式	1:CW/CCW模式	1:CW/CCW模式
旋转方向设置	1:通过反转脉冲输出增加当前值	0:通过正转脉冲输出增加当前值
启动时偏置速度	0 pulse/s	0 pulse/s
基本参数2	根据机械设备和相应电机，在系统启动时进行设置。	
速度限制值	200000 pulse/s	200000 pulse/s
加速时间0	1 ms	1 ms
减速时间0	1 ms	1 ms
详细参数1	与系统配置匹配，系统启动时设置（通过可编程控制器就绪信号启用）。	
齿隙补偿量	0 pulse	0 pulse
软件行程限位上限值	2147483647 pulse	2147483647 pulse
软件行程限位下限值	-2147483648 pulse	-2147483648 pulse
软件行程限位选择	0:对进给当前值进行软件限位	0:对进给当前值进行软件限位
启用/禁用软件行程限位设置	1:禁用	1:禁用
指令到位范围	100 pulse	100 pulse
转矩限制设定值	300 %	300 %
M代码ON信号输出时序	0:WITH模式	0:WITH模式
速度切换模式	0:标准速度切换模式	0:标准速度切换模式
插补速度指定方法	0:合成速度	0:合成速度
速度控制时的进给当前值	0:不进行进给当前值的更新	0:不进行进给当前值的更新
输入信号逻辑选择:下限限位	0:负逻辑	0:负逻辑
输入信号逻辑选择:上限限位	0:负逻辑	0:负逻辑
输入信号逻辑选择:驱动器模块就绪	0:负逻辑	0:负逻辑
输入信号逻辑选择:停止信号	0:负逻辑	0:负逻辑
输入信号逻辑选择:外部指令	0:负逻辑	0:负逻辑
输入信号逻辑选择:零点信号	0:负逻辑	0:负逻辑
输入信号逻辑选择:近点信号	0:负逻辑	0:负逻辑
输入信号逻辑选择:手动脉冲发生器输入	0:负逻辑	0:负逻辑
输出信号逻辑选择:指令脉冲信号	0:负逻辑	0:负逻辑
输出信号逻辑选择:偏差计数器清除	0:负逻辑	0:负逻辑
手动脉冲发生器输入选择	0:A相/B相模式(4倍频)	

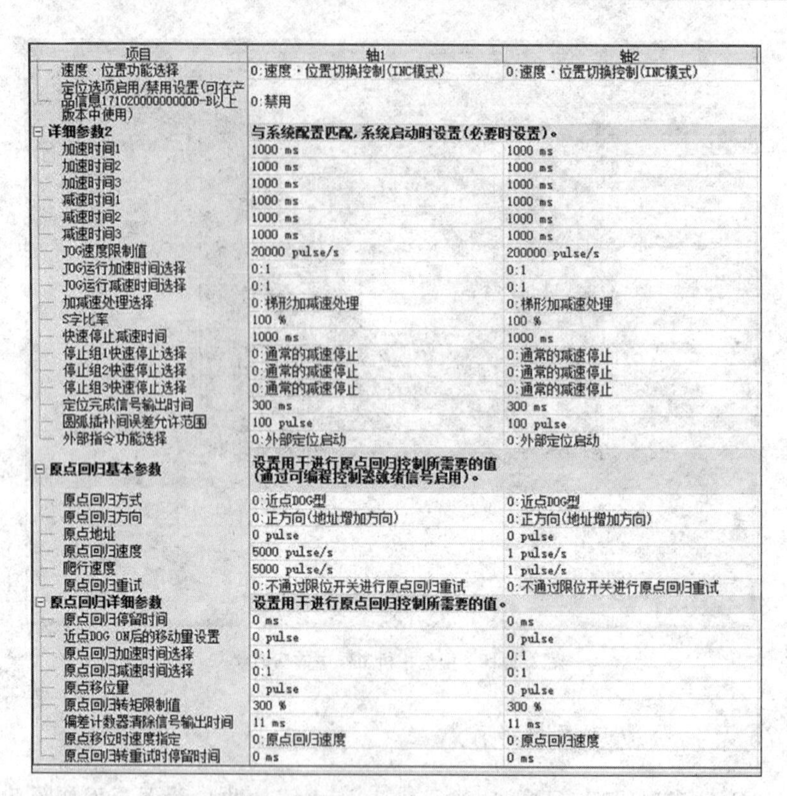

项目	轴1	轴2
速度·位置功能选择	0:速度·位置切换控制(INC模式)	0:速度·位置切换控制(INC模式)
定位选项启用/禁用设置(可在产品信息171020000000000-B以上版本中使用)	0:禁用	
详细参数2	与系统配置匹配,系统启动时设置(必要时设置)。	
加速时间1	1000 ms	1000 ms
加速时间2	1000 ms	1000 ms
加速时间3	1000 ms	1000 ms
减速时间1	1000 ms	1000 ms
减速时间2	1000 ms	1000 ms
减速时间3	1000 ms	1000 ms
JOG速度限制值	20000 pulse/s	200000 pulse/s
JOG运行加速时间选择	0:1	0:1
JOG运行减速时间选择	0:1	0:1
加减速处理选择	0:梯形加减速处理	0:梯形加减速处理
S字比率	100 %	100 %
快速停止减速时间	1000 ms	1000 ms
停止组1快速停止选择	0:通常的减速停止	0:通常的减速停止
停止组2快速停止选择	0:通常的减速停止	0:通常的减速停止
停止组3快速停止选择	0:通常的减速停止	0:通常的减速停止
定位完成信号输出时间	300 ms	300 ms
圆弧插补间误差允许范围	100 pulse	100 pulse
外部指令功能选择	0:外部定位启动	0:外部定位启动
原点回归基本参数	设置用于进行原点回归控制所需要的值(通过可编程控制器就绪信号启用)。	
原点回归方式	0:近点DOG型	0:近点DOG型
原点回归方向	0:正方向(地址增加方向)	0:正方向(地址增加方向)
原点地址	0 pulse	0 pulse
原点回归速度	5000 pulse/s	1 pulse/s
爬行速度	5000 pulse/s	1 pulse/s
原点回归重试	0:不通过限位开关进行原点回归重试	0:不通过限位开关进行原点回归重试
原点回归详细参数	设置用于进行原点回归控制所需要的值。	
原点回归停留时间	0 ms	0 ms
近点DOG ON后的移动量设置	0 pulse	0 pulse
原点回归加速时间选择	0:1	0:1
原点回归减速时间选择	0:1	0:1
原点移位量	0 pulse	0 pulse
原点回归转矩限制值	300 %	300 %
偏差计数器清除信号输出时间	11 ms	11 ms
原点移位时速度指定	0:原点回归速度	0:原点回归速度
原点回归转重试时停留时间	0 ms	0 ms

图 2.5.11 QD75P4N 轴 1 和轴 2 参数设置

(2) 目标盘 JE 伺服驱动器需要更改的配置(见图 2.5.12)

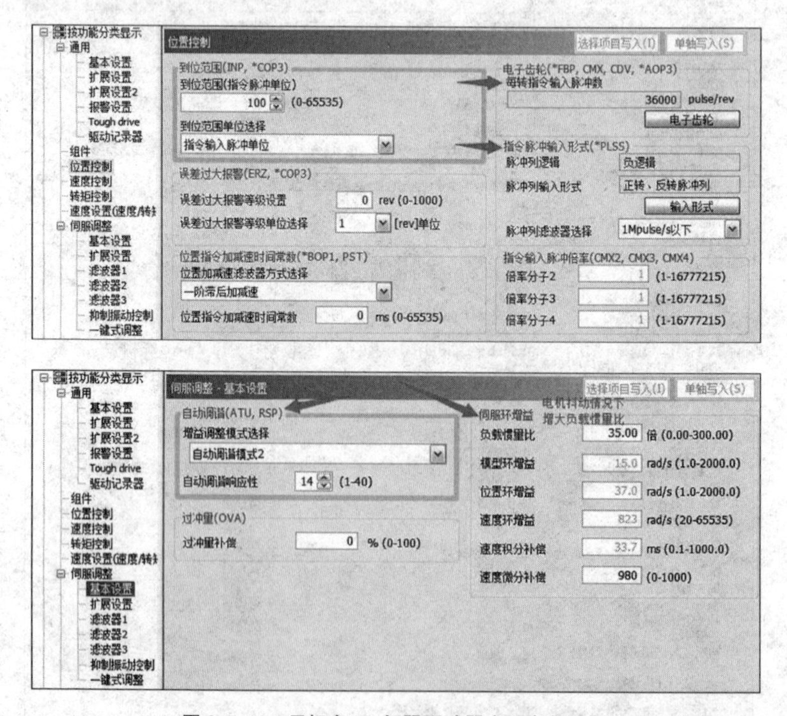

图 2.5.12 目标盘 JE 伺服驱动器主要参数设置

(3) 流水线 J4 伺服驱动器需要更改的配置(见图 2.5.13)

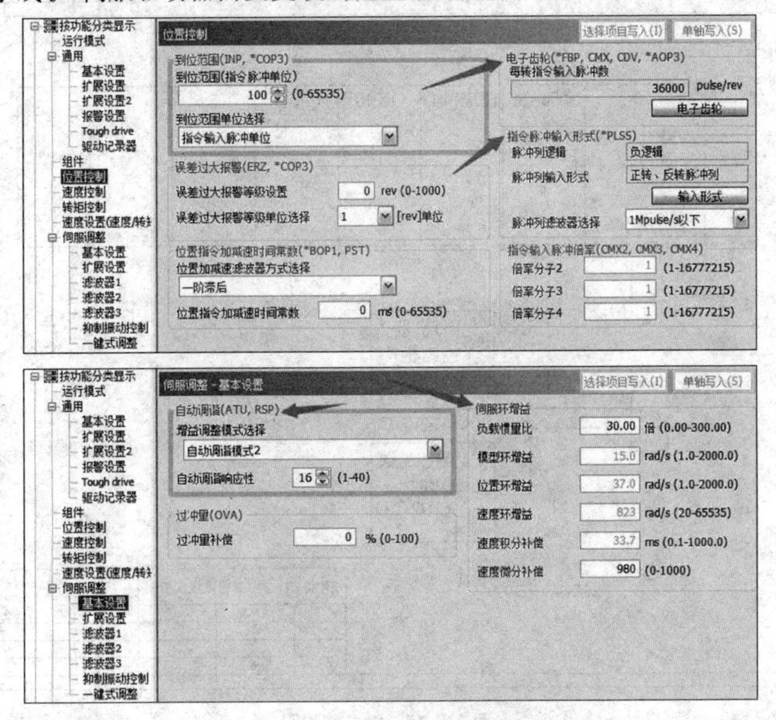

图 2.5.13　流水线 J4 伺服驱动器主要参数设置

6) 控制系统电路(见图 2.5.14～图 2.5.23)

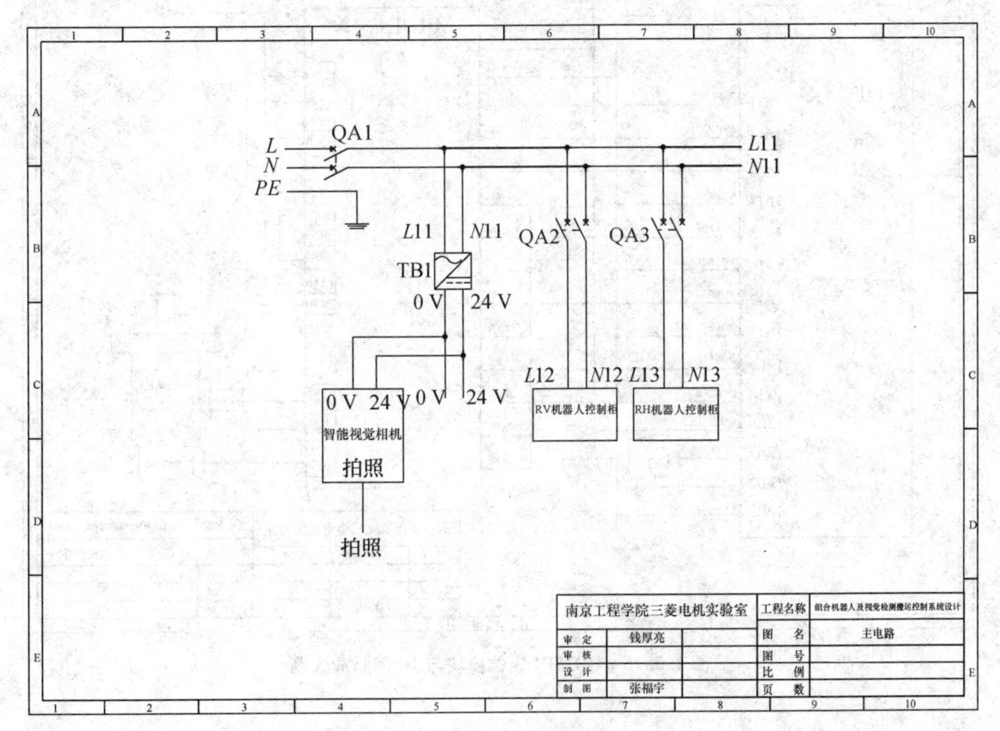

图 2.5.14　电源电路

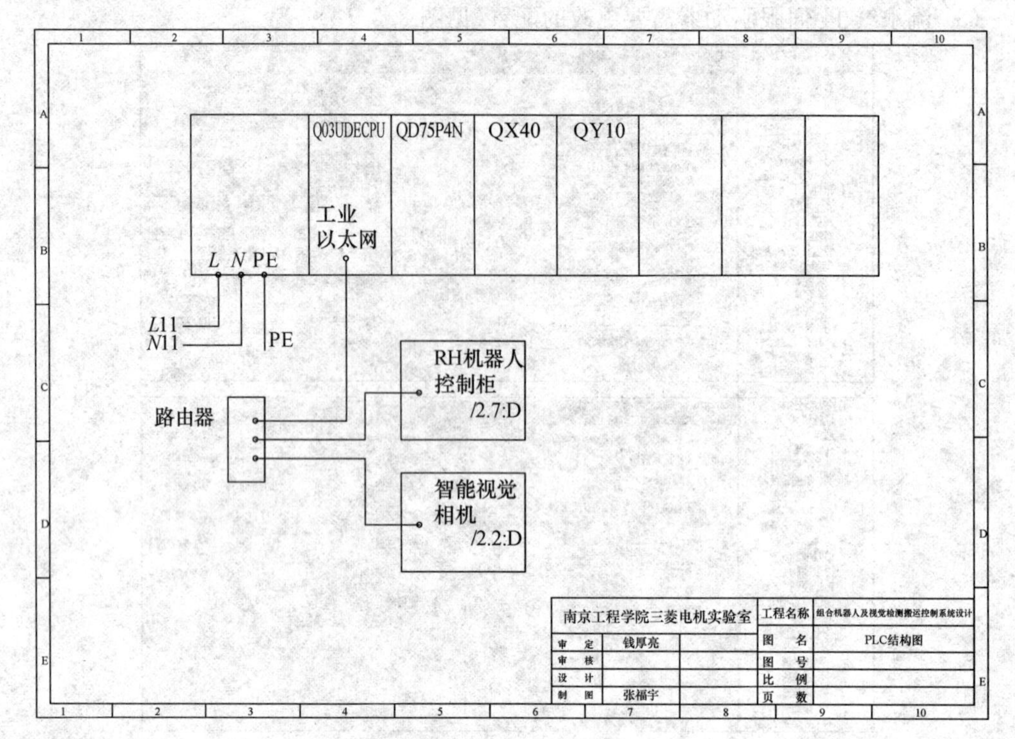

图 2.5.15 PLC 结构图

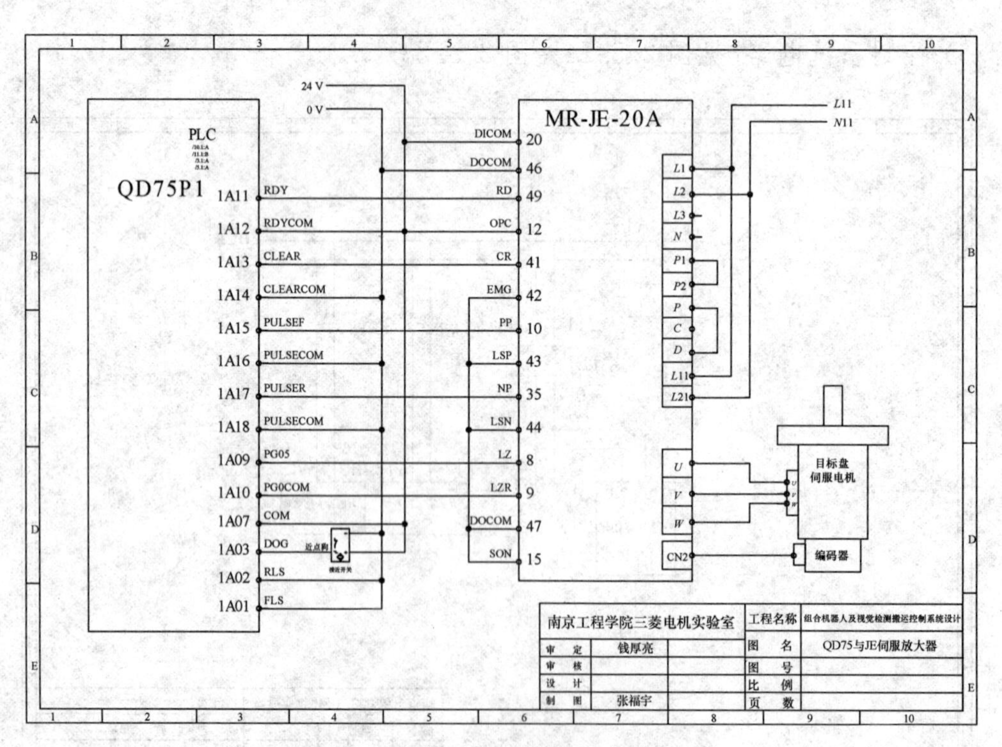

图 2.5.16 QD75P1 定位模块与 JE 伺服放大器

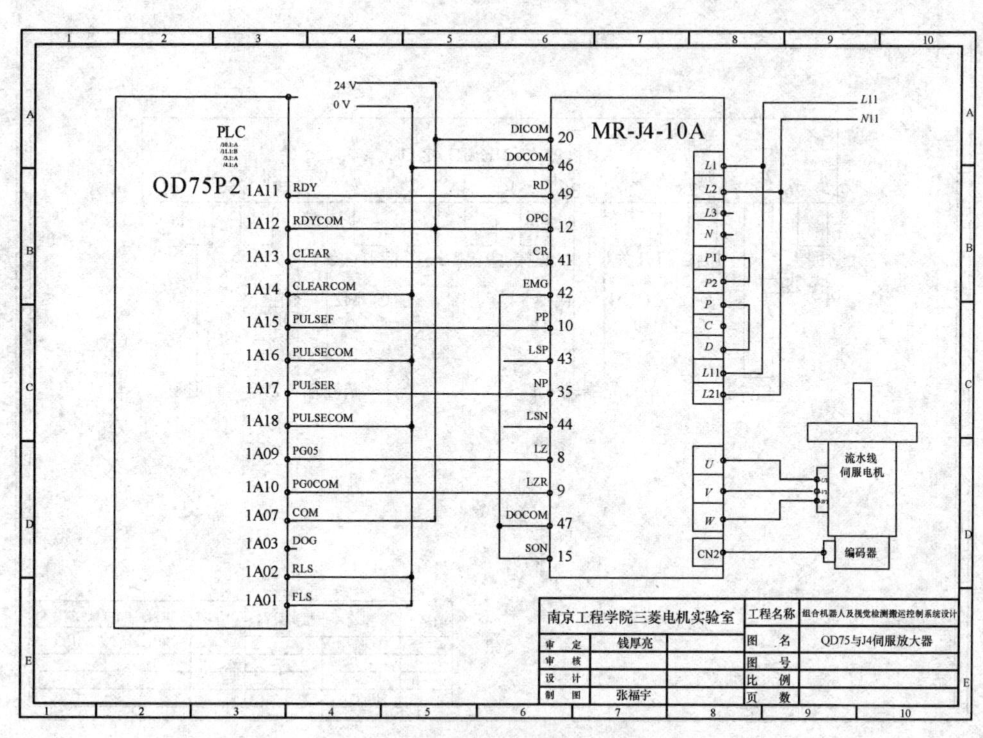

图 2.5.17 QD75P2 定位模块与 J4 伺服放大器

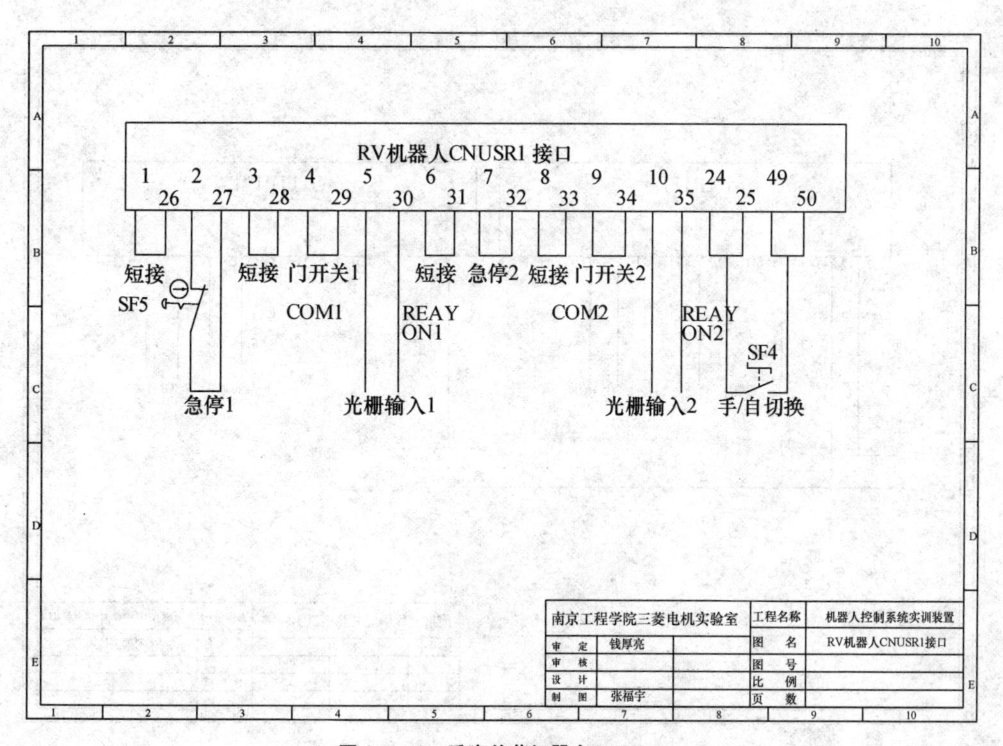

图 2.5.18 垂直关节机器人 CNUSR1

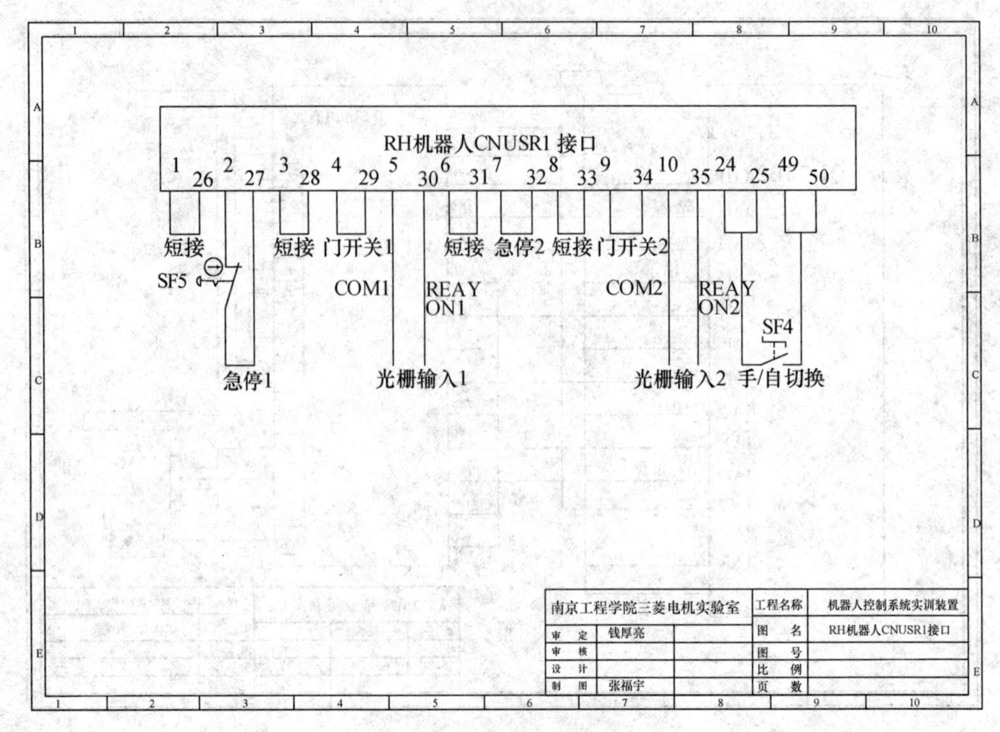

图 2.5.19 水平关节机器人 CNUSR1

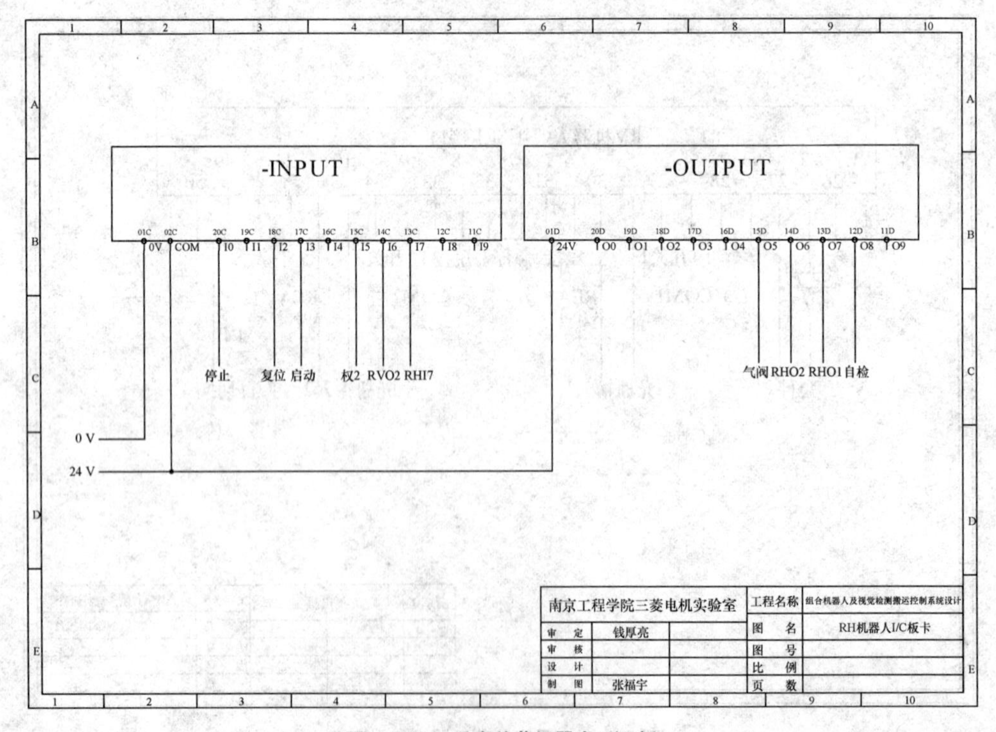

图 2.5.20 垂直关节机器人 I/O 板

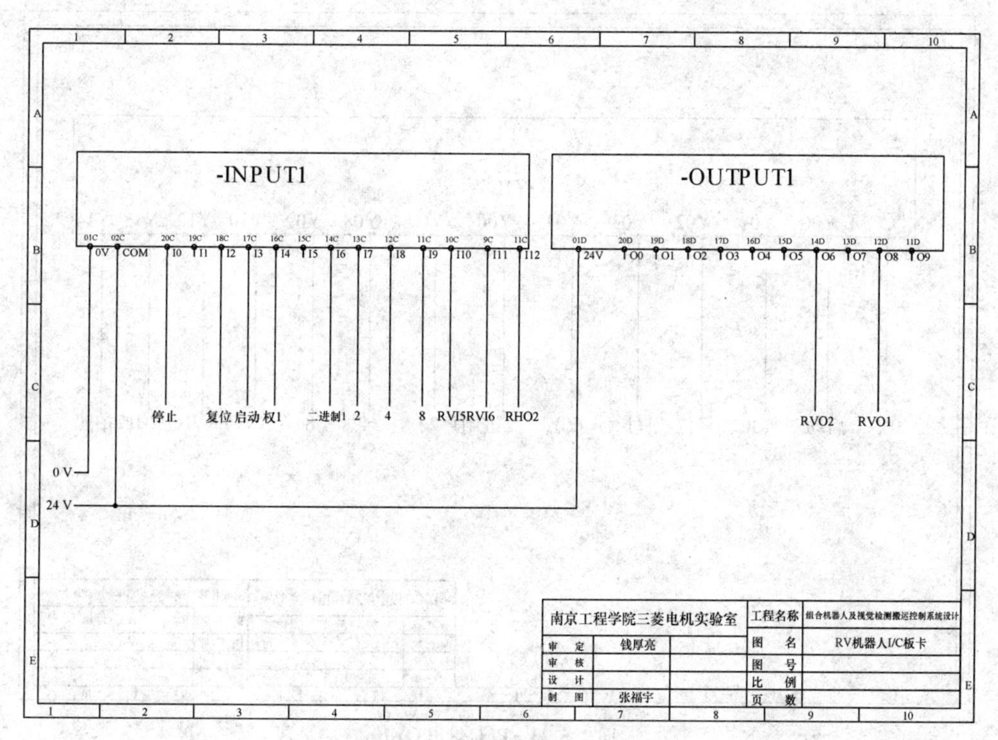

图 2.5.21　水平关节机器人 I/O 板

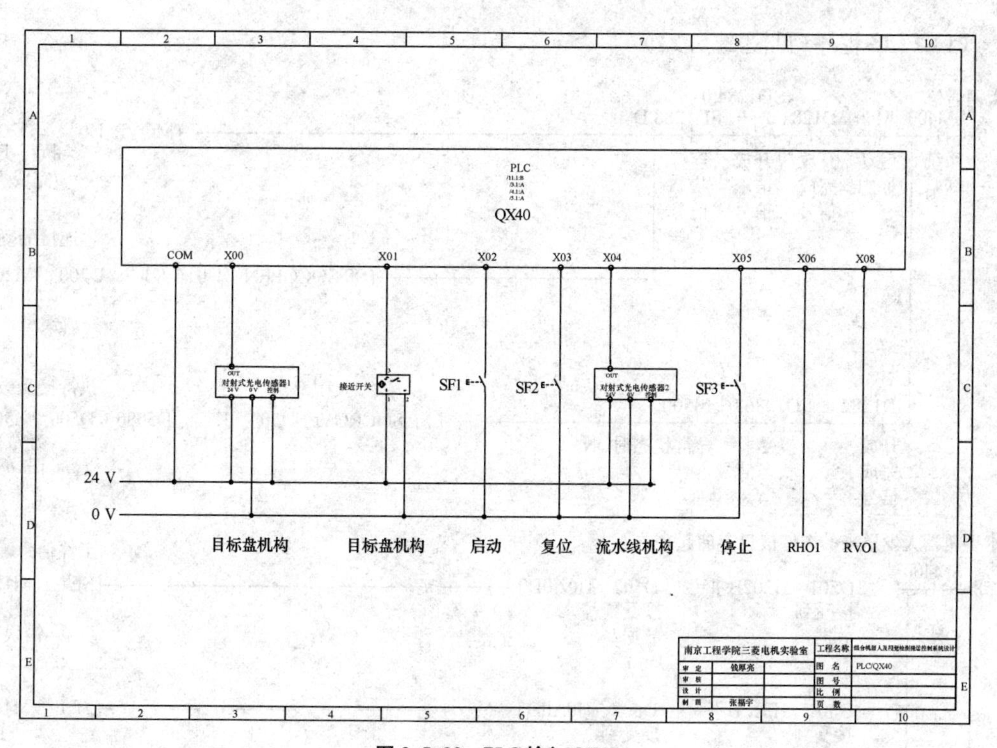

图 2.5.22　PLC 输入 QX40

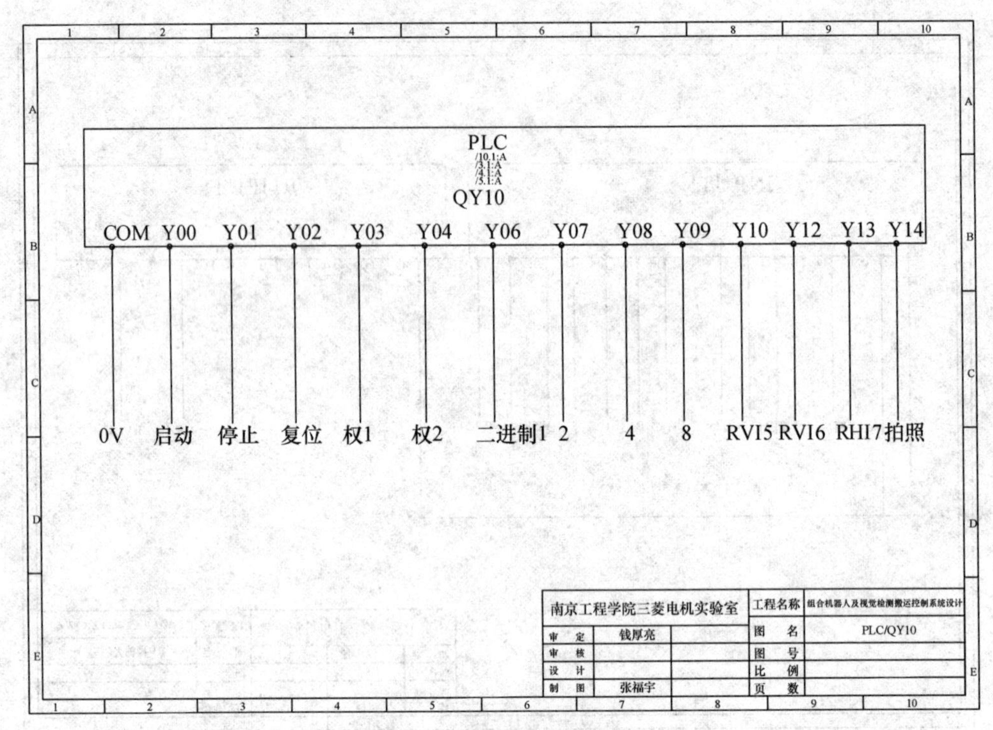

图 2.5.23　PLC 输出 QY10

7) 参考程序

(1) PLC 程序(见图 2.5.24)

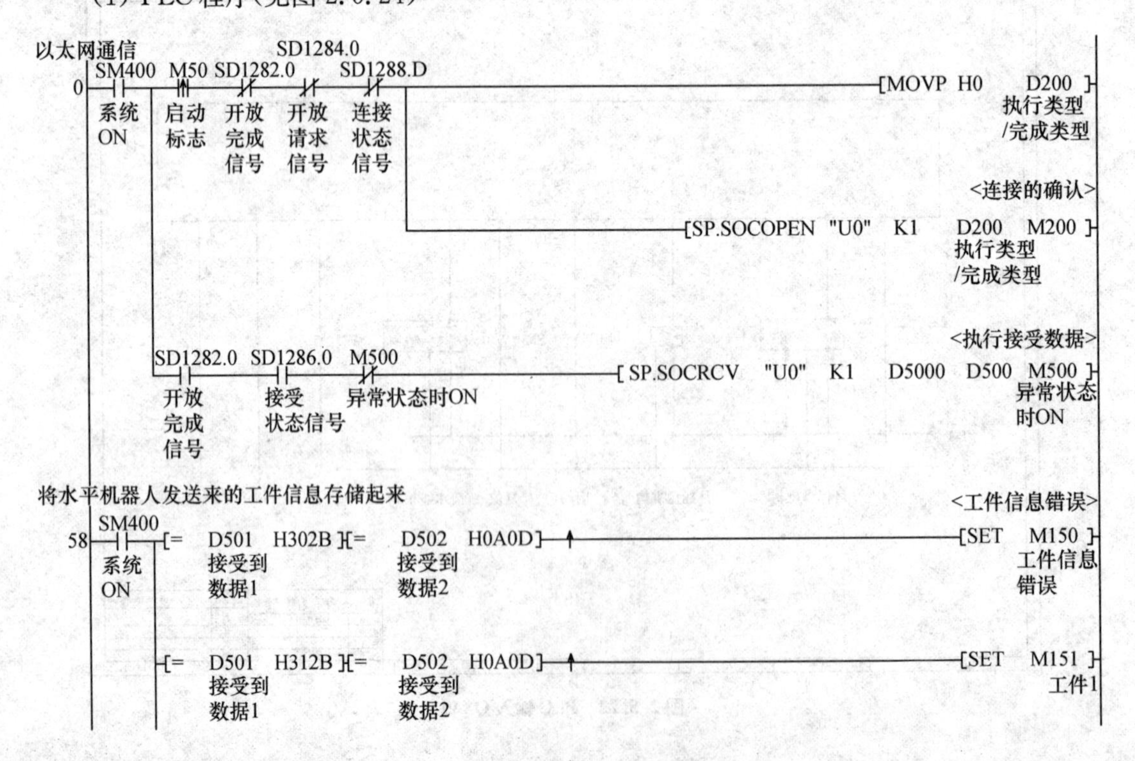

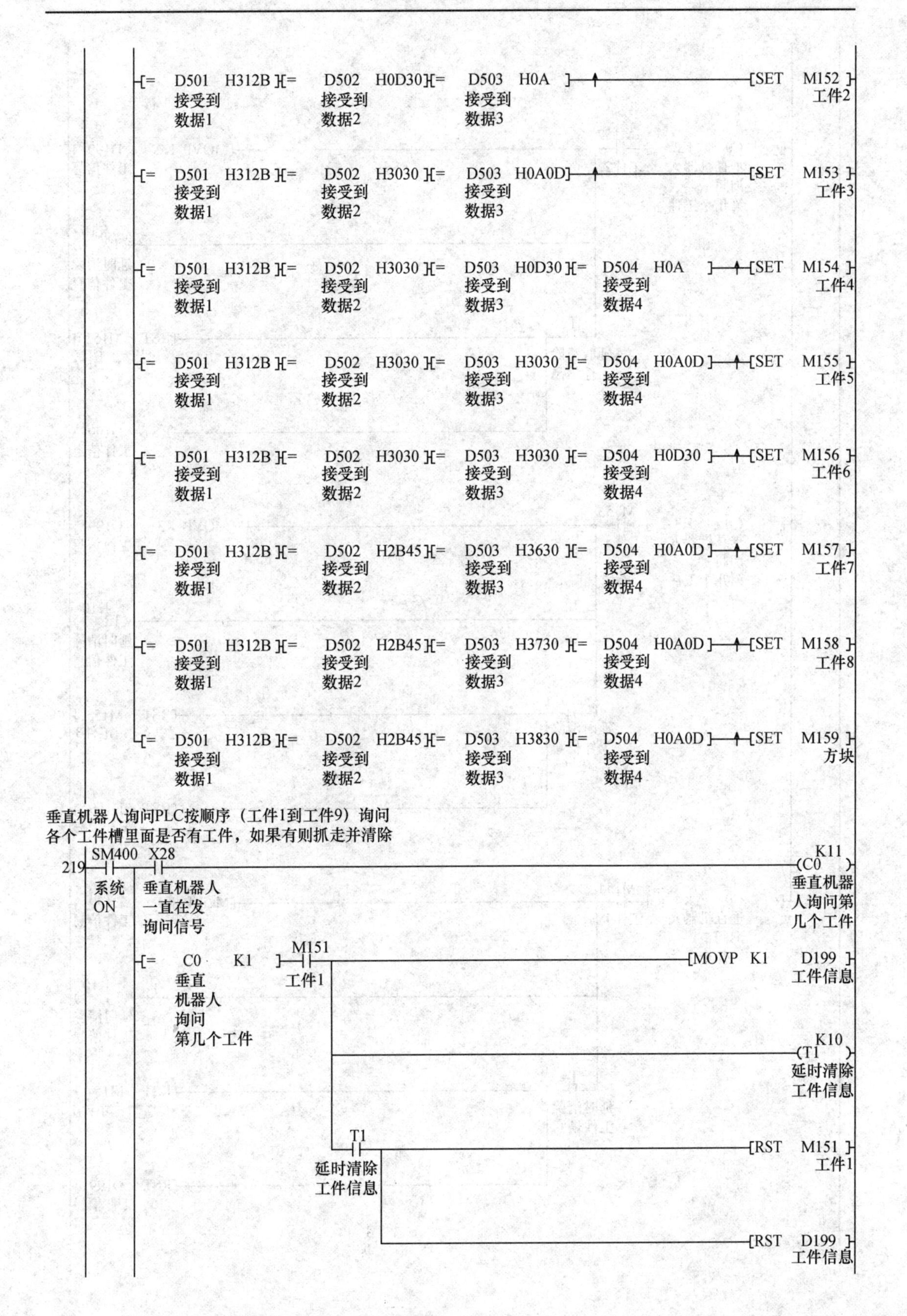

D501 H312B 接受到数据1
D502 H0D30 接受到数据2
D503 H0A 接受到数据3
SET M152 工件2
D502 H3030
D503 H0A0D
SET M153 工件3
D503 H0D30
D504 H0A 接受到数据4
SET M154 工件4
D503 H3030
D504 H0A0D
SET M155 工件5
D504 H0D30
SET M156 工件6
D502 H2B45
D503 H3630
SET M157 工件7
D503 H3730
SET M158 工件8
D503 H3830
SET M159 方块
垂直机器人询问PLC按顺序（工件1到工件9）询问
各个工件槽里面是否有工件，如果有则抓走并清除
219
SM400 系统ON
X28 垂直机器人一直在发询问信号
K11 C0 垂直机器人询问第几个工件
= C0 K1 垂直机器人询问第几个工件
M151 工件1
MOVP K1 D199 工件信息
K10 T1 延时清除工件信息
T1 延时清除工件信息
RST M151 工件1
RST D199 工件信息

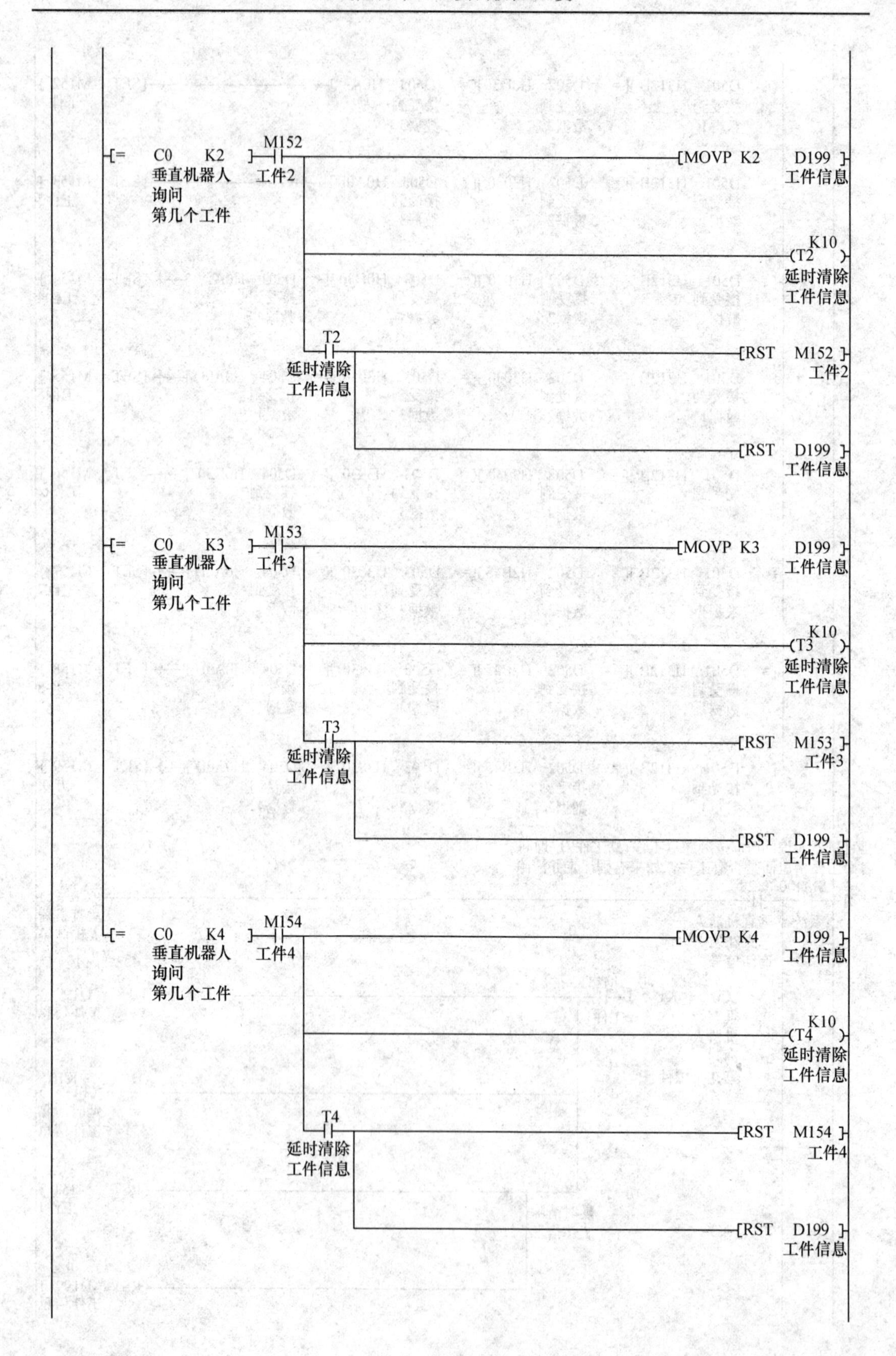

= C0 K2
垂直机器人询问第几个工件
M152
工件2
MOVP K2 D199
工件信息
K10
T2
延时清除工件信息
T2
延时清除工件信息
RST M152
工件2
RST D199
工件信息
= C0 K3
垂直机器人询问第几个工件
M153
工件3
MOVP K3 D199
工件信息
K10
T3
延时清除工件信息
T3
延时清除工件信息
RST M153
工件3
RST D199
工件信息
= C0 K4
垂直机器人询问第几个工件
M154
工件4
MOVP K4 D199
工件信息
K10
T4
延时清除工件信息
T4
延时清除工件信息
RST M154
工件4
RST D199
工件信息

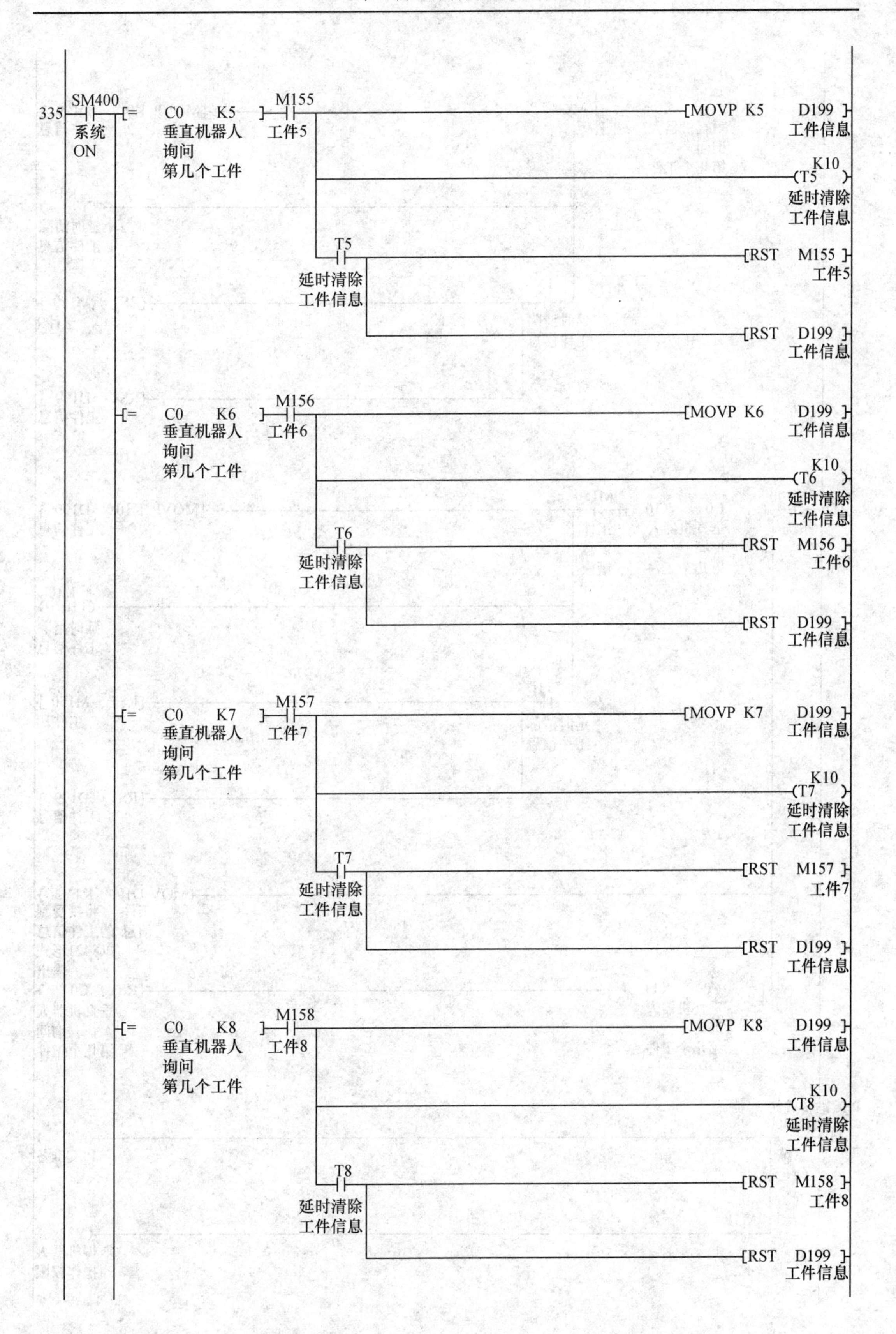
335
SM400
系统
ON
[= C0 K5
垂直机器人
询问
第几个工件
M155
工件5
[MOVP K5 D199]
工件信息
K10
(T5)
延时清除
工件信息
T5
延时清除
工件信息
[RST M155]
工件5
[RST D199]
工件信息
[= C0 K6
垂直机器人
询问
第几个工件
M156
工件6
[MOVP K6 D199]
工件信息
K10
(T6)
延时清除
工件信息
T6
延时清除
工件信息
[RST M156]
工件6
[RST D199]
工件信息
[= C0 K7
垂直机器人
询问
第几个工件
M157
工件7
[MOVP K7 D199]
工件信息
K10
(T7)
延时清除
工件信息
T7
延时清除
工件信息
[RST M157]
工件7
[RST D199]
工件信息
[= C0 K8
垂直机器人
询问
第几个工件
M158
工件8
[MOVP K8 D199]
工件信息
K10
(T8)
延时清除
工件信息
T8
延时清除
工件信息
[RST M158]
工件8
[RST D199]
工件信息

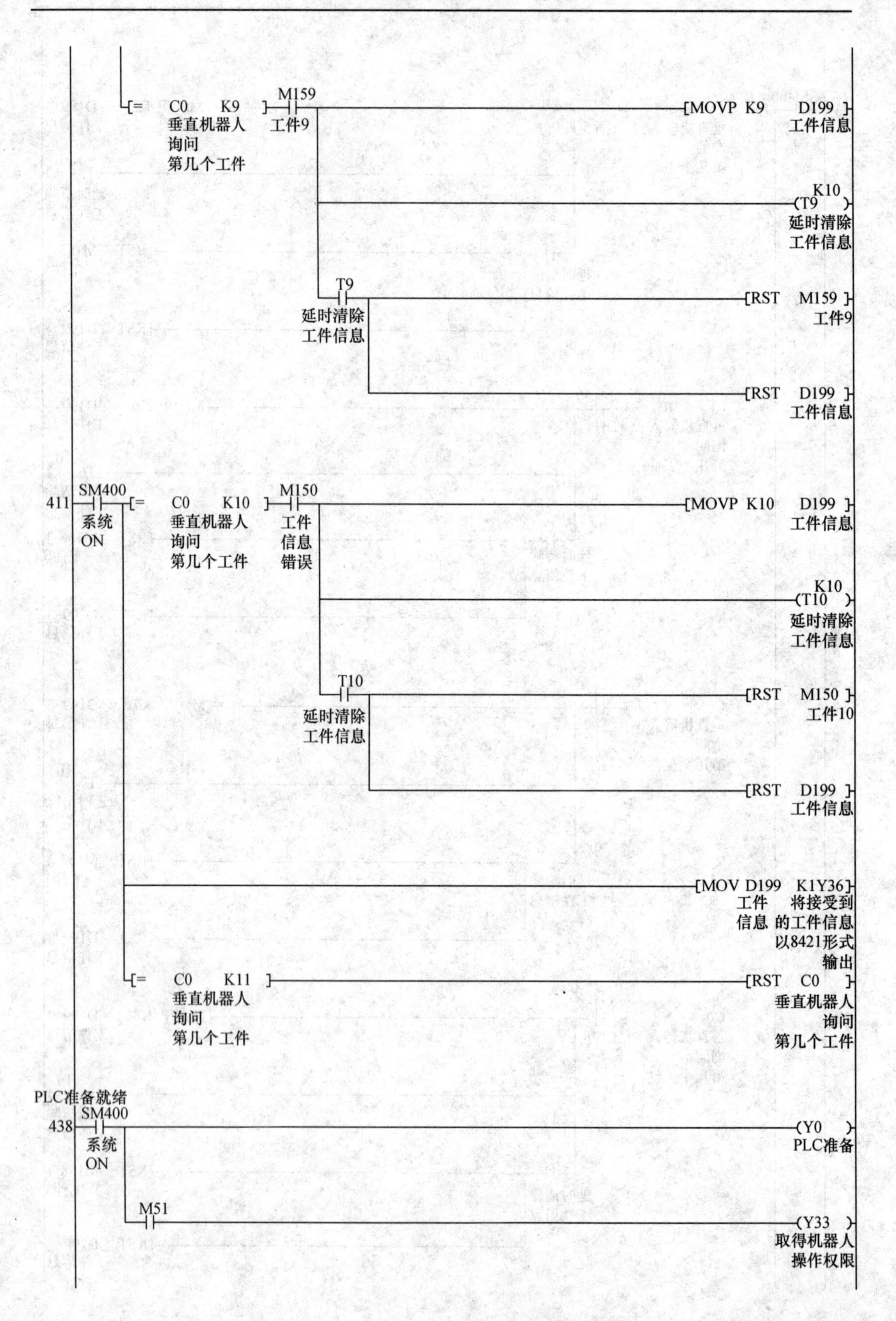

[= C0 K9]
垂直机器人
询问
第几个工件
M159
工件9
[MOVP K9 D199]
工件信息
K10
(T9)
延时清除
工件信息
T9
延时清除
工件信息
[RST M159]
工件9
[RST D199]
工件信息
411
SM400
系统
ON
[= C0 K10]
垂直机器人
询问
第几个工件
M150
工件
信息
错误
[MOVP K10 D199]
工件信息
K10
(T10)
延时清除
工件信息
T10
延时清除
工件信息
[RST M150]
工件10
[RST D199]
工件信息
[MOV D199 K1Y36]
工件
信息
将接受到
的工件信息
以8421形式
输出
[= C0 K11]
垂直机器人
询问
第几个工件
[RST C0]
垂直机器人
询问
第几个工件
PLC准备就绪
438
SM400
系统
ON
(Y0)
PLC准备
M51
(Y33)
取得机器人
操作权限

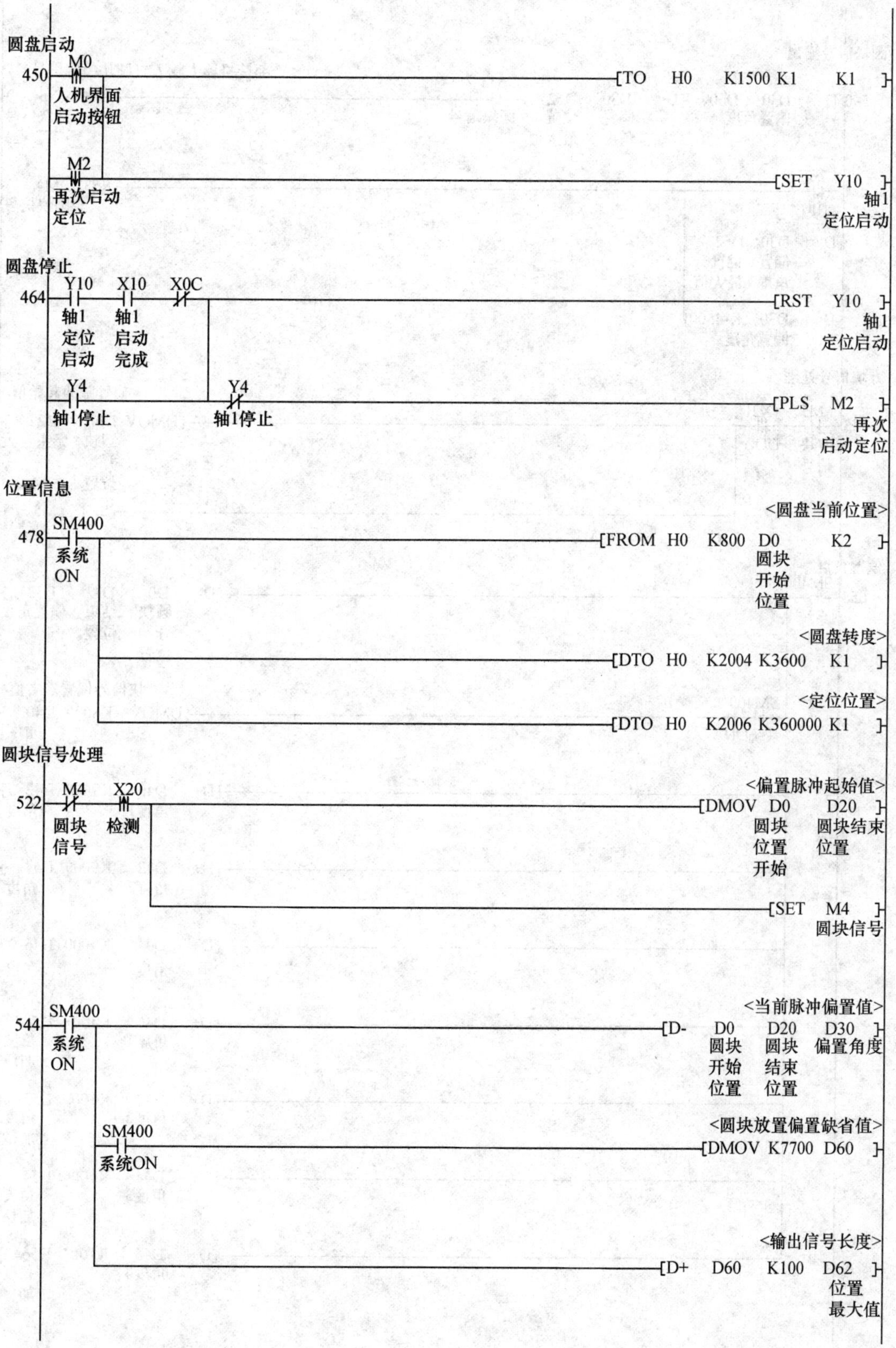

圆盘启动

450　M0（人机界面启动按钮）——[TO H0 K1500 K1 K1]

　　M2（再次启动定位）——[SET Y10]（轴1定位启动）

圆盘停止

464　Y10（轴1定位启动）　X10（轴1启动完成）　X0C——[RST Y10]（轴1定位启动）

　　Y4（轴1停止）　Y4（轴1停止）——[PLS M2]（再次启动定位）

位置信息

478　SM400（系统ON）

　　<圆盘当前位置>

　　——[FROM H0 K800 D0（圆块开始位置） K2]

　　<圆盘转度>

　　——[DTO H0 K2004 K3600 K1]

　　<定位位置>

　　——[DTO H0 K2006 K360000 K1]

圆块信号处理

522　M4（圆块信号）　X20（检测）

　　<偏置脉冲起始值>

　　——[DMOV D0（圆块位置开始） D20（圆块结束位置）]

　　——[SET M4]（圆块信号）

544　SM400（系统ON）

　　<当前脉冲偏置值>

　　——[D- D0（圆块开始位置） D20（圆块结束位置） D30（偏置角度）]

　　SM400（系统ON）

　　<圆块放置偏置缺省值>

　　——[DMOV K7700 D60]

　　<输出信号长度>

　　——[D+ D60 K100 D62（位置最大值）]

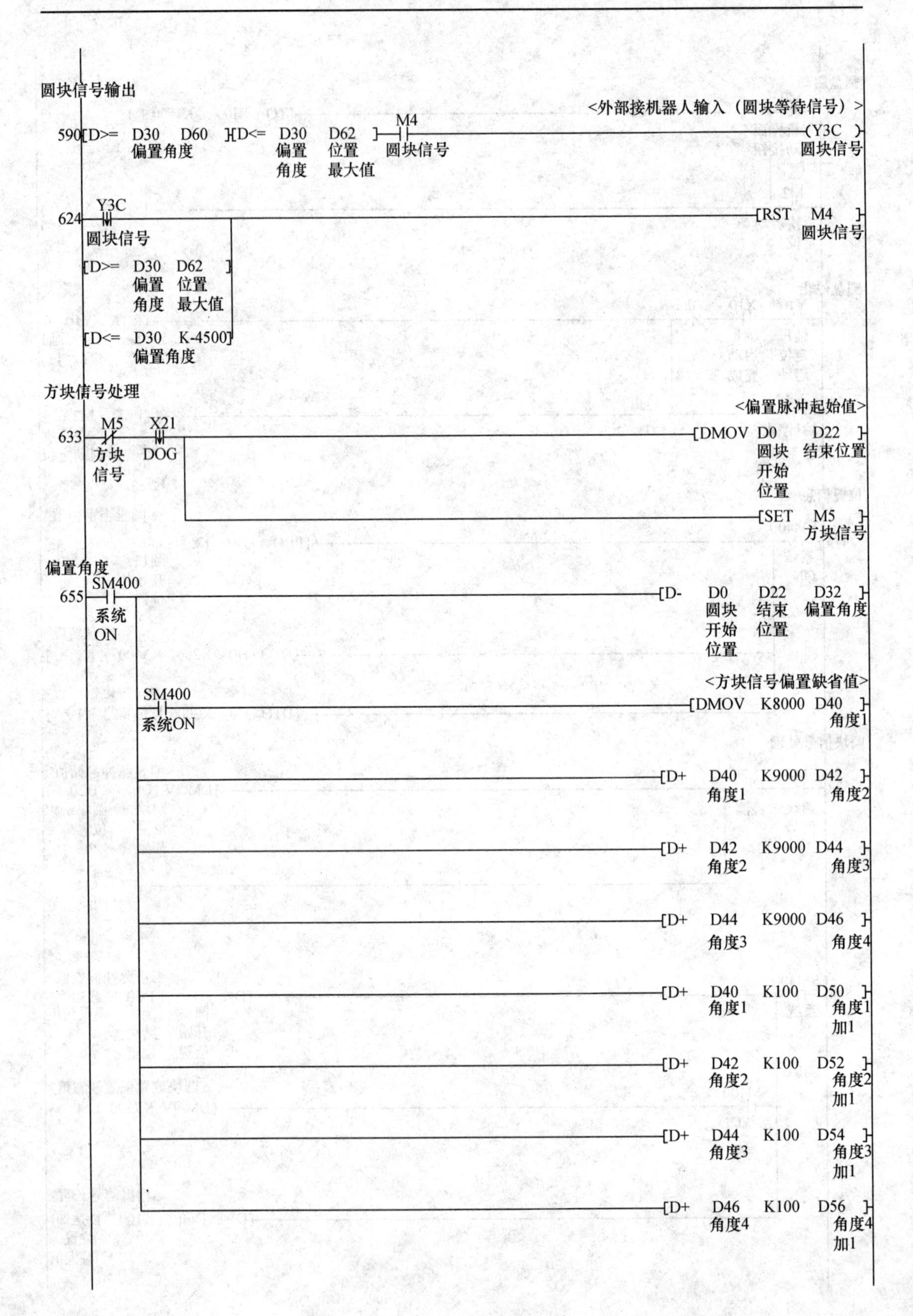
圆块信号输出
<外部接机器人输入（圆块等待信号）>
590 [D>= D30 D60] [D<= D30 D62] M4 (Y3C)
偏置角度 偏置角度 位置最大值 圆块信号 圆块信号
624 Y3C 圆块信号 [RST M4] 圆块信号
[D>= D30 D62] 偏置角度 位置最大值
[D<= D30 K-4500] 偏置角度
方块信号处理
<偏置脉冲起始值>
633 M5 方块信号 X21 DOG [DMOV D0 D22] 圆块开始位置 结束位置
[SET M5] 方块信号
偏置角度
655 SM400 系统ON [D- D0 D22 D32] 圆块开始位置 结束位置 偏置角度
<方块信号偏置缺省值>
SM400 系统ON [DMOV K8000 D40] 角度1
[D+ D40 K9000 D42] 角度1 角度2
[D+ D42 K9000 D44] 角度2 角度3
[D+ D44 K9000 D46] 角度3 角度4
[D+ D40 K100 D50] 角度1 角度1加1
[D+ D42 K100 D52] 角度2 角度2加1
[D+ D44 K100 D54] 角度3 角度3加1
[D+ D46 K100 D56] 角度4 角度4加1

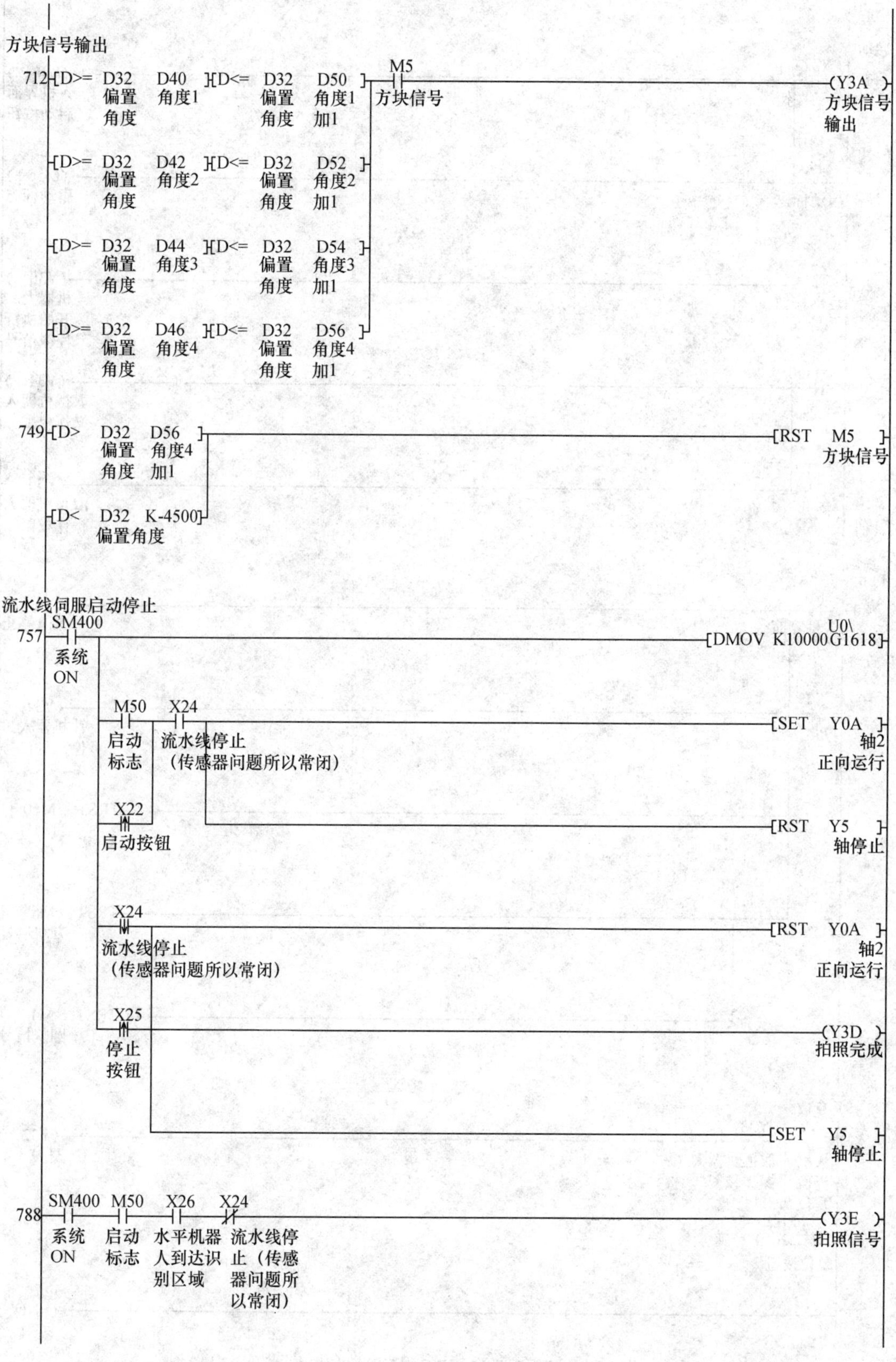

方块信号输出

712 [D>= D32 偏置角度 D40 角度1] [D<= D32 偏置角度 D50 角度1加1] M5 方块信号 —— (Y3A 方块信号输出)

[D>= D32 偏置角度 D42 角度2] [D<= D32 偏置角度 D52 角度2加1]

[D>= D32 偏置角度 D44 角度3] [D<= D32 偏置角度 D54 角度3加1]

[D>= D32 偏置角度 D46 角度4] [D<= D32 偏置角度 D56 角度4加1]

749 [D> D32 偏置角度 D56 角度4加1] —— [RST M5] 方块信号

[D< D32 偏置角度 K-4500]

流水线伺服启动停止

757 SM400 系统ON —— [DMOV K10000 U0\G1618]

M50 启动标志 X24 流水线停止（传感器问题所以常闭） —— [SET Y0A] 轴2正向运行

X22 启动按钮 —— [RST Y5] 轴停止

X24 流水线停止（传感器问题所以常闭） —— [RST Y0A] 轴2正向运行

X25 停止按钮 —— (Y3D) 拍照完成

[SET Y5] 轴停止

788 SM400 系统ON M50 启动标志 X26 水平机器人到达识别区域 X24 流水线停止（传感器问题所以常闭） —— (Y3E) 拍照信号

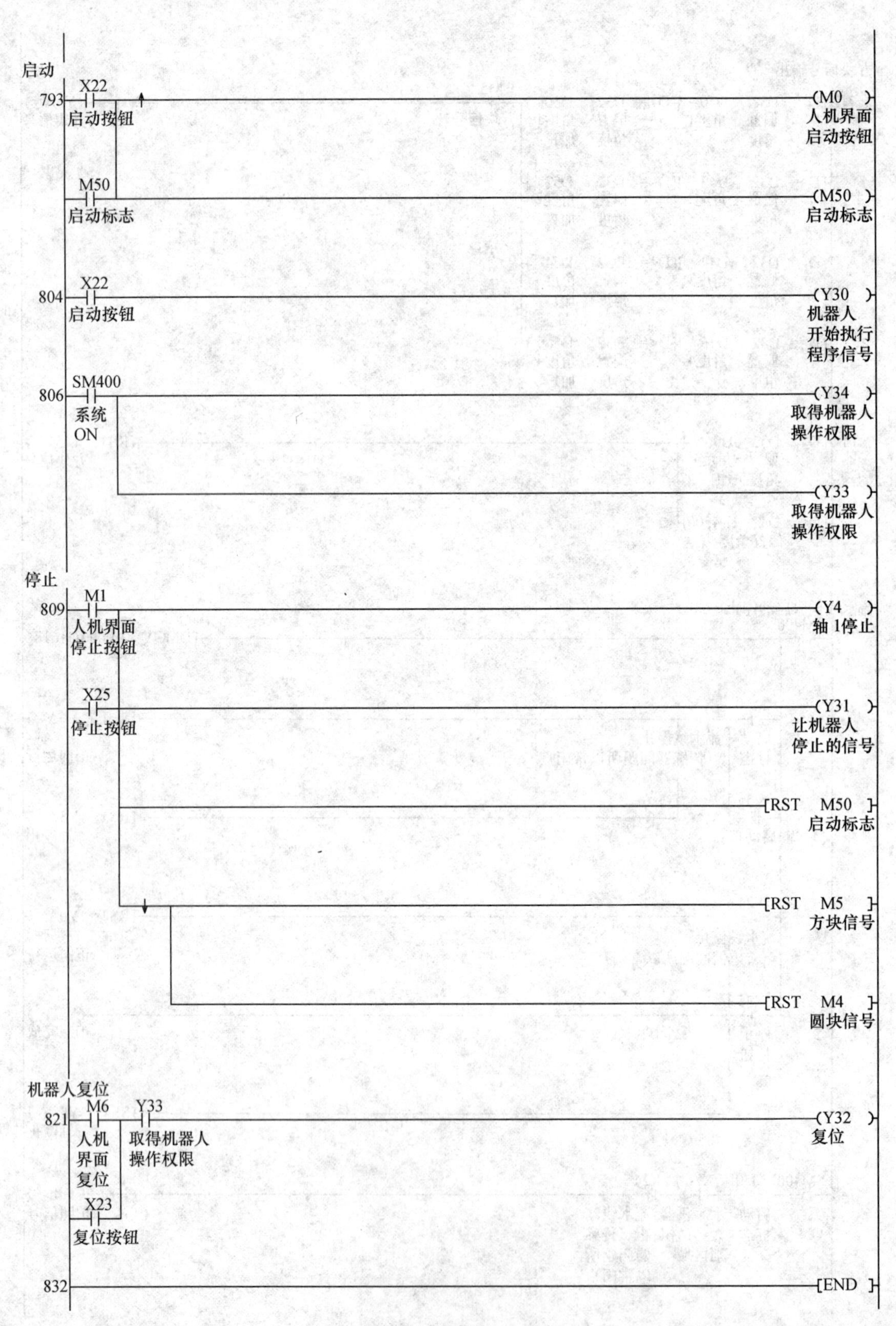

图2.5.24 PLC梯形图程序

(2) 四轴水平关节机器人程序

```
1 Ovrd 30                                                    '倍率30%'
2 Servo On                                                   '伺服上电'
3 Tool(+0.000,+0.000,+100.000,+0.000,+0.000,+0.000)          '定义工具原点'
4 M_Out(5)=0                                                 '气阀输出初始化'
5 M_Out(8)=0                                                 '自检信号复位'
6 M_Out(7)=0                                                 '拍照信号复位'
7 M_Out(6)=0                                                 '安全区域信号复位'
8 Mvs P10                                                    '安全点'
9 Mvs P1                                                     'home点'
10 *JIANCE                                                   '识别工件程序'
11 Mvs P2                                                    '工件识别点'
12 M_Out(7)=1
13 M_Out(8)=1
14 Open "COM3:" As #1
         '参数:将在COMDEV的第1号的要素设定的通信端口以档案号码1开启'
15 Wait M_Open(1)=1                                          '等待通道1打开'
16 Input #1,M1                                   '将1通道里的数据给变量M1'
17 Dly 0.1                                                   '等待0.1 s'
18 M_Out(7)=0
19 Close #1                                          '关闭被开启的全部档案'
20 Open "COM4:" As #2
         '参数:将在COMDEV的第2号的要素设定的通信端口以档案号码2开启'
21 Wait M_Open(2)=1                                          '等待通道2打开'
22 Print #2,M1                                    '将变量M1的数据传到通道2'
23 Close #2                                                  '关闭通道2'
24 If M1=1 Then GoTo *LIAO1      '当M1变量数据为1时,程序跳转到圆料1程序'
25 If M1=10 Then GoTo *LIAO2
26 If M1=100 Then GoTo *LIAO3
27 If M1=1000 Then GoTo *LIAO4
28 If M1=10000 Then GoTo *LIAO5
29 If M1=100000& Then GoTo *LIAO6
30 If M1=1000000& Then GoTo *LIAO7
31 If M1=10000000& Then GoTo *LIAO8
32 If M1=100000000& Then GoTo *FLIAO Else GoTo *JIANCE
         '当M1为100000000时程序跳转到方料程序,否则跳转到识别工件程序'
33 *LIAO1                                                    '圆料1程序'
34 M_Out(8)=0
```

```
35 Mvs P3,+20                         '抓取物料点上方 20 mm'
36 M_Out(5)=1                         '气阀打开,机器人手抓吸'
37 Mvs P3                             '抓取物料点'
38 Dly 0.2
39 Mvs P3,+20
40 Mvs P1                             '返回等待点'
41 Wait M_In(6)=0                     '等待安全域信号'
42 M_Out(6)=1                         '发送安全域进入信号'
43 Mvs P10                            '安全过渡点'
44 Mvs P11,+20                        '料 1 放置点上方 20 mm'
45 Dly 0.1
46 Mvs P11                            '料 1 放置点'
47 Dly 0.2
48 M_Out(5)=0                         '手抓松开'
49 Dly 0.8
50 M_Out(8)=1                         '自检信号输出'
51 Mvs P11,+20
52 Mvs P10
53 Mvs P1
54 Dly 0.5
55 M_Out(6)=0                         '退出安全域,安全域信号复位'
56 M_Out(8)=0
57 GoTo *JIANCE
58 *LIAO2                             '圆料 2 程序'
59 M_Out(8)=0
60 Mvs P3,+20
61 M_Out(5)=1
62 Mvs P3
63 Dly 0.2
64 Mvs P3,+20
65 Mvs P1
66 Wait M_In(6)=0
67 M_Out(6)=1
68 Mvs P10
69 Mvs P12,+20
70 Dly 0.1
71 Mvs P12
72 Dly 0.2
```

```
73 M_Out(5)=0
74 M_Out(8)=1
75 Mvs P12,+20
76 Mvs P10
77 Mvs P1
78 Dly 0.5
79 M_Out(6)=0
80 M_Out(8)=0
81 GoTo *JIANCE
82 *LIAO3                                                    '圆料 3 程序'
83 M_Out(8)=0
84 Mvs P3,+20
85 M_Out(5)=1
86 Mvs P3
87 Dly 0.2
88 Mvs P3,+20
89 Mvs P1
90 Wait M_In(6)=0
91 M_Out(6)=1
92 Mvs P10
93 Mvs P13,+20
94 Dly 0.1
95 Mvs P13
96 Dly 0.2
97 M_Out(5)=0
98 Dly 0.8
99 M_Out(8)=1
100 Mvs P13,+20
101 Mvs P10
102 Mvs P1
103 Dly 0.5
104 M_Out(6)=0
105 M_Out(8)=0
106 GoTo *JIANCE
107 *LIAO4                                                   '圆料 4 程序'
108 M_Out(8)=0
109 Mvs P3,+20
110 M_Out(5)=1
```

```
111 Mvs P3
112 Dly 0.2
113 Mvs P3,+20
114 Mvs P1
115 Wait M_In(6)=0
116 M_Out(6)=1
117 Mvs P10
118 Mvs P14,+20
119 Dly 0.1
120 Mvs P14
121 Dly 0.2
122 M_Out(5)=0
123 Dly 0.8
124 M_Out(8)=1
125 Mvs P14,+20
126 Mvs P10
127 Mvs P1
128 Dly 0.5
129 M_Out(6)=0
130 M_Out(8)=0
131 GoTo *JIANCE
132 *LIAO5                                          '圆料5程序'
133 M_Out(8)=0
134 Mvs P3,+20
135 M_Out(5)=1
136 Mvs P3
137 Dly 0.2
138 Mvs P3,+20
139 Mvs P1
140 Wait M_In(6)=0
141 M_Out(6)=1
142 Mvs P10
143 Mvs P15,+20
144 Dly 0.1
145 Mvs P15
146 Dly 0.2
147 M_Out(5)=0
148 Dly 0.8
```

```
149 M_Out(8)=1
150 Mvs P15,+20
151 Mvs P10
152 Mvs P1
153 Dly 0.5
154 M_Out(6)=0
155 M_Out(8)=0
156 GoTo *JIANCE
157 *LIAO6                                        '圆料6程序'
158 M_Out(8)=0
159 Mvs P3,+20
160 M_Out(5)=1
161 Mvs P3
162 Dly 0.2
163 Mvs P3,+20
164 Mvs P1
165 Wait M_In(6)=0
166 M_Out(6)=1
167 Mvs P10
168 Mvs P16,+20
169 Dly 0.1
170 Mvs P16
171 Dly 0.2
172 M_Out(5)=0
173 Dly 0.8
174 M_Out(8)=1
175 Mvs P16,+20
176 Mvs P10
177 Mvs P1
178 Dly 0.5
179 M_Out(6)=0
180 M_Out(8)=0
181 GoTo *JIANCE
182 *LIAO7                                        '圆料7程序'
183 M_Out(8)=0
184 Mvs P3,+20
185 M_Out(5)=1
186 Mvs P3
```

```
187 Dly 0.2
188 Mvs P3,+20
189 Mvs P1
190 Wait M_In(6)=0
191 M_Out(6)=1
192 Mvs P10
193 Mvs P17,+20
194 Dly 0.1
195 Mvs P17
196 Dly 0.2
197 M_Out(5)=0
198 Dly 0.8
199 M_Out(8)=1
200 Mvs P17,+20
201 Mvs P10
202 Mvs P1
203 Dly 0.5
204 M_Out(6)=0
205 M_Out(8)=0
206 GoTo *JIANCE
207 *LIAO8                                          '圆料8程序'
208 M_Out(8)=0
209 Mvs P3,+20
210 M_Out(5)=1
211 Mvs P3
212 Dly 0.2
213 Mvs P3,+20
214 Mvs P1
215 Wait M_In(6)=0
216 M_Out(6)=1
217 Mvs P10
218 Mvs P18,+20
219 Dly 0.1
220 Mvs P18
221 Dly 0.2
222 M_Out(5)=0
223 Dly 0.8
224 M_Out(8)=1
```

```
225 Mvs P18,+20
226 Mvs P10
227 Mvs P1
228 Dly 0.5
229 M_Out(6)=0
230 M_Out(8)=0
231 GoTo *JIANCE
232 *FLIAO                                                          '方料程序'
233 M_Out(8)=0
234 Mvs P4,+20
235 M_Out(5)=1
236 Mvs P4
237 Dly 0.2
238 Mvs P4,+20
239 Mvs P1
240 Wait M_In(6)=0
241 M_Out(6)=1
242 Mvs P10
243 Mvs P19,+20
244 Dly 0.1
245 Mvs P19
246 Dly 0.2
247 M_Out(5)=0
248 Dly 0.8
249 M_Out(8)=1
250 Mvs P19,+20
251 Mvs P10
252 Mvs P1
253 Dly 0.5
254 M_Out(6)=0
255 M_Out(8)=0
256 GoTo *JIANCE
P10=(+159.092,+232.116,+363.453,+0.000,+0.000,+111.066)(4,0)
                                                                '安全过渡点'
P1=(+165.309,-1.797,+366.953,+0.000,+0.000,+111.043)(4,0)    'home点'
P2=(+296.533,-111.961,+365.177,+0.000,+0.000,+29.744)(4,0)
                                                                '识别工件点'
P3=(+308.805,-110.869,+319.781,+0.000,+0.000,+114.171)(4,0)
                                                                '抓取工件点'
```

```
P11=(+3.056,+221.713,+305.932,+0.000,+0.000,+111.052)(4,0)
                                                        '圆料 1 放置点'
P12=(+1.806,+279.481,+305.932,+0.000,+0.000,+111.007)(4,0)
                                                        '圆料 2 放置点'
P13=(-40.537,+318.900,+305.932,+0.000,+0.000,+111.004)(4,0)
                                                        '圆料 3 放置点'
P14=(-98.153,+317.015,+305.932,+0.000,+0.000,+111.004)(4,0)
                                                        '圆料 4 放置点'
P15=(-137.084,+276.002,+305.932,+0.000,+0.000,+111.009)(4,0)
                                                        '圆料 5 放置点'
P16=(-135.875,+218.351,+305.932,+0.000,+0.000,+111.049)(4,0)
                                                        '圆料 6 放置点'
P17=(-93.953,+178.878,+305.932,+0.000,+0.000,+111.013)(4,0)
                                                        '圆料 7 放置点'
P18=(-36.330,+180.290,+305.932,+0.000,+0.000,+111.005)(4,0)
                                                        '圆料 8 放置点'
P19=(-60.852,+275.343,+305.932,+0.000,+0.000,+89.964)(4,0)
                                                        '方料放置点'
```

(3) 六轴垂直关节机器人程序

```
*START                                                  '主程序'
Ovrd 30                                                 '速度倍率 30%'
Servo On                                                '伺服上电 '
Tool(+0.00,+0.00,+100.00,+0.00,+0.00,+0.00)             '设置工具坐标'
M_Out(9)=0                                              '气动阀关闭'
Mvs P1                                                  '初始化位置'
If M_In(7)=1 Then GoTo *WORK1 Else GoTo *START          '判断是否调到子程序'
*WORK1                                                  '子程序'
Dly 0.5
Ovrd 80
Mvs P11,-20                                             '料盘方块上方 20 mm'
M_Out(9)=1                                              '气阀打开'
M_Out(8)=1                                              ''
Mvs P11                                                 '料盘方块'
Dly 0.3
Mvs P11,-20                                             '料盘方块上方 20 mm'
Cnt 1,30,30                                             '中间点过渡'
Mvs P10                                                 '中间点'
Mvs P21,-20                                             '目标盘方块放置点上方 20 mm'
```

```
Dly 0.1
Mvs P21                                          '方块放置点'
Wait M_In(9)=0                                   '气阀关闭'
Wait M_In(9)=1                                   '气阀打开'
Mvs P21,+2                                       '方块放置点上方 18 mm'
Dly 0.1
M_Out(9)=0                                       '气阀关闭'
Mvs P21,-20                                      '目标盘方块放置点上方 20 mm'
Cnt 1,30,30                                      '过渡点'
Mvs P10
M_Out(8)=0
P13.A=P12.A                                      '定义 P12,P13,P15 的 ABC 姿势成分'
P13.B=P12.B
P13.C=P12.C
P15.A=P12.A
P15.B=P12.B
P15.C=P12.C
Def Plt 3,P12,P13,P14, ,8,1,3                    '圆弧 8 个点均分算法定义'
M2=1                                             '变量赋值'
*LOOP1                                           '循环程序'
P15=(Plt 3,M2)                                   '运算托盘号 3 内数值变量 M2 的位置,赋值给 P15'
Mvs P15,-20                                      '料盘各个圆块位置点上方 20 mm'
M_Out(9)=1
Mvs P15                                          '料盘各个圆块的位置'
Dly 0.3
Mvs P15,-20                                      '料盘各个圆块位置点上方 20 mm'
Cnt 1,30,30
Mvs P10                                          '中间过渡点'
Mvs P22,-20                                      '目标盘圆块位置上方 20 mm'
Dly 0.1
Mvs P22                                          '目标盘圆块位置'
Wait M_In(8)=0
Wait M_In(8)=1                                   '圆料放置等待信号'
Mvs P22,+2                                       '圆料放置点上方 18 mm'
Dly 0.1
M_Out(9)=0                                       '气阀关闭'
Mvs P22,-20
Cnt 1,30,30
```

```
Mvs P10
M2=M2+1                                                   '变量自加 1'
If M2<=8 Then *LOOP1                  '如果变量小于等于 8 则跳到循环程序'
Mvs P1                                                  '回到初始化位置'
Servo Off                                                   '伺服失电'
End                                                         '程序结束'
P10=(+210.85,-16.20,+300.35,-180.00,+0.00,+90.01)(7,0)        '中间点'
P1=(+152.73,+6.04,+240.95,+180.00,+0.00,+29.96)(7,0)         'home 点'
P13=(-53.53,-326.71,+106.28,+180.00,+0.00,-47.44)(7,0)
                                                      '库盘定义的中间点'
P12=(+85.08,-384.67,+106.28,+180.00,+0.00,-47.44)(7,0)
                                                        '库盘定义的起点'
P15=(-53.51,-386.17,+106.28,+180.00,+0.00,-47.44,+0.00,+0.00)(7,
0)                                                    '库盘定义的变量点'
P14=(+45.44,-425.30,+106.28,+179.99,+0.01,-47.42)(7,0)
                                                        '库盘定义的终点'
P22=(+88.89,+418.00,+195.66,+180.00,+0.00,+90.01)(7,0)
                                                      '目标盘圆块放置点'
P11=(+15.96,-356.11,+106.18,+180.00,+0.00,-47.44)(7,0)    '方块抓取点'
P21=(+16.02,+415.84,+195.15,+180.00,+0.00,+127.19)(7,0)   '方块放置点'
```

8) 调试中的问题

水平机器人与垂直机器人存在干涉区域的问题:

水平机器人的放置工件区域与垂直机器人的抓取工件区域会有干涉,不能同时在水平机器人放置工件时垂直机器人抓取或垂直机器人抓取工件时水平机器人放置,故将两个机器人都设置安全域,当每台机器人进入安全域会发出各自设定的安全域信号,并且该信号不经过 PLC,两台机器人之间直接相连,都以高电平信号触发且保持。当水平机器人抓取工件准备放置时先检测垂直机器人是否有安全域信号发出,如果“有”,水平机器人在安全域位置前等待垂直机器人离开安全域,附随的安全域信号消失,如果“没有”,水平机器人进入安全域并且发出安全域信号,垂直机器人抓取工件时必须等待该信号消失才能进入安全域抓取。

参 考 文 献

[1] 郁汉琪,张玲,李询.机床电气控制技术[M].北京:高等教育出版社,2010.

[2] 王永华.现代电气控制及PLC应用技术[M].三版.北京:北京航空航天大学出版社,2014.

[3] 李金城,付明忠.三菱FX系列PLC定位控制应用技术[M].北京:电子工业出版社,2014.

[4] 崔龙成.三菱电机小型可编程序控制器应用指南[M].北京:机械工业出版社,2012.

[5] 范永胜,王珉.电气控制与PLC应用[M].北京:中国电力出版社,2010.

[6] 中国标准出版社第四编辑室.电气简图用图形符号国家标准汇编[M].北京:中国标准出版社,2011.

[7] 钱厚亮,郁汉琪,等.一种柔性机器人应用控制系统研究[J].机床与液压,2013(23):105-107.

[8] 钱厚亮,郁汉琪,等.五自由度工业机器人RV－2AJ应用开发[J].机床与液压,2014,42(15):36-38.